U0829701

区块链与信息安全

主　编　蔡雪莲　余棉水　鲁　庆
副主编　单家凌　张小兰　杨　莹　林佳培

天津大学出版社
TIANJIN UNIVERSITY PRESS

内容简介

当前，区块链技术广受关注。本书是区块链智能合约开发初级教材，以区块链 1.0 和区块链 2.0 中最具代表性的比特币和以太坊系统为切入点，讲述区块链系统关键技术。本书主要介绍了区块链基础与安全、区块链技术原理、智能合约、区块链应用案例等相关知识。全书共 10 章，分入门篇和进阶篇。内容包括区块链概论、区块链组成原理、智能合约原理、区块链产业应用案例、区块链创新应用项目设计、密码学基础、区块链账本结构、共识算法、区块链网络、分布式账本。

本书可用于“1+X”证书制度试点工作中的区块链智能合约开发职业技能等级证书教学和培训，也适合作为应用型本科院校、职业院校、技师院校的教材，同时还可作为从事区块链智能合约开发的技术人员的参考用书。

图书在版编目（CIP）数据

区块链与信息安全 / 蔡雪莲，余棉水，鲁庆主编；单家凌等副主编. -- 天津 ：天津大学出版社，2024.12. -- ISBN 978-7-5618-7935-1

Ⅰ. TP311.135.9

中国国家版本馆CIP数据核字第2025PG5110号

出版发行	天津大学出版社
地　　址	天津市卫津路92号天津大学内（邮编:300072）
电　　话	发行部:022-27403647
网　　址	www.tjupress.com.cn
印　　刷	廊坊市瑞德印刷有限公司
经　　销	全国各地新华书店
开　　本	787mm×1092mm　1/16
印　　张	15.25
字　　数	381千
版　　次	2024年12月第1版
印　　次	2024年12月第1次
定　　价	54.00元

目　　录

入门篇

进阶篇

入门篇

第 1 章　区块链概论

【本章导学】

在信息技术快速发展的背景下，数字经济已经成为新常态下我国经济发展的新动能。在数字经济时代，许多有形资产通过数字化处理，为数字经济提供了丰富的数据要素。区块链（Blockchain）是一种去中心化的数据库架构，作为新一代信息基础设施，它支撑了新型的价值交换方式、分布式协同生产机制以及算法经济模式。近年来，我国高度重视区块链技术及产业，2020 年 4 月 20 日，国家发展改革委明确将“区块链”纳入新基建的新技术基础设施，2021 年发布的《中华人民共和国国民经济和社会发展第十四个五年规划和 2035 年远景目标纲要》中已明确将区块链技术列入经济重点产业。

区块链在共享数据、优化业务流程、降低运营成本、提升协同效率、建设可信体系等方面具有重要作用，通过与产业深度结合，推动产业转型升级、提质增效，创造新的价值增量，加速实体经济商业智能化转型，推动我国数字经济高质量发展。

【学习目标】

✧ 熟悉区块链的定义与特性。
✧ 熟悉区块链的发展历程。
✧ 掌握区块链的分类及不同分类的特点。
✧ 了解区块链的架构。

1.1　区块链概述

1.1.1　为什么产生区块链

区块链技术首次应用于比特币项目，作为其底层技术，实现了分布式记账功能。但是区块链并不等同于比特币，而是比特币的底层技术基础。

那么为什么产生区块链呢？

我们在研究这个问题之前，先来讨论一个问题：大家有没有经历过游戏里道具改版、人物削弱的痛苦？大家想象一下：我今天早上花钱买了一个装备，下午这个装备就被削弱了，那我的钱是不是就白花了？对于这种情况我们没有办法提前预知，而且装备、人物的加强或削弱全部都由游戏公司决定。游戏玩家无权去参与这些决定。

因为游戏公司是一个中心化机构。游戏内所有的商品都由其决定。这种模式引发了我们的思考。直到 2008 年金融危机爆发，美国政府可以无限地发行货币以拯救危机，从而导致世界对美元的信任度下降，进一步引发人们对中心化机构的信任问题。对中心化机构的过度依赖、信任问题和通货膨胀的风险，这些问题激发了人们对去中心化、不受单一机构控制的系统的需求，为区块链技术的诞生创造了条件。

1.1.2 中心化数据库的问题

我们可以从生活中理解区块链到底是什么。读者应该能注意到，现金在生活中的存在感越来越低，大到商场，小到水果摊，都可以使用微信或者支付宝支付，现金逐渐被线上支付的数字取代，而且大家都确信，这些数字确实代表着财富。微信或者支付宝相当于用户记账的“账本”，所有用户的支出和收入都变成了数字，由“账本”记下来。也就是说，只要有一个可靠的账本，就能够把账记清楚，即使没有实体钞票，整个交易系统也不会乱套。

传统的线上支付，虽然表面上看只是交易双方的直接交易，但是实际上，每一笔交易的背后都有一个第三方交易中介。这个中介往往是一个值得信赖的权威机构，比如政府、银行或者一些大公司。这个中介也是一个交易信息的储存中心，负责记录系统中的每一次交易信息，并且把这些信息整理成一个巨大的“账本”，但是一旦这个中介被黑客攻击，“账本”被恶意篡改，那整个系统就可能因此陷入危机。举个例子，假设有小智、小谷和小王三人分别向银行存款 100 元，银行用账本分别记录了小智、小谷和小王的账户信息和操作记录，如图 1-1 所示。

中心化账本

账户信息
小智：100 元
小谷：100 元
小王：100 元

操作记录
小智存款 100 元
小谷存款 100 元
小王存款 100 元

图 1-1 中心化账本的记账方式

如果小王通过银行向小谷发起转账，金额为 50 元，那么转账成功后小王和小谷的账户信息会更新为 50 元和 150 元。图 1-2 所示为转账后的数据存储形式。

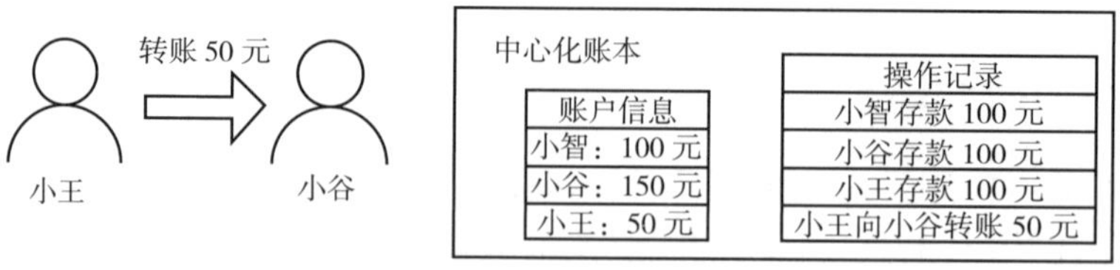

图 1-2 账本转账记录形式

在这个过程中，虽然转账业务是针对小王和小谷的，但是整个交易流程都是围绕银行展开的。若银行的中心化账本由于一些异常原因，例如异常事故、误操作导致小王向小谷的转账记录丢失，那么小王和小谷的账户信息将回滚至交易之前的 100 元，并且小王和小谷没办法通过其他方式证明这笔转账记录存在。图 1-3 所示为账本数据丢失时的数据存储情况。

中心化账本

账户信息
小智：100 元
小谷：100 元
小王：100 元

操作记录	状态
小智存款 100 元	存在
小谷存款 100 元	存在
小王存款 100 元	存在
小王向小谷转账 50 元	消失

图 1-3　账本数据丢失时的数据存储情况

采用区块链技术可以很好地避免上述问题的发生。基于区块链技术，小智、小谷和小王的账户信息和操作记录将由他们三个人通过去中心化的方式共同记录。而基于区块链的业务平台，并不存在这样一个传统的交易中心，所以整个交易系统也就没有从中心崩溃的风险。在区块链系统里，每一次交易都直接发生在交易双方之间，交易双方会把交易信息广播到整个交易系统里，然后会有很多系统中的节点把这些交易信息记录下来，整理成一个账目分明的“账本”，再把这个“账本”广播回系统。这样区块链系统中的“账本”并不是由一个单一的交易中心掌管的，而是同时由系统中的每一个参与者共同掌管的，是去中心化的。除非黑客可以同时攻击系统中的所有节点，否则没有办法篡改或删除交易信息，因此保证了“账本”的安全。图 1-4 所示为传统业务场景和区块链业务场景的记账方式。

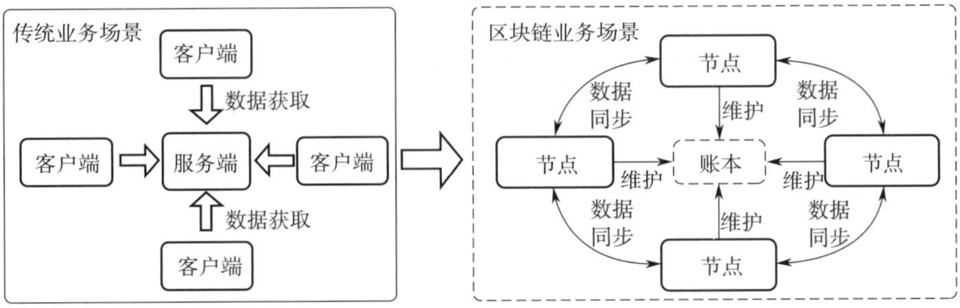

图 1-4　传统业务场景和区块链业务场景的记账方式

图 1-5 所示为我们在实际生活中经常使用的移动支付（支付宝、微信支付）的区块链应用场景。

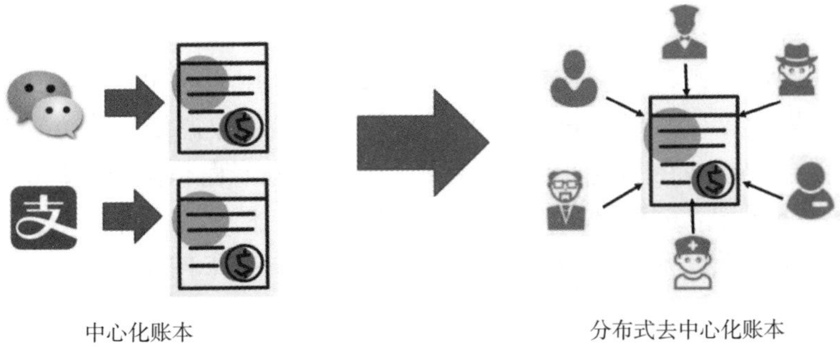

图 1-5　移动支付的区块链应用场景

讲个通俗的故事，让大家深入理解区块链系统。有个古老的村庄，这个村庄没有银行为大家存钱、记账，也没有一个让所有村民都信赖的村长来维护和记录村民之间的财务往来数据。也就是没有任何中间机构或者个人来记账。于是，村民想出了一个不需要中间机构或个人记账，而是大家一起记账的方法。如何记账呢？打个比方，王二要给李四一千块钱，王二在村里大吼一声："大家注意了，我王二，给李四转了一千块钱。"这时候附近的村民听到之后，需要做两件事：第一是通过声音确定这是王二喊的，而不是别人冒名顶替的；第二是检查一下王二是否有足够的钱（前提是每个村民都有一个账本，上面记录着村民有多少钱）。

当确定了王二真的有一千块钱后，每个村民都在账本上记录哪年哪月哪日王二转给李四一千块钱。而除此之外，这些记账的村民口口相传，把王二转给李四一千块这件事情，告诉了十里八村的人。当大家都知道这次转账的事情之后，大家就能够共同证明王二给李四转了一千块钱这件事了。

这样的话，一个不需要银行，也不需要村长，却能够让所有村民都能达成一致的记账系统就诞生了。而这个记账系统的原理类似于比特币，是一个典型的区块链系统。

2008 年，中本聪（Satoshi Nakamoto）以比特币的模型，让区块链技术破壳而出，但区块链技术并不局限于数字代币。作为一个在没有强大中介参与的情况下，依旧安全可信的数据管理系统，区块链技术或许可以解决金融、产权、公益、物联网等很多领域的问题，给整个社会带来翻天覆地的变化。

综上所述，区块链并不是新发明的一种技术，而是一系列学科和技术综合的结果，包括 IT 技术、通信技术、经济学、密码学、数学、博弈论等。这些学科和技术经过人类不断地总结和验证，最终碰撞并孕育出区块链技术。本书从狭义和广义两个角度总结出区块链的定义。

1.1.3 区块链是什么

1. 区块链的狭义解释

区块链是一种块链式的数据结构，区块之间按照时间顺序相连，通过密码学方式保证数据不易被篡改和不易被伪造，并在网络所有节点进行分布式存储的共享账本。可见，狭义的区块链特指区块链技术体系中特殊的技术组成部分——具有"区块"+"链"结构的分布式账本，但是，狭义的区块链并不能完整描述区块链的技术体系。

2. 区块链的广义解释

区块链是利用块链式共享账本来验证与存储数据、利用 P2P（Peer to Peer，点对点）分布式节点共识算法来生成和更新数据、利用密码学的方式保证数据传输和访问的安全、利用由自动执行的脚本代码组成的智能合约（Smart Contract）来编程和操作数据的一种全新的分布式计算可信网络或计算公证网络。从广义区块链的描述可知，目前对区块链的解释是用区块链技术体系中比较特殊的组成部分"共享分布式账本"来构建一个全新的计算架构与技术体系。

1.2　区块链的起源和发展历程

1.2.1　区块链 1.0

说到比特币的诞生，就不得不提到中本聪这个神秘人物。在 2008 年全球经济危机中，他发现美国政府可以无限增发货币，因为在这个体系里只有它有记账权。中本聪觉得这样很不靠谱，于是他思考能不能有这样一种现金支付体系：不需要一个中心来记账，大家都有记账的权力，货币不能超发，整个账本完全公开透明，十分公平。这就是比特币产生的原因和动机。

中本聪有这种想法是因为，记账货币必须有一个记账方，这个记账方多数时候是银行或第三方支付机构等，这是一个中心化的记账方式。中心化是由银行或第三方支付机构用信用来担保的，如果银行受到类似黑客的攻击，数据是有可能会被篡改的，并且它高度依赖银行的信用，如果银行失信，就存在不安全的可能。

而如果由一个中心变为多个中心，由原来只能由银行记账，变成了人人都能参与记账，是不是就可以化解这个问题呢？是的，这也就是“去中心化”概念的由来，也是中本聪发明的比特币的由来。

比特币白皮书最早发布于“密码朋克”电子邮件组里，旨在实现在一个没有中心化机构记账的情况下，能够安全地进行比特币的发行、记账和激励。而比特币的底层技术，正是区块链技术。区块链的概念正是在比特币白皮书中被第一次提出的，实际上区块链的概念借鉴了诸多前人在去中心化思想上探索的经验，分别有如下内容。

（1）1992 年，英特尔的高级科学家蒂姆·梅（Tim May）发起了密码朋克邮件组。

（2）1993 年，埃里克·休斯（Eric Hughes）出版图书《密码朋克宣言》，正式提出“密码朋克”（cypherpunk）的概念。《密码朋克宣言》的发布，宣告着密码朋克正式成为一项运动。

（3）1997 年，亚当·巴克（Adam Back）发明了哈希现金（Hashcash）算法机制，他们提出用时间戳确保数位文件安全的协议。这就是今天所谓区块链技术的雏形，这种技术保证了数据可追溯以及不可篡改。

（4）1999 年，创立 Napster 的肖恩·范宁（Shawn Fanning）与肖恩·帕克（Shaun Parker）对 P2P 网络技术的开发。

（5）2005 年，哈尔·芬尼（Hal Finney）设计了工作量证明（Proof of Work，PoW）机制的前身——可复用的工作量证明（RPoW）。

2008 年，中本聪发表《比特币：一种点对点的电子现金系统》。据统计，比特币诞生之前，失败的数字货币或支付系统多达数十个，其中不少“密码朋克”的活跃用户就已参与其中。这些失败的实验，也给了中本聪很多灵感和技术上的启发。2010 年 12 月 12 日，中本聪在发布最后一个帖子后消失了，再未现身。之后加文·安德烈森（Gavin Andresen）以首席科学家的身份接管了比特币网络。

后来，随着比特币在全球的发展，不同的国家对比特币持有不同的态度。一谈起比特币，人们就闻声色变。于是人们就想着用另外的词语来代替比特币底层技术的概念。随后人们把之前提到过的时间戳、工作量证明机制等技术综合起来,提出了“区块”和“链”的概念,英文分别叫作“Block”和“Chain”,用这两个单词组成“区块链”(Blockchain),来指代所有底层技术的集合。说到这里,读者应该明白了,区块链不是一个单一的技术,而是一系列技术的集合。

1.2.2 区块链 2.0

1. 以太坊的发展历程

接着,我们来看看区块链 2.0 时代典型代表以太坊(Ethereum)的发展与智能合约。

说起以太坊,就不得不提到它的传奇创始人,19 岁就创建了以太坊的天才少年维塔利克·布特林(Vitalik Buterin),人称“V 神”。Vitalik 在中学时,和很多中学生一样,痴迷于一款网络游戏——魔兽世界,他经常沉迷于游戏世界。直到有一天,当时的暴雪公司决定移除游戏的损坏部分,导致 Vitalik 最喜爱的游戏形象被碎化了。从这件事之后,Vitalik 开始意识到中心化的弊端。这对他之后的行动和思想,产生了深刻的影响。

高中毕业后,Vitalik 进入加拿大滑铁卢大学攻读计算机专业,然而入学仅八个月后,由于学业的压力,他无法全心投入加密货币的探索,于是选择了辍学。辍学之后 Vitalik 便专心研究区块链技术,与此同时,他开始周游各国,结交各类加密货币技术极客,和全球的区块链爱好者一起交流,并参与到比特币的转型工作中。

当时全球的比特币爱好者都在努力为比特币添加各种新功能,打造比特币 2.0。与此同时,Vitalik 也在为以太坊的诞生做准备。在 Vitalik 看来,出于安全考虑,中本聪使用了复杂的脚本语言来编写比特币协议,导致当时大量改良比特币的想法产生,这使得比特币的安全性下降,更容易受到黑客的攻击。于是,Vitalik 决定重新打造一套新的图灵完备的区块链平台,让所有的开发者都能在这个新平台上构建自己的区块链应用程序。

2013 年底,19 岁的 Vitalik 便写出了以太坊白皮书。他向比特币社区提出过将自己的设想融入现有的比特币系统,然而被社区拒绝了。随后,他开始招募开发者,进行以太坊的开发工作,并于 2014 年成立了非营利组织以太坊基金会。同年,20 岁的 Vitalik 超过 Facebook(脸书)的创始人扎克伯格,获得了 2014 年的世界科技奖,赢得了来自硅谷著名风险投资人彼得·蒂尔的 10 万美元奖金。

2014 年在迈阿密举办的比特币会议上,Vitalik 宣布了以太坊计划,向全世界的加密货币爱好者展示了以太坊,受到了众多加密货币爱好者的认可和支持。

那么,以太坊究竟是什么,发展得如何呢?从 2013 年以太坊白皮书发布至今,以太坊在智能合约领域一直处于非常领先的地位,它也是全球最知名、应用最广泛的区块链智能合约底层平台。

2. 以太坊的定义

以太坊作为一个软件系统建立了一个可编程的、图灵完备的区块链。在这个区块链之上,可以通过简单的程序实现各类数字资产的生产,也可以通过编写程序对以太坊上流通的区块链资产的状态进行精确的控制。比如:这个资产是待支付、被锁定,还是有额度限制;这个账户是黑名单账户还是白名单账户;以太坊和其他数字资产的自动兑换;等等。同时,以太坊是一个可以编程、图灵完备的区块链网络基础。在这个基础上,我们能够实现更多的非区块链资产的功能。比如,用以太坊建立智能合约,并应用在个人日常经济生活和企业经济活动中。

以太坊是建立在区块链和区块链资产的概念之上的一个全新开放的区块链平台。它允许任何人在平台上通过使用区块链技术建立和运行去中心化的应用。

3. 智能合约的定义

事实上,智能合约并不是区块链原创的技术。20 世纪 90 年代,计算机科学家、密码学专家尼克·萨博(Nick Szabo)首先提出了智能合约的概念:智能合约是一种可以自动执行合同条款的计算机化的交易协议。尼克·萨博描述它是一种数字自动售货机,那个时候还没有区块链。

智能合约可以翻译为:可以由信息化方式传播、验证或执行的计算机协议。为了方便理解,我们可以把智能合约理解为在区块链环境里,当满足一定条件时,就可以执行的代码。例如自动售货机就类似一个智能合约系统。顾客向自动售货机投入足够的硬币,按下按钮;售货机接收到这个指令后,将一听可乐从出货口投放出来;售货机回到最初的等待状态,等待下一次被触发。

智能合约允许在没有第三方的情况下进行可信交易,这些交易可追踪且不可逆转。智能合约使得区块链的扩展性更强,操作更简单。

在区块链领域,很多公链都具有智能合约的功能,且实现方式各有不同。以太坊的智能合约是一个最重要的代表,它开启了区块链 2.0 时代,可以说以太坊是由区块链和智能合约组成的。

1.2.3　区块链 3.0

互联网的出现极大地降低了信息传递的成本,使得信息可以以极低的成本在全球自由、迅速地传输。信息的交换变成了一件简单的事情。但互联网在给人们生活带来便利的同时,也暴露出种种弊端,例如高度中心化、信任缺失、价值垄断等。

区块链技术通过分布式账本、点对点传输、加密算法、共识机制等技术手段,解决了传统互联网存在的公平、信任和价值传递等问题,逐步实现从“信息互联网”到“价值互联网”的转变。

区块链价值的传递,不同于互联网的信息传递。互联网不依赖于某一机构或者某一国家而运行。在这个网络世界里,它可以很轻松地传送信息。不论是在美国,还是在非洲甚至在太空上,只要有互联网,就能实现点对点的信息传递。互联网传递信息的方式是复制。假如某人把一张照片传给了朋友,其实是发给了他一份副本。照片传递给朋友之后,发送者手里还有这张照片,而朋友手里的是照片的副本。

互联网的这种副本的信息传递方式,在诸如版权、货币、票据等价值载体的传递中会出现问题。因为在传递给别人一份带有版权的文档之后,自己手里不可能还有一份。举一个极端的例子,发送者给别人转过去一笔钱后,自己不可能再拥有这笔钱。

价值的传递和信息的传递的区别在于:价值的传递要求信息的传递与价值的转移同时进行。而区块链就是这样一个在没有中心化机构的情况下,能够实现全球范围的价值传递的技术。如同互联网将人类社会带入了信息时代一样,区块链有可能成千上万倍地加速人类资产的交换，人类社会将有可能进入一个全新的价值交换时代。

1.2.4 分类总结

区块链技术的起源和成长史，是价值互联的萌芽和发展史。最初，中本聪为了避免中介存在所产生的各种问题，提出了比特币电子支付系统，建立了一个全球共享、去中心化的分布式账本系统，于是进入了以比特币为代表的数字货币区块链 1.0 时代。

随着时间的推移，区块链技术早已不是原先单纯的数字货币发行和投资，以太坊和智能合约开启了区块链 2.0 时代。以太坊的主营业务是搭建了一个可以共享的开源区块链底层技术平台。以太坊的出现使区块链的技术应用得到了极大的发展，不但是数字货币，所有区块链应用都可以更快地实现落地。

而在这个即将到来的智能价值互联时代，区块链将渗透到生产生活的方方面面，充分发挥审计、监控、仲裁和价值交换的作用，确保技术创新向着让人们的生活更加美好、让世界更加美好的方向发展。

1.3 区块链的分类

根据网络范围及参与节点特性，区块链可分为公有链、联盟链、私有链三类。

1.3.1 公有链技术

公有链中的“公有”，就是指任何人都可以参与区块链数据的维护和读取，不受任何单个中央机构的控制，数据是完全开放透明的。它是所有人都可以参与的区块链，所有人都可以访问、发送、接受、认证交易的区块链网络，比如比特币、以太坊就是公有链。

在公有链系统中，每个人都可以参与共识过程。比如你参加一个辩论赛，辩题是：隔壁老王是不是一个“花心大萝卜”，所有人都有资格参加这个辩论赛，没有人可以干涉你的发言，并且每个人都有权力访问隔壁老王的“婚恋史”。更重要的是，你是匿名的，所以不用担心老王会报复你。一旦有 51% 的人答案是肯定的，那么辩论赛将以“老王是一个‘花心大萝卜’”结束，并且他将终生被贴上“花心大萝卜”的标签。

也就是说，公有链系统是完全去中心化的，没有中心机构管理，依靠事先约定的规则来运作，并通过这些事先约定的规则在不可信的网络环境中构建起可信的网络系统。公有链的适用范围一般是需要公众参与、可最大限度地保证数据公开透明的系统，比如数字货币系统等。

但是公有链也有一些缺点。

（1）在效率方面，一般来说，在公有链中，每个区块都需要等待若干个基于它的后续区块的生成，才能够以可接受的概率认为该区块是安全的。但是对于大多数企业来说，这样效率太低了，根本无法接受。

（2）在隐私方面，公有链上传输和存储的数据都是公开可见的，这对于某些涉及大量商业机密和利益的业务来说是不可接受的。另外在现实世界的业务中，很多业务（比如银行交易、贷款）都要求实名制，因此在实名制的情况下，当前公有链系统的隐私保护功能确实令人担忧。

(3)在激励方面，为促使参与节点提供资源，自发维护网络，公有链一般会设计激励机制，以保证系统健康运行。但在现有大多数激励机制下，需要发行类似于比特币这类数字货币，这不一定符合各个国家的监管政策。

1.3.2　联盟链技术

联盟链就是共识过程受到预选节点控制的区块链，由一个联盟组织构建并对其进行管理，写入需要授权，访问需要接入，共同维护区块链的健康运转。联盟链通常在多个相互已知身份的组织之间构建，比如多个银行之间的支付结算、多个企业之间的物流供应链管理、政府部门之间的数据共享等。因此，联盟链系统一般都需要严格的身份认证和权限管理，节点的数量在一个时间段内也是确定的，适合处理组织间需要达成共识的业务。联盟链的典型代表是 Facebook(脸谱网)联合多家机构发行的 Facebook Libra(天称币)。

例如，现有 3 家公司，每家公司都设有 1 个单身俱乐部，如果要组织这 3 个单身俱乐部共同参加活动，需要获得其中 2 家俱乐部的同意，这个活动才能进行。并且这 3 个俱乐部成员的个人信息，既有可能每个俱乐部成员都能看到，也有可能某一个俱乐部成员看不到。所以联盟链只是部分去中心化，因为每个联盟都存在自己的中心化。

在效率方面，联盟链的效率较公有链有很大提升。联盟链参与方互相知道彼此在现实世界的身份，支持完整的服务管理机制，成员服务模块提供成员管理的框架，定义了参与者身份及验证管理规划；在一定的时间内参与方个数确定且节点数量远远小于公有链，对于要共同实现的业务在线下已经达成一致理解。

在隐私方面，和公有链相比，联盟链有更好的安全隐私保护。如数据仅在联盟成员内开放，非联盟成员无法访问联盟链内的数据；即使在同一个联盟内，不同的业务之间的数据也会进行一定的隔离。不同的厂商也会做大量的隐私保护增强工作，比如：华为公有云的区块链服务提供了同态加密，对交易金额信息进行保护；通过零知识证明，对交易参与方的身份进行保护；等等。

在激励方面，联盟链不需要代币进行激励。因为联盟链中的参与方为了共同的业务收益而共同配合，各自贡献算力、存储力、网络动力，所以它一般不需要通过额外的代币对成员进行激励。

1.3.3　私有链技术

私有链跟公有链是相对的概念，属于联盟链的一种特殊形态。所谓私有就是不对外开放，仅仅在组织内部使用。即联盟中只有一个成员，比如企业内部的票据管理、账务审计、供应链管理，或者政府部门内部管理系统等。私有链通常具备完善的权限管理系统，要求使用者提交身份认证。

例如一个婚恋平台建立了一个优质交友社群，只有每个月缴纳 1 万元会费的人才有权力加入。在社群中可以了解每个人的交友意向和个人能力，这些资料不可以对外公开，却是真实可靠的。也就是说，在私有链环境中，参与方的数量和节点状态通常是确定的、可控的，且节点数目要远小于公有链。

在效率方面,私有链规模较小,同一个组织内已经有一定的信任机制,即不需要对付可能捣乱的坏人,确认和写入效率较公有链和联盟链都有很大的提高,与中心化数据库的性能相当。

在隐私方面,私有链大多在一个组织内部,因此可充分利用现有企业的信息安全防护机制,同时信息系统也是组织内部信息系统,相对联盟链来说隐私保护要求弱一些。相比传统数据库,私有链最大的好处是加密审计和自证清白,没有人可以轻易篡改数据,即使发生篡改也可以追溯到责任方,并且不需要通过额外的代币进行奖励。

1.3.4 对比与总结

可以从参与者、共识机制、激励机制以及中心化程度等方面对公有链、联盟链和私有链进行比较,见表 1-1。

表 1-1 公有链、联盟链和私有链的比较

	公有链	联盟链	私有链
参与者	任何人自由进出	联盟成员	链所有者
共识机制	PoW/PoS	分布式一致性算法	SOLO/PBFT 等
记账人	全网参与者	联盟成员协商确定	链的所有者
激励机制	需要	可选	无
中心化程度	去中心化	弱中心化	强中心化
基本特点	信用的自创建	效率和成本优化	安全性高、效率高
承载能力	< 100 笔/秒	< 10 万笔/秒	视配置决定
典型场景	加密货币	供应链金融、银行、物流、电商	大型组织、机构
代表项目	比特币、以太坊	R3、Hyperledger	—

(1)共识机制:在分布式系统中,各个参与节点通过共识协议达成一致的机制。

(2)去中心化:相对于中心化而言的一种成员组织方式,每个参与者高度自治,参与者之间自由连接,不依赖任何中心系统。

(3)多中心化:介于去中心化和中心化之间的一种组织结构,各个参与者通过多个局部中心连接到一起。

(4)激励机制:鼓励参与者参与系统维护的机制,比如比特币系统对于获得相应区块记账权的节点给予比特币奖励。

总结以上内容,公有链具有开放性,任何人都可以自由地进出,联盟链核心的记账权属于联盟成员,私有链的记账权属于链的所有者;在共识机制方面,公有链一般是类似抽签式的共识,联盟链由于节点相对固定,一般为投票式共识;公有链的记账人是全网参与者,联盟链的记账人是由联盟的成员协商决定的,私有链的记账人是链的所有者;在激励机制方面,公有链需要激励机制,联盟链可以要也可以不要激励机制,私有链不需要激励机制;公有链是去中心化的,联盟链是弱中心化的,私有链是强中心化的;公有链的特点是信用的自创建,联盟链的特点是效率和成本优化，私有链的特点是安全性高。

1.4　区块链的架构

区块链架构是指构建和设计区块链系统所使用的技术和组件的结构。区块链基础架构分为五层：应用层、激励层、共识层、网络层、数据层。本节把区块链 1.0 阶段的架构称为基础架构，区块链 2.0 阶段的架构称为 2.0 架构。区块链基础架构如图 1-6 所示。

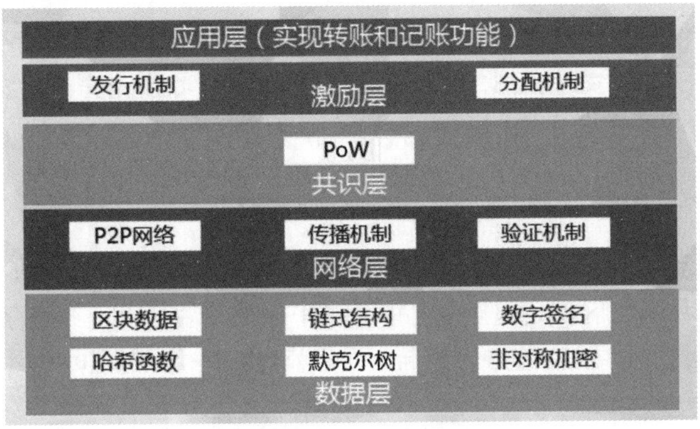

图 1-6　区块链基础架构

1.4.1　区块链基础架构

1. 应用层

架构的应用层主要由客户端完成转账和记账功能。区块链系统通常需要一个用户界面，使用户可以与区块链进行交互。用户界面可以是网页应用程序、移动应用程序或命令行界面，它提供了查询区块链数据、创建交易、管理钱包等功能。

2. 激励层

发行机制（激励机制）：以比特币为例，比特币的区块奖励是固定的，每 21 万个区块（大约每四年）会减半一次，这被称为“哈尔文”（Halving）。最初，比特币的创世区块奖励是 50 个比特币，之后分别减半为 25 个比特币、12.5 个比特币，最近一次减半发生在 2020 年 5 月，减为目前的 6.25 个比特币。所有的比特币均通过奖励给创建新区块的矿工的方式产生。目前，比特币系统每 10 分钟产生一个新区块，每个区块奖励 6.25 个比特币给矿工，这是比特币发行的方式。

另一个激励的来源则是交易费：所有交易都需要支付手续费给记录区块的矿工，如果某笔交易的交易费不足，那么矿工将拒绝执行。

3. 共识层

以比特币为例，比特币采用的共识机制是 PoW（工作量证明）机制，所有节点都平等地计算一个数学难题，这个问题的解决过程需要大量的计算能力和时间，矿工必须付出实际的工作量才能找到正确的答案，因此最先获得答案的节点将获得这个区块的发布权。PoW 机制的一个重要特点是，难题的解决过程是具有随机性的，任何节点都无法预测下一个解会是什么。这意味着没有人可以轻易地掌握整个网络的控制权，因为要控制网络，他们需要拥有超过 50%的计算能力，这是非常困难和昂贵的。

4. 网络层

P2P 网络，又称点对点技术，是没有中心服务器、依靠用户群交换信息的互联网体系。P2P 架构天生具有耐攻击、高容错的优点。由于服务是分散在各个节点之间进行的，部分节点或网络遭到破坏对其他部分的影响很小。

5. 数据层

P2P 网络每个节点以区块链的形式全量存储着所有的交易记录。P2P 网络是一种分布式计算网络模型，其中所有参与者都可以充当客户端和服务器角色，实现直接的通信和资源共享，而无需依赖中央服务器。在传统的客户-服务器模型中，客户端向服务器发送请求并从服务器获取所需的资源。而在 P2P 网络中，每个节点（也称为对等方）都可以同时充当客户端和服务器，可以直接与其他节点进行通信和资源交换。

区块链技术通常采用 P2P 网络，其中所有参与节点共同维护和同步交易数据。节点会定期从其他节点获取新的区块，并验证这些区块中的交易。如果一个节点验证通过了，它就会将该区块添加到自己的区块链中。这样，所有节点在一定的时间内可以达到数据的一致性，即所有节点拥有相同的区块链状态和交易数据。

数据层还运用了大量的技术，比如链式结构、哈希函数、默克尔（Merkle）树、非对称加密技术等。这里只作了解，后面的课程我们会分别学习这些技术的概念与原理。

1.4.2 区块链 2.0 架构

随着区块链进入 2.0 阶段，区块链引入了智能合约，让应用场景更加丰富多样。这个时候区块链的架构也随之发生了改变，如图 1-7 所示。下面以以太坊为例来介绍。

1. 应用层

应用层增加了智能合约，智能合约相当于服务器后台，要想给用户带来友好的体验，还需要一个前台页面，通过 RPC（远程过程调用）接口与后台对接，实现网页访问，部署在服务器上。拥有完整的智能合约和前台交互界面的组合体称为去中心化应用（Dapp）。这样，区块链不再以数字货币为主，可以开发更多类型的去中心化应用。

2. 激励层

激励层最大的变化是缩短了出块的时间，从比特币的 10 分钟左右缩短到以太坊的 16 秒发布一个新的区块。区块间隔降低到 16 秒。为了防止区块链分叉，加入叔伯块的奖励。由于区块生成间隔时间太短，延迟 2 秒都会对整个网络的 PoW 运算有很大影响，容易造成区块链的分叉，为了鼓励维护主链，分叉的区块也有奖励。

3. 共识层

共识层加入了更多的共识机制，比如 DPoS（权益授权证明）、PoS（权益证明）、PBFT（实用拜占庭容错算法）等。

4. 数据层

由于智能合约的加入，交易数据中加入了 Input data。这里面包含智能合约需要的变量或者输入的数据，从而保障智能合约的执行。

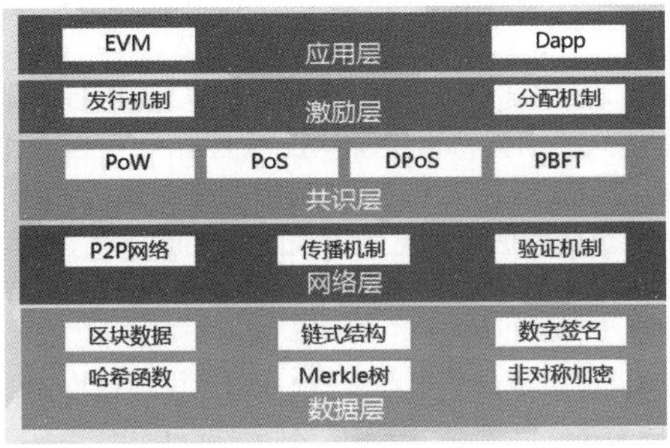

图 1-7　区块链 2.0 架构

1.4.3　对比与总结

区块链 2.0 与区块链 1.0 最大的区别在于智能合约的加入。

1. 平台应用

区块链 1.0 主要用于支持加密货币，如比特币。作为去中心化的数字货币系统，它的主要功能是实现点对点的价值传输和交易。区块链 2.0 引入了更多的功能和应用场景，不仅仅局限于加密货币。区块链 2.0 支持构建去中心化应用，可以在区块链上创建和运行应用程序，使用户能够直接参与和控制数据的访问和交易。它支持更多的业务逻辑和应用，如智能合约、供应链管理、数字资产发行等。

2. 有限智能

区块链 1.0 的智能合约功能相对较弱，主要用于执行简单的事务逻辑，如简单的转账和验证规则。区块链 2.0 的智能合约功能较强大，能够执行复杂的业务逻辑，如条件和循环语句，支持更灵活的应用开发。

3. 高能耗

区块链 1.0 中使用的共识机制（如 PoW）需要较强的计算能力和消耗大量的能源，导致高能耗问题。区块链 2.0 引入了更多的共识机制，如 PoS、DPoS 等，以解决能耗和可扩展性等问题。

1.5　区块链特性

从技术上理解，区块链本质上是对包括加密、分布式账本等技术的整合创新，综合多种技术的优势从而实现多方信任和高效协调。通常，一个成熟的区块链系统具备去中心化、防篡改可追溯、隐私安全保障以及系统高可靠特性四大特性。

1. 去中心化

中心化的信息系统是我们使用的传统信息系统，由专门的公司和专门的服务提供商提供服务。中本聪是一个充满理想主义的密码朋克,他看到了中心化系统的一些缺点,于是致力于开发去中心化系统。在去中心化系统中,并不存在拥有特权的中心节点,每个网络节点拥有的信息和权力都是一样的,称其为对等节点。对等节点组成的网络称为对等网络,也叫P2P网络。在P2P网络上运行的信息系统叫作分布式系统,比特币系统所依托的区块链就是一个分布式的数据库系统。而比特币本身从技术上来说,可以看作运行在这个区块链上的一个资产交易记录链。区块链基于P2P网络,进行分布式计算和存储,网络中的节点具有相同的权利和义务。区块链数据由具有维护功能的节点来自动共同维护。去中心化网络架构使区块链在节点自由进出的环境下,脱离了对第三方平台的依赖。

2. 防篡改可追溯

"防篡改"和"可追溯"可以被拆开来理解,现在很多区块链应用都利用了防篡改可追溯这一特性,使得区块链技术在物品溯源等方面得到了广泛应用。

"防篡改"是指交易一旦在全网范围内经过验证并添加至区块链,就很难被修改或者抹除。一方面前面提到区块链的共识算法,从设计上保证了交易一旦写入区块即无法被篡改;另一方面,成熟的区块链系统的篡改难度及花费都是极大的。

在此需要说明的是,"防篡改"并不等于不允许编辑区块链系统上记录的内容,只是整个编辑的过程被以类似"日志"的形式完整地记录了下来,且这个"日志"是不能被修改的。

"可追溯"是指区块链上发生的任意一笔交易都是有完整记录的,可以针对某一状态在区块链上追查与其相关的全部历史交易。"防篡改"特性保证了写入区块链上的交易很难被篡改,这为"可追溯"特性提供了保证。

3. 隐私安全保障

区块链的去中心化特性决定了区块链的"去信任"特性:由于区块链系统中的任意节点都包含了完整的区块校验逻辑,所以任意节点都不需要依赖其他节点完成区块链中交易的确认过程,也就是无须额外地信任其他节点。"去信任"的特性使得节点之间不需要互相公开身份,因为任意节点都不需要根据其他节点的身份进行交易有效性的判断,这为区块链系统保护用户隐私提供了前提。

区块链系统中的用户通常以公私钥体系中的私钥作为唯一的身份标识,用户只要拥有私钥即可参与区块链上的各类交易。至于谁持有该私钥则不是区块链所关注的事情,区块链也不会记录这种匹配对应关系。所以区块链系统只知道某个私钥的持有者在区块链上进行了哪些交易,但并不知道这个持有者是谁,进而保护了用户隐私。

从另一个角度看,快速发展的密码学为区块链中用户的隐私提供了更多保护方法。同态加密、零知识证明等前沿技术可以让链上数据以加密形态存在,任何不相关的用户都无法从密文中读取有用信息,而交易相关用户可以在设定权限范围内读取有效数据,这为用户隐私安全提供了更深层次的保障。

4. 系统高可靠特性

区块链系统的高可靠特性体现在以下两点。

(1)每个节点都对等地维护一个账本并参与整个系统的共识。也就是说,即使其中某一个节点出故障了,整个系统也能够正常运转,这就是为什么我们可以自由地加入或者退出比特币系统网络,而整个系统仍能正常工作。

（2）成熟的区块链系统支持 PBFT。传统的分布式系统虽然也具有高可靠特性，但是通常只能容忍系统内的节点发生崩溃现象或者出现不响应的问题，而系统一旦被攻克，或者说修改了节点的消息处理逻辑，则整个系统都将无法正常工作。区块链系统在容错性上允许有部分节点出现错误，只要大部分节点是对的，那么系统就能正常运行。

第 2 章　区块链组成原理

【本章导学】

区块链是一种按照时间顺序将数据区块以顺序相连的方式组合而成的一种链式数据结构,并以密码学方式保证的不可篡改和不可伪造的分布式账本数据库。

区块链中“账本”的作用和现实生活中的账本有相通之处,即按照一定格式记录流水等交易信息。随着区块链的发展,记录的交易内容由各种转账交易扩展到各个领域的数据。其实,任何导致数据变动的行为都可以理解为交易。从这个角度来看,区块链记录的就是一系列有顺序的交易。

根据上面的定义,区块链可以理解为一种“分布式记账”的技术,区块链记录的就是一系列有顺序的交易。每个节点或者说记账人都会在本地维护一个由区块组成的链式结构,每个区块都包含这些交易信息。节点和节点之间通过 P2P 网络进行通信,通过分布式共识机制对区块链上的内容达成共识。通俗的比喻就是,每个人在本地都有一个小账本,每个账本都由一系列账页组成,账页上记录的是交易。大家通过 P2P 网络进行通信,对账本上记什么内容达成共识。

区块链系统与传统中心化系统在数据通信方面存在较大区别。传统中心化节点数据通信大多以客户端/服务器(Client/Server, C/S)架构实现;区块链系统中由于节点地位相同,通信以去中心化的方式实现,与传统技术相比在网络拓扑方面有较大不同。由于区块链具有不同分类,每个分类基于的应用场景不同所采用的网络拓扑通信方式也会不同。

在区块链系统这样的非中心化系统里,并不存在中心权威节点,由于参与的各个节点自身状态和所处网络环境不尽相同,而交易信息的传递又需要时间,并且消息传递本身并不可靠,所以每个节点收到的需要记录的交易内容和顺序也难以保持一致。此外,由于区块链中参与的节点身份难以控制,还可能出现恶意节点故意阻碍信息传递或者发送不一致的信息给不同节点,从而扰乱整个区块链系统记账的情况。因此,区块链系统的记账一致性问题是一个非常关键的问题,关系着整个区块链系统的正确性和安全性。

本章将围绕区块链的基本概念、链式结构的含义、分布账本存储,以及涉及的基础技术,如哈希函数、非对称加密进行讲解。

【学习目标】

- ✧ 了解区块链的组成原理。
- ✧ 熟悉区块的基本概念和内部结构。
- ✧ 掌握哈希函数的原理以及具体应用案例。
- ✧ 理解 P2P 网络的基本概念和特性。
- ✧ 掌握 P2P 网络在区块链中的应用场景。

✧ 理解非对称加密算法技术的基本原理以及应用场景。
✧ 熟悉分布式共识的基础知识。
✧ 掌握常用分布式共识算法的原理、实现过程以及应用场景。
✧ 熟悉区块链账户的结构以及典型应用案例。

2.1　区块链组成原理概述

2.1.1　区块链的组成原理

区块链是一种分布式数据库技术，它是按照时间顺序将数据区块以顺序相连的方式组合而成的一种链式数据结构。区块链使用密码学技术确保其安全性和可信度。从区块链的概念可以看出，区块链实际上是多种技术的综合应用，而区块链的组成结构可以分为以下四个方面。

第一，组成结构是区块。区块是区块链的基本组成单元，它由一个区块体和一个区块头（Block Header）组成。区块头包含指向前一个区块的哈希值和当前区块的哈希值，以及一些元数据，如时间戳和难度目标。这些哈希值和元数据使用密码学技术进行计算，以确保区块的完整性和不可篡改性。区块体内存储封装着该区块的实际数据，如交易信息和智能合约。

第二，组成结构是分布式网络。区块链是一种分布式数据库技术，它采用 P2P 网络架构，没有中央服务器或机构。每个节点都可以存储和验证区块链上的数据，并且可以通过网络与其他节点通信和交换数据。这种分布式网络可以防止单点故障和数据篡改，提高了区块链的安全性和可靠性。

第三，组成结构是共识算法。共识算法是区块链的核心机制之一，它确保了区块链上数据的一致性和可信度。由于区块链采用分布式网络和去中心化的架构，不同节点可能有不同的数据版本。共识算法能够让不同节点在没有第三方机构的情况下达成共识，从而确保区块链上数据的准确性和可靠性。目前，常见的共识算法包括 PoW、PoS 和 DPoS 等。

第四，组成结构是密码学技术。密码学技术是区块链的安全基石，它用于保障区块链的机密性、完整性和可用性。区块链使用哈希函数、数字签名（Digital Signature）和非对称加密等密码学技术来保护数据的安全性。哈希函数可以将任意长度的数据转换为固定长度的哈希值，从而保证数据的完整性。数字签名可以保证数据的真实性和不可抵赖性。非对称加密可以让用户在不泄露私钥的情况下进行安全通信和身份验证。

总的来说，区块链包括区块、分布式网络、共识算法和密码学技术等组成部分。这些组成部分相互作用，形成了一个安全、去中心化、可信的分布式数据库系统。

2.1.2　什么是区块链

从字面上理解，可以将区块链拆分成“区块（Block）”和“链（Chain）”两个部分。而区块链的区块和链分别是什么？它们对区块链起到什么样的作用？简单来说，区块链是由一个区块链接另一个区块所组成的。图 2-1 所示为“区块”和“链”的图形化显示。

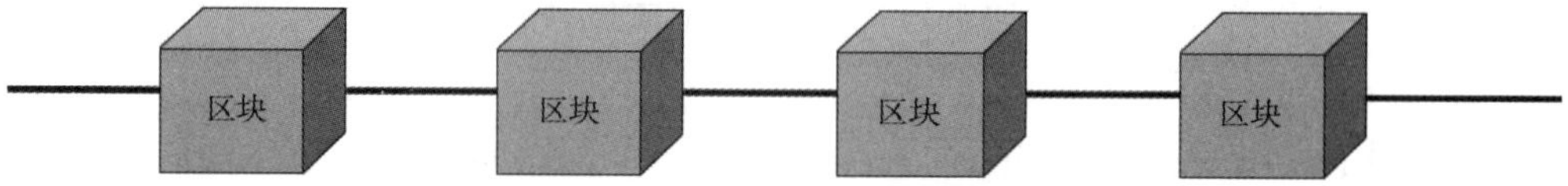

图 2-1 “区块”和“链”的图形化显示

区块链是由包含交易信息的区块从后向前有序链接起来的数据结构。区块被从后向前有序地链接在这个链条上，每个区块都指向前一个区块，所以区块链本质上为一种链表。从金融的角度理解，区块链可以比作一个账本，那么区块就是账本里的账页。一个账本由多个账页组成，每一个账本记录了一定量的交易信息，交易信息的多少将取决于账页的格式和大小等因素，图 2-2 所示为普通账本的显示内容。区块也是如此，区块存储了一定量的交易数据，区块的大小决定了交易数据的多少。

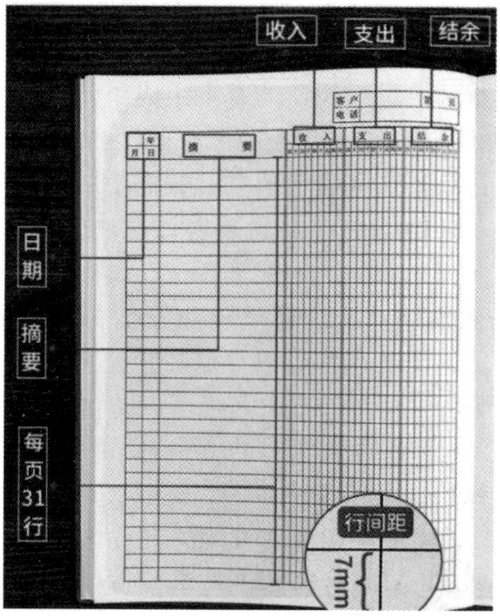

图 2-2 普通账本显示内容

更具体地，可以认为在区块链中有“账本”的概念，即存有所有区块链数据并被所有节点共享，那么“区块”就是这个账本中的“账页”，将“账页”进行整合就形成了一个完整的“账本”，从而存储区块链中完整的数据。由于在整个区块链网络中，所有参与网络的节点共同维护同一份“账本”，那么“账本”中的“账页”也将被所有节点存储，因此区块链的节点在存储区块链数据时实际存储的是一个个的区块，图 2-3 为区块链中数据的存储方式。需要说明的是“账本”存储所有相关数据的内容，所有网络节点都会同步这个账本数据。

基于以上内容，可以理解区块本质上是区块链的基本元素，也是区块链在数据存储方面最典型的特征，与人们所认知的传统的数据存储方式不同，区块链技术将数据按一定的顺序排列后分别存储在不同的区块中。图 2-4 为传统数据与区块链数据存储比较。假设目前有 10 000 条数据需要存储，传统数据库将以中心化的方式将 10 000 条数据统一存于数据库中:区块链则会以区块的方式对数据进行打包存储,每个区块存储目标数据的一部分,若按每 100 条数据打包成一个区块的规模,那么区块链将产生 100 个区块存储。

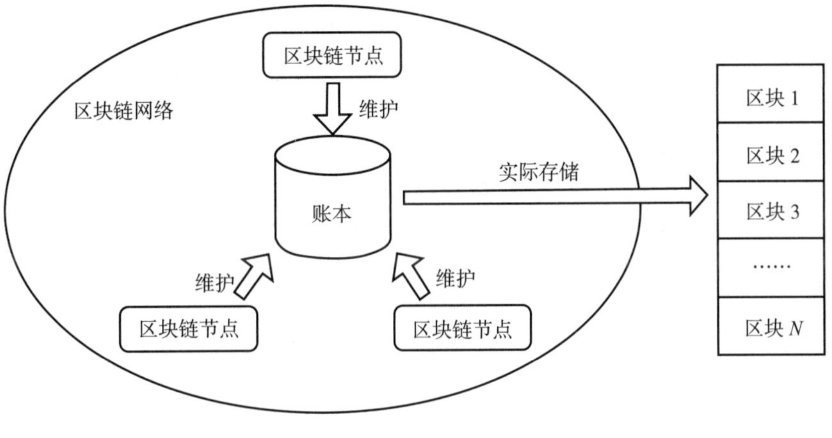

图 2-3　区块链中数据的存储方式

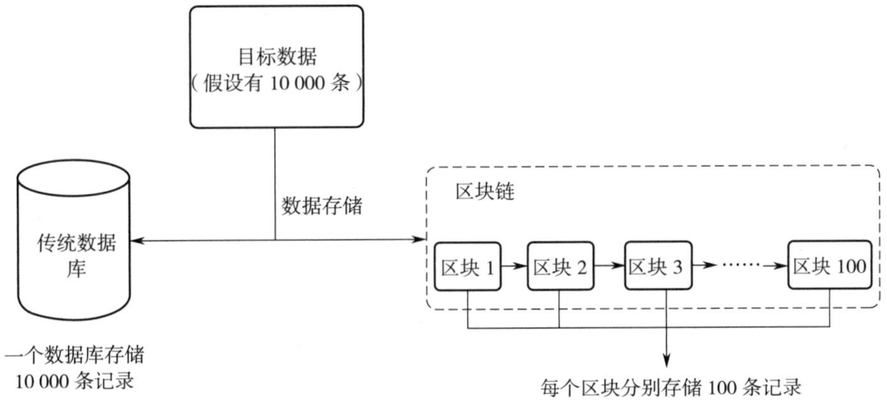

图 2-4　传统数据与区块链数据存储比较

2.1.3　区块的高度

可以把区块链想象成地质构造中的地壳层,在几百米深的地方,保存的是有百万年历史但依旧保持原貌的岩层。在区块链里,最顶层的区块或许有可能因为分叉所引发的重新计算而被改变,但是至 2024 年 12 月比特币已经有超过 840 000 个区块,最底层的区块就像最坚硬的岩层。有理论表明,超过 6 个区块后,区块在区块链中的位置越深,被改变的可能性就越小。

在数据结构领域中,区块链常被视为一个垂直的栈。创世区块作为栈底的第一个区块,随后每一个区块都依次叠加在之前的区块上。因此,每个区块也有自己对应的“高度”(Height),最新加入的区块则是在“顶端”。以比特币系统为例,自系统开始运行以来,已源源不断地产生众多区块,目前以每隔大约 10 分钟的速度产生新的区块,与此同时区块的高度也会累计加。图 2-5 所示为区块高度与产生时间示例。

区块高度	产生时间
区块 693 850	2021-08-02 20:36:37
……	……
区块 3	2009-01-09 11:02:53
区块 2	2009-01-09 10:55:44
区块 1	2009-01-09 10:54:25

图 2-5 区块高度与产生时间示例

目前,在互联网中已有众多关于公有区块链系统的浏览器,每个浏览器都会持续列出新区块的相关信息。图 2-6 为比特币高度显示内容。

浏览器 / Bitcoin 浏览器 / 区块列表

区块列表 总计 693,851 区块 2021-07-02 → 2021-08-02

区块高度	播报方	爆块时间	交易数	区块奖励 (BTC)	体积 (KB)	手续费 (BTC) ⇄	交易总额 (BTC)
693,850	Rawpool	2021-08-02 20:36:37	227	6.26668748	1,788.17	0.01668748	551.11861795
693,849	AntPool	2021-08-02 20:35:33	335	6.28656321	1,784.69	0.03656321	802.12928797
693,848	Rawpool	2021-08-02 20:33:58	2,250	6.35004720	1,586.04	0.10004720	69,023.52447889
693,847	Poolin	2021-08-02 20:22:29	1,688	6.33016158	1,422.16	0.08016158	3,157.37760334
693,846	Poolin	2021-08-02 20:14:51	1,546	6.34835853	1,569.65	0.09835853	33,845.05071476
693,845	SlushPool	2021-08-02 20:07:30	1,702	6.36180841	1,443.59	0.11180841	3,232.29977963
693,844	AntPool	2021-08-02 19:58:31	664	6.28735306	1,557.93	0.03735306	1,748.41049553
693,843	ViaBTC	2021-08-02 19:55:27	1	6.25000000	0.31	0	0
693,842	AntPool	2021-08-02 19:54:55	2,103	6.34269893	1,527.38	0.09269893	20,050.66464790
693,841	ViaBTC	2021-08-02 19:43:20	1,029	6.30370352	1,675.60	0.05370352	2,357.24176472
693,840	Rawpool	2021-08-02 19:38:39	2,745	6.29584524	1,423.97	0.04584524	19,949.83920736

图 2-6 比特币高度显示内容

2.2 区块组成与链式结构

2.2.1 区块的组成

如同账页由日期、摘要和流水等组成,区块由区块头和区块体(Block Body)两部分组成。区块头记录元数据(Metadata),也叫特征值,例如区块的唯一标识(默克尔根)、时间戳、难度、随机数等信息都存于区块头中。区块体用来储存封装到该区块的实际数据。其中实际数据可以是账户间的交易信息,例如在比特币区块链系统中区块体存储的是实际账本间交易的详细信息,在以太坊区块链系统中则可以存储智能合约相关的数据。这些数据内容在区块链里被统一定义成一条交易(Transaction),每个区块包含若干条交易数据,可以说交易信息是区块链数据存储的最小单元,也是区块链中不同区块的重要特征。图 2-7 所示为账本、区块和交易的关系。

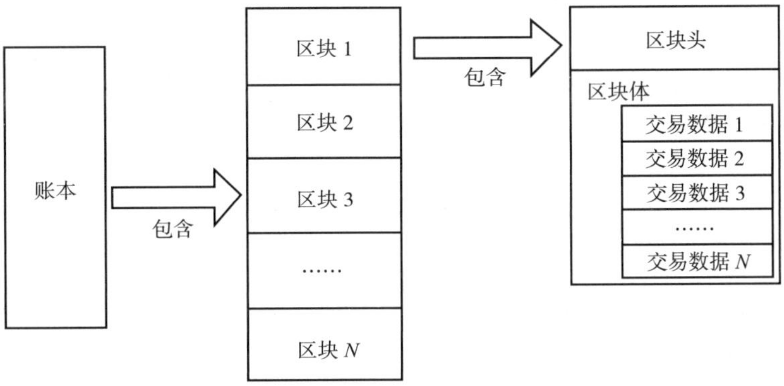

图 2-7　账本、区块和交易的关系

2.2.2　区块头中的数据

以数字货币 1.0 的典型代表比特币系统的区块为例,详细介绍每个区块中区块头和区块体的详细信息。比特币系统的区块头记录了当前区块的元数据。元数据占用区块 80 字节,具体内容如表 2-1 所示。

表 2-1　比特币系统区块头内容

数据项	说明	大小
父区块哈希(Previous Block Hash)	引用该区块的前一个区块的哈希值	32 字节
版本号(Version)	表示本区块遵守的验证规则	4 字节
时间戳(Timestamp)	该区块产生的时间	4 字节
随机数(Nonce)	32 位数字(比特币以 0 开头)	32 字节
难度(Difficulty Target)	当前区块的 PoW 目标难度	4 字节
默克尔根(Merkle-Root)	基于当前区块中所有交易的哈希值	4 字节

1. 前一个区块的哈希

前一个区块的哈希(Previous Block Hash)简称“前块哈希”,也可以称为“父区块哈希”。每个区块的区块头都包含着前一个区块的哈希。可以理解为每一个区块都包含上一个区块信息的“数字指纹”，从而使新的区块数据有序地排列在上一个区块数据的后面。这样把每个区块链接到各自父区块的哈希就创建了一条一直可以追溯到第一个区块（创世区块）的链条。图 2-8 为前一个区块哈希使用示例。

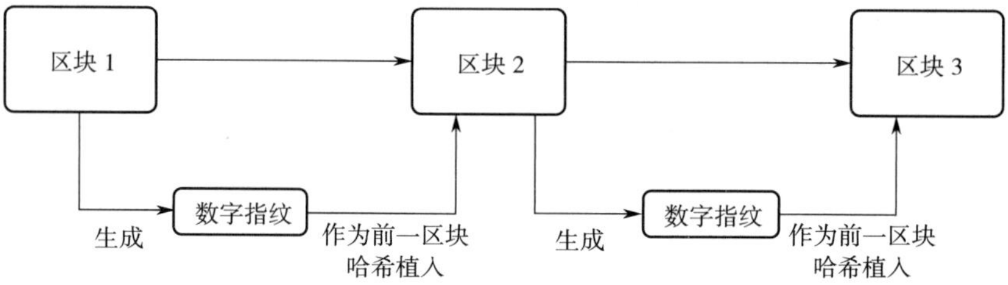

图 2-8　前一个区块哈希使用示例

2. 时间戳

每个区块的区块头都包含时间戳（Timestamp）。时间戳既能表明此区块生成的时间，也能为区块体含有的每一笔数据打上时间标记。

3. 默克尔根

区块头中的默克尔根（Merkle Root）归纳了所在区块体含有的所有交易，形成了整个交易数据集合的“数字指纹”。前面介绍的前块哈希让每一个区块都包含上一个区块信息（包括区块头和区块体）的“数字指纹”，那么默克尔根可以理解成区块体里所有交易数据结合在一起产生的总的数字指纹。此方面内容将在后续章节中展开介绍。

4. 随机数

随机数是在区块头中随机生成的数字，它的存在与以比特币为代表的挖矿和安全息息相关。

此外，区块头中还包括版本号、难度目标等。可以将这些信息分为三组。

（1）父区块（Pre-block）哈希值是父区块的地址信息，这组数据用于将当前区块与前一区块相连，形成一条起始于创世区块且首尾相连的区块“链条”。

（2）版本号、时间戳、随机数、难度等数据项都与共识机制有关，是决定共同难度或者达成共识之后写入区块的信息。

（3）最后一行的默克尔根是当前区块链所有交易经过哈希运算后得到的结果，可以用于唯一标识这个区块。

基于以上区块头的信息，每个区块会使用哈希算法生成这个区块的唯一标识（Hash）。图 2-9 所示为比特币系统第一个区块的数据内容。

基于以上内容，可以得出区块的整体结构，如图 2-10 所示。

Block 1

Hash	00000000839a8e6886ab5951d76f411475428afc90947ee320161b...
Confirmations	672,247
Timestamp	2009-01-09 10:54
Height	1
Miner	Unknown
Number of Transactions	1
Difficulty	1.00
Merkle root	0e3e2357e806b6cdb1f70b54c3a3a17b6714ee1f0e68bebb44a74b1efd...
Version	0x1
Bits	486,604,799
Weight	860 WU
Size	215 bytes
Nonce	2,573,394,689
Transaction Volume	0.00000000 BTC
Block Reward	50.00000000 BTC
Fee Reward	0.00000000 BTC

图 2-9　比特币系统第一个区块的数据内容

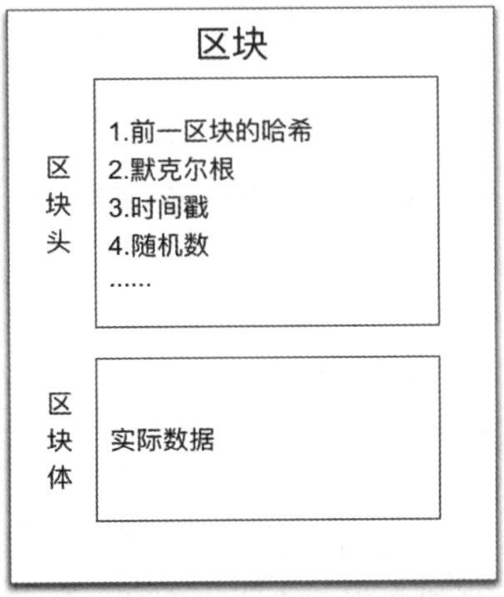

图 2-10　区块整体结构示例

2.2.3 区块链的链式数据结构

在区块链系统中，数据在以区块的形式打包存储时并不是独立的，每两个区块之间通过链的方式相互关联。2.2.2 节介绍过，每个区块头中包括 32 字节的父区块哈希值，通过这个父区块哈希值关键字，每个区块可以与上一区块关联，从而以“区块+链”的方式实现数据的联系。联系实际生活，当有人对账本的某一页的数据进行修改，并告知大家时，你并不知道它是否对其他数据也进行了修改。因为被修改的某一个数据，不一定会影响账本中后面的数据。但当区块和区块链接在一起时，当前的区块头里总会有前一个区块的哈希。由于哈希的不冲突性，只要一个区块里的数据导致哈希值改变了，后面所有的区块就会随着改变。哈希和区块构成了一个可被验证的数据结构，保证了数据的可验证性。

如图 2-11 所示，每个区块通过父区块哈希值实现区块与区块的链式存储，更关键的，由于区块唯一标识是通过哈希算法对区块头进行哈希转换生成的，这样就创建了一条有顺序、可追溯的链条结构。由于“父区块的哈希值”是区块本身的一部分，所以每个区块的哈希值都受前一个区块的影响。当某个区块有变动时，首先它的哈希值会发生变化，接着它的子区块的“父区块哈希值”也会发生变化，从而导致子区块的哈希值发生变化。以此类推，这种瀑布效应将会保障区块里的信息无法更改，除非强制重新计算该区块所有后续区块。

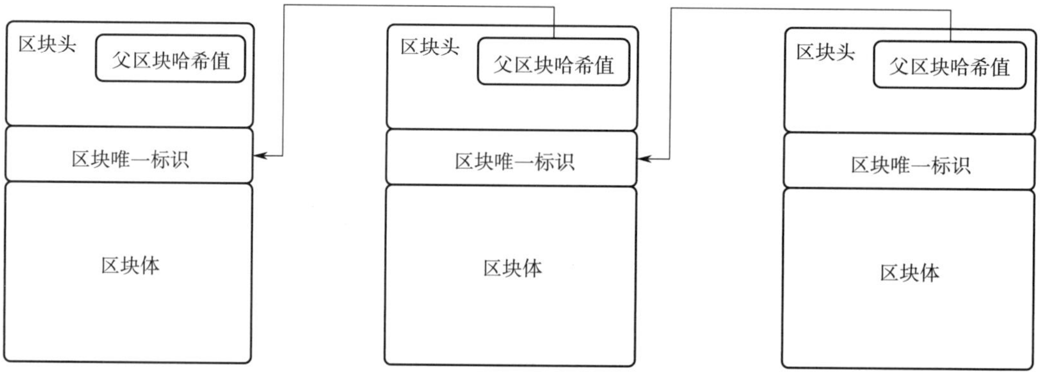

图 2-11 区块的链式结构

区块链的链式结构的特点如下。

1. 哈希链接

每个区块都包含了前一个区块的哈希值。区块的哈希值是通过对区块头进行哈希计算得到的固定长度的字符串。这种哈希链接将区块连接在一起，形成了一个有序的链式结构。

2. 前向不可篡改性

一旦一个区块被添加到区块链中，并且后续区块引用了该区块的哈希值，该区块的数据就很难被篡改。因为任何对该区块数据的篡改操作都会导致其哈希值发生变化，从而破坏了该区块及其后续区块的连接关系，被其他节点检测到。

3. 共识机制

链式结构在区块链网络中起到重要的共识作用。网络中的节点通过验证和同意添加新的区块到链的末尾，保持链式结构的一致性。共识机制可以是 PoW、PoS 等，确保了链上的数据是被广大节点共识所接受的。

2.2.4 哈希函数

1. 哈希函数的概念

哈希函数（又称散列函数）在区块链数据存储中起着至关重要的作用，它可以把任意长度的输入通过哈希函数，变换成固定长度的输出。换句话说，哈希函数是一种从任何一种数据中创建小的“数字指纹”的方法。

哈希值通常用一个短的随机字母和数字组成的字符串来代表。哈希函数有很多种，SHA-256 是比特币区块链上使用的哈希函数。图 2-12 为典型的哈希函数使用示例。

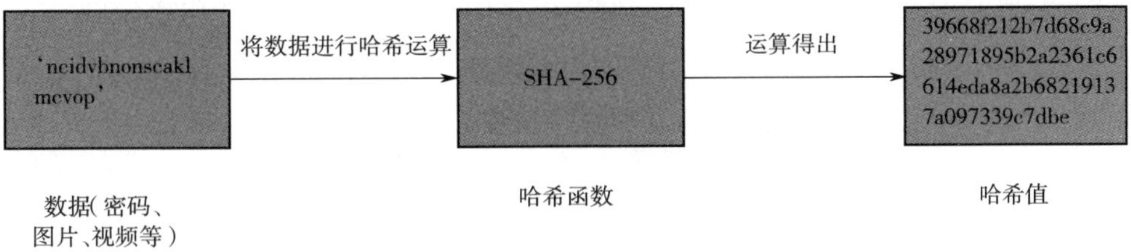

图 2-12　典型的哈希函数使用示例

2. 哈希函数的使用案例

哈希函数在日常生活中的应用很广泛。例如在一个网站注册账号时会提交用户名和密码。在存储这类数据时，网站会把用户名直接保存到网站公司的数据库中，但是密码一般不是直接保存的，而是先把密码转换成哈希函数，类似于“数字指纹”。采用这种方式，即使是公司后台管理人员，也拿不到用户密码。万一公司数据库泄露了，用户密码依然是相对安全的。而当用户登录网站时，输入的密码被提交到服务器，服务器进行相同的哈希运算，因为输入的数据没变，所以哈希函数也不会变，就能成功登录了。

3. 哈希函数的特性

哈希函数有两大特性，分别为单向性和唯一性。

（1）单向性（不可逆性）指通过哈希函数生成的哈希值无法反推导出原始值，数据的生成顺序永远是原始数据生成哈希值，不可能是哈希值生成原始数据。此特性能够有效保护数据。例如在之前的使用案例中，即使网站的数据库被黑客攻破，信息泄露，但是由于密码通过哈希值保存，黑客也无法获取真实密码，从而保证了数据安全。

（2）唯一性（不冲突性）指任意两个内容不同的原始数据通过哈希函数转换为哈希值时，哈希值能够保证不等。这一特性能够确保所有原始数据通过哈希转换后“数字指纹”唯一，从而确保可以被哈希值唯一标识。

2.2.5 默克尔树的形成

1. 默克尔树的基本概念

默克尔树（Merkle Tree）亦称作梅克尔树、哈希树（Hash Tree），是比特币和大多主流区块链系统采用的一种数据组织方式。顾名思义，默克尔树的本质是一种树型数据结构，它由一个根节点（Root）、一组中间节点（Internal Nodes）和一组叶节点（Leaf）组成。

比特币系统采用二叉默克尔树组织每个区块中的所有交易。这些交易本身并不存储在默克尔树中，而是每个交易作为一个独立的数据块，计算其哈希值并存储在默克尔树的子节点和叶节点中。比特币采用 SHA-256 算法对交易数据进行哈希运算，因此默克尔树的每个节点均为 256 位二进制的哈希值。

除了用来整理归纳交易和生成默克尔根之外，默克尔树还能快速比较大量数据、快速定位数据块的修改以及提供零知识证明的手段。

2. 默克尔树形成过程

利用哈希算法的特性，叶子节点能够相互组合形成新的哈希值，并以层级的方式不断向上迭代累加，最后形成默克尔根，图 2-13 所示为一个简单的 4 叶子默克尔树示例。

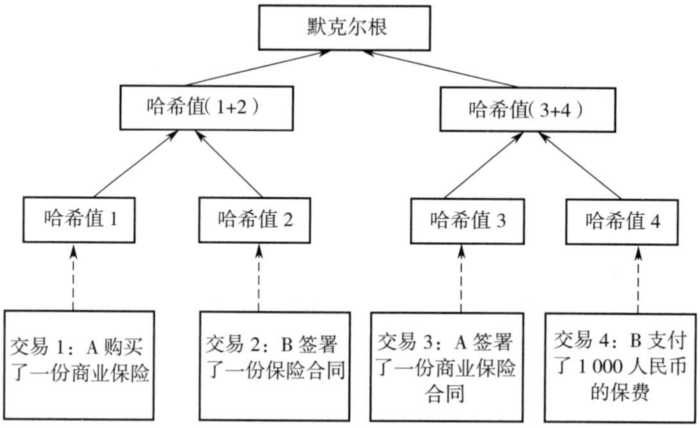

图 2-13　一个简单的 4 叶子默克尔树示例

一般地，叶节点包含交易的详细数据以及基于详细数据的哈希值，如图 2-13 中所示，交易 1 和交易 2 中共有两笔特殊的业务，针对这两笔业务会生成特有的哈希值，接着利用默克尔树算法，可以将这两笔交易的哈希值进行整合，从而有了中间节点哈希值（1+2），以此类推，最终会形成默克尔根。

默克尔树可以被视作哈希列表（Hash List）的泛化结构，通俗来讲就是，默克尔树是被选择来用作哈希值存储的一种数据组织方式。默克尔树的生成过程如下所述。

（1）叶节点生成：将一个大数据块拆分成多个小数据块，然后对每个小数据块进行哈希运算，得到所有数据块的哈希值后，获得一个哈希列表。

（2）子节点生成：将列表元素两两合并再计算一次哈希值，获得新的列表。如果正在合并的列表元素个数是奇数，则最后一个单独计算哈希值。

（3）默克根生成：重复第 2 步，直至生成最终的一个哈希值，被称为默克尔根，或被称为哈希根。

2.2.6　默克尔根

每个区块由区块头和区块体构成，并且区块头中有一个表示符为默克尔根。实际上，默克尔根是通过将区块体中所有的交易内容按照默克尔树的数据结构组织方式生成的，如图 2-14 所示。

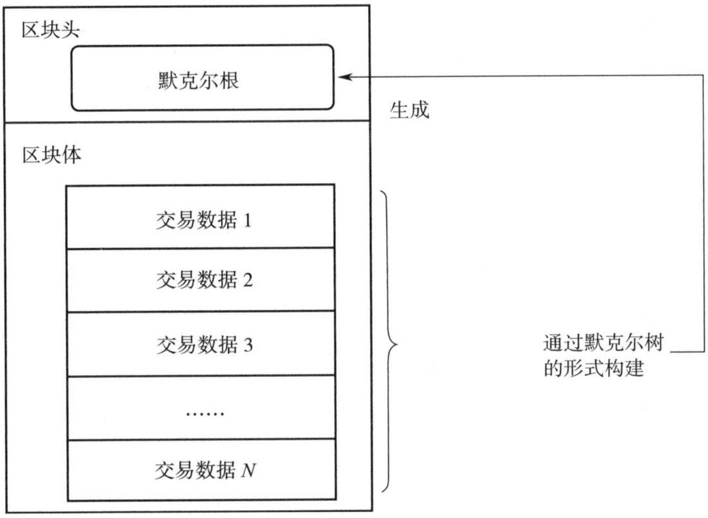

图 2-14　默克尔树在区块中的使用形式

2.2.7　默克尔根的作用

使用默克尔树的形式整合区块体中的交易是区块链数据不可篡改特性的重要应用支撑。由于每个区块在打包生成时区块头都会基于区块体中的交易产生默克尔根，当区块体的交易信息发生篡改时，区块头的默克尔根势必也会发生变化，从而通过比较默克尔根可以判断区块存储数据的前后一致性。更进一步的，由于每个区块中的区块头都包含了前一区块的哈希值（父区块哈希值），并且区块的唯一标识值是基于区块头生成的，如果父区块中有交易数据被篡改，那么父区块的哈希值势必发生改变，从而影响所有与其相关的子区块唯一标识值，通过比较区块中的唯一哈希值也可以快速判断区块中的数据是否发生改变，图 2-15 所示为某一笔交易被篡改后区块链数据内容的变化影响。

区块的前后关联以及区块内部的基于默克尔树的层级迭代，使得保存在区块体中的交易信息修改成本极高，从而保证了区块链数据不可篡改的特性。

基于默克尔树逐层记录哈希值的特点，区块链具有诸多天然的结构优点。

（1）通过比较区块头的唯一标识哈希值就可以判断区块信息是否发生修改，无须识别区块体中的交易详细内容，极大提高了区块运行效率和扩展性。

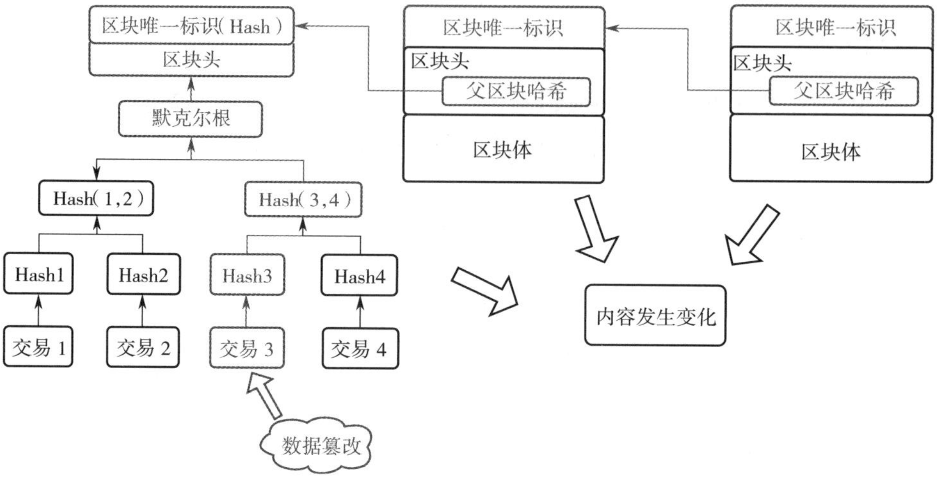

图 2-15 交易被篡改后区块链数据内容的变化影响

(2)由于默克尔树支持简化支付交易协议(Simplified Payment Verification, SPV),交易数据在“没有运行完整区块链网络节点”的情况下也能完成校验。

(3)使得仅保存部分相关区块链信息的轻量级用户端成为可能。

(4)降低和缩短了区块链运行所需的带宽和验证时间。

2.3 组建中心化网络

2.3.1 什么是中心化网络

在中心化系统中,决策和资源分配通常由中央机构或个人控制,并向外部实体传达指令和规定。权力和控制的集中意味着中央实体拥有对系统中的决策、资源、数据和参与者的控制权。这种集中化的特点使得中央实体能够制定规则、监督运行并作出决策,而其他参与者则相对较被动地接受和执行这些决策。

许多传统的组织、政府和公司都是中心化的。例如在中央集权制度中,政府拥有对国家政策、法律和资源的主导权。同样,在许多公司中,高层管理人员负责制定决策、分配资源和管理员工。

中心化网络是指在网络中存在一个中心节点或实体,控制着网络的操作、管理和决策。在中心化网络中,中心实体通常是一个中央服务器、主机或机构,负责维护网络的基础设施、分配资源和控制数据流动。中心实体作为网络的控制节点,决定了网络的规则、协议和操作方式。其他参与者需要遵守中心实体的指令和规定,以便与网络进行交互。在中心化网络中,所有的数据和信息都必须通过中心节点进行传输和处理,这使得中心节点成为整个网络的关键节点。

以传统的交易系统为例,比如银行系统均采用中心服务器架构,以银行服务器为中心节点,以每个网点、ATM 机、App 为客户端。当发起转账时,首先用户提供银行卡、密码等信息证明身份,然后产生一笔转账交易发送到中心服务器,中心服务器校验余额是否充足等信息，并记录到中心服务器，即可完成一笔转账交易。

传统的网络服务架构大部分都是 C/S 架构或者浏览器/服务器（Browser/Server，B/S）架构，都通过中心化的服务端节点，对需要申请服务的客户端或者浏览器端进行应答和服务，客户端之间的通信需要依赖服务器的协作。

举个例子，即时通信客户端（如微信等）进行消息收发的时候，手机客户端会先把消息发给中心服务器，再由中心服务器转发给接收方客户端。而当通过银行转账时，则会由银行先查看转账方的账户是否有足够的余额，确认有后，银行将这部分账款划给收款方账户。

2.3.2 中心化网络的优势

C/S 模式和 B/S 模式都属于中心化的服务器架构，中心化网络存在一个中心节点或实体，控制着网络的操作、管理和决策。中心节点在网络中具有特殊的地位和权力，这使得中心化网络有它独特的优势。

1. 集中控制

中心化网络的最大特点是存在一个中心节点或实体，负责管理和控制整个网络的运作。集中控制可以带来高效的网络管理和决策过程，使得网络的运行更加稳定和可靠。

2. 决策效率

中心化网络由中心节点负责作出重要决策，可以快速响应和处理网络中的问题。由于决策权集中在一个实体手中，可以更高效地采取行动，提高网络的运行效率。

3. 安全性

中心化网络可以实施严格的安全措施，保护网络免受外部攻击和潜在威胁。中心节点可以监控和管理网络中的数据流动，防止未经授权的访问和信息泄露。

4. 易于维护

中心化网络通常比分布式网络更容易维护。由于网络的操作和管理权力集中在一个实体手中，问题的追踪和修复更加简单和高效。此外，网络更新和升级也可以由中心节点进行统一管理，避免了复杂的协调和同步问题。

5. 可扩展性

在中心化网络中，中心节点可以根据需要进行资源分配和扩展，以满足网络用户增长的需求。这种集中化的资源管理可以更好地适应网络规模的变化，并提供更高的可扩展性。

2.3.3 中心化网络存在的问题

尽管中心化网络有以上优势，但也存在一些潜在的问题。

1. 单点故障

中心化网络依赖于中心节点的正常运行。如果中心节点发生故障或遭受攻击，整个网络可能会瘫痪，导致服务不可用。这种单点故障的风险使得中心化网络的可靠性和韧性受到威胁。

2. 数据安全问题

中心化网络中的数据和信息都存储在中心节点上，如果中心节点被攻击或数据泄露，将会对整个网络的安全造成威胁。

3. 透明度低和存在隐私问题

在中心化网络中，中心节点通常具有对网络中所有数据的访问权限。这引发了隐私问题，因为中心节点可以收集、分析和操纵用户的个人数据。此外，由于网络的操作和决策过程主要由中心节点掌控，透明度和可审计性低，用户很难了解网络的具体运行方式。

4. 依赖性高和可信度低

中心化网络中的参与者依赖于中心节点的操作和决策。这种依赖性可能导致中心节点的滥用权力或利益冲突，使得网络的公正性和可信度受到质疑。此外，中心节点本身可能存在故意或不慎的错误，导致网络运行出现问题。

5. 高昂成本

建立和维护中心化网络通常需要大量的资金和资源投入。中心节点需要承担大部分的运营和管理责任，这可能产生高昂的成本。而且，由于中心节点的存在，参与网络的其他节点可能需要支付额外的费用或面临限制，使得网络的开放性和包容性受到挑战。

这些问题导致了人们对分布式网络需求的增加。人们开始关注分布式网络和去中心化解决方案，以解决中心化网络所面临的痛点和问题。分布式网络通过去中心化的架构和共识算法，试图解决中心化网络的单点故障、依赖性高和可信度低、透明度低和存在隐私泄露隐患、高昂成本等方面的问题。

2.4 中心化网络通信

在中心化网络中，中心实体通常是一个中央服务器、主机或机构，负责维护网络的基础设施、分配资源和控制数据流动。中心实体作为网络的控制节点，决定了网络的规则、协议和操作方式。其他参与者需要遵守中心实体的指令和规定，以便与网络进行交互。在中心化网络中，所有的数据和信息都必须通过中心节点进行传输和处理。

2.4.1 中心化网络通信流程

中心化网络中，用户发送的所有信息都需要经过中心节点进行传输和处理。由此我们可以整理出中心化网络通信的基本流程，如图 2-16 所示。

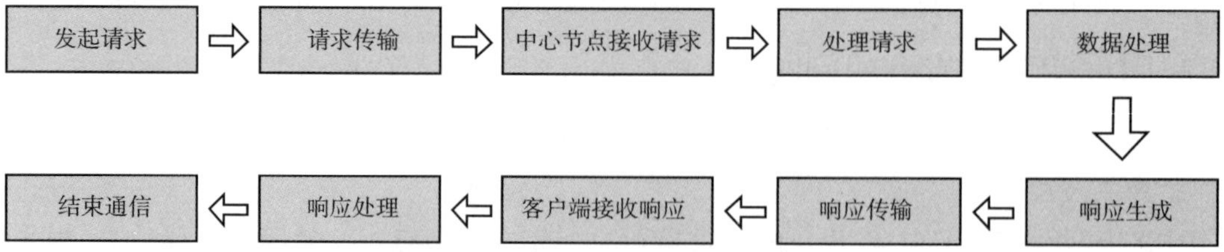

图 2-16 中心化网络通信流程

以上过程是一般中心化网络的通信流程，具体的实现过程可能会根据不同的应用和网络架构而有所不同。针对中心化网络通信，我们可以把整个过程分为 4 个阶段：发送请求、中心节点接收处理数据、返回响应结果、客户端接收处理响应。

2.4.2　发送请求

这一阶段执行了两个步骤:发起请求和请求传输。

发起请求:参与网络的客户端需要与中心节点进行通信,首先向中心节点发起请求。请求可以是获取某项服务、发送数据或执行特定操作等,如刷新网页数据、登录注册、发布朋友圈等。

请求传输:客户端将请求通过网络传输给中心节点。通常使用网络协议(如 TCP/IP)来实现请求的传输,确保数据的可靠性和完整性。

2.4.3　中心节点接收处理数据

这一阶段执行了三个步骤:中心节点接收请求、处理请求、数据处理。

中心节点接收请求:中心节点接收并解析来自客户端的请求。它会验证请求的合法性以及进行身份认证和其他必要的安全检查。

处理请求:中心节点根据请求的类型和内容,进行相应的处理。这可能涉及执行特定的操作、访问数据库或进行其他计算等。

数据处理:中心节点可能需要处理请求中的数据,进行相应的计算、分析或转换。这可能包括对数据的加工、存储或应用特定的算法进行处理。

2.4.4　返回响应结果

这一阶段执行了两个步骤:响应生成和响应传输。

响应生成:中心节点根据请求的处理结果生成响应。响应通常包括必要的数据、状态信息和错误码等。

响应传输:中心节点将生成的响应通过网络传输给客户端。同样,网络协议被用来确保响应的可靠性和完整性。

2.4.5　客户端接收处理响应

这一阶段执行了三个步骤:客户端接收响应、响应处理、结束通信。

客户端接收响应:客户端接收并解析来自中心节点的响应。它会验证响应的合法性,并提取所需的数据和信息。

响应处理:客户端根据响应的内容,进行相应的处理。这可能包括数据的展示、进一步的操作或其他后续行为。

结束通信:一旦通信完成,客户端和中心节点之间的通信连接可以关闭,释放相关的资源。

2.4.6　TCP/IP 网络通信协议

前面介绍中心化网络通信流程的时候,提到网络协议,那么 TCP/IP 协议是什么呢?TCP/IP 传输协议,即传输控制/网络协议,也叫作网络通信协议。TCP/IP 传输协议对互联网中各部分进行通信的标准和方法作出了规定。并且,TCP/IP 传输协议是保证网络数据信息及时、完整传输的两个重要的协议。它是中心化网络中最常用的通信协议之一，下面是关于TCP/IP协议的主要特点和工作流程。

1. 分层结构

TCP/IP协议是按照分层结构组织的，包括四个层次：网络接口层、网络层、传输层和应用层。每个层次负责不同的功能和任务，实现了协议的模块化和可扩展性。

2. IP地址和路由

TCP/IP协议使用IP地址来标识网络中的设备，使得数据能够准确地被传输到目标设备。IP地址是一组数字，分为IPv4和IPv6两个版本，用于唯一标识设备的位置。路由协议负责将数据从源设备传输到目标设备，通过选择最佳路径和中转节点来实现数据的传输。

3. TCP传输控制协议

TCP是TCP/IP协议簇中的传输层协议，提供可靠的数据传输。TCP将数据分割成小的数据包（称为TCP段），通过建立可靠的连接、数据的序列化和确认机制，确保数据在网络中的可靠传输和顺序交付。

4. 应用层协议

TCP/IP协议簇中的应用层协议包括HTTP、FTP、SMTP、DNS等，用于实现不同应用的数据传输和通信。这些应用层协议定义了数据的格式、通信的规则和操作方式，使得客户端和服务器能够进行特定的应用交互。

5. 数据包封装和解封

TCP/IP协议将数据封装成数据包进行传输。在每个层次上，数据被封装为特定的格式和协议头部，以便在网络中进行传输。接收端的TCP/IP协议根据协议头部的信息，逐层解封数据包，将数据传递给上层协议进行处理。

6. 错误检测和校正

TCP/IP协议通过使用校验和确认机制来实现数据的错误检测和校正。发送端在发送数据时计算校验和，接收端在接收到数据后进行校验和比较，如果校验和不匹配，则表示数据存在错误，需要重新传输。

7. 网络安全

TCP/IP协议本身并不提供加密和安全性机制。为了增强安全性，可以使用其他安全协议或加密机制，如SSL/TLS。

TCP/IP协议是中心化网络中通信的基础，它提供了可靠的数据传输和灵活的应用支持。几乎所有的网络通信都基于TCP/IP协议，包括Web浏览、电子邮件、文件传输、实时流媒体等。

2.5 去中心化网络通信

在区块链网络中，并不存在一个中心节点用于校验并记录交易信息，校验和记录工作由网络中的所有节点共同完成。当一个节点需要发起转账交易时，需要指明转账目的地址、转账金额，还需要对该交易进行签名。

由于不存在中心服务器，该交易会被随机发送到网络中的邻近节点，邻近节点收到交易信息后,对交易的签名进行校验,确认身份的合法性后,再校验余额是否充足等信息。当某节点完成验证后,会将该信息转发至与之相邻的节点。如此循环往复,直至网络中所有节点都收到该交易信息。最后,矿工获得记账权,将该交易打包至区块,随后向整个网络进行广播。广播的过程同交易的广播过程,依然采用一传十、十传百的方式完成。收到区块的节点在完成区块内容的校验后,将区块保存到本地,即交易生效。图 2-17 所示为数据传输去中心化比较。

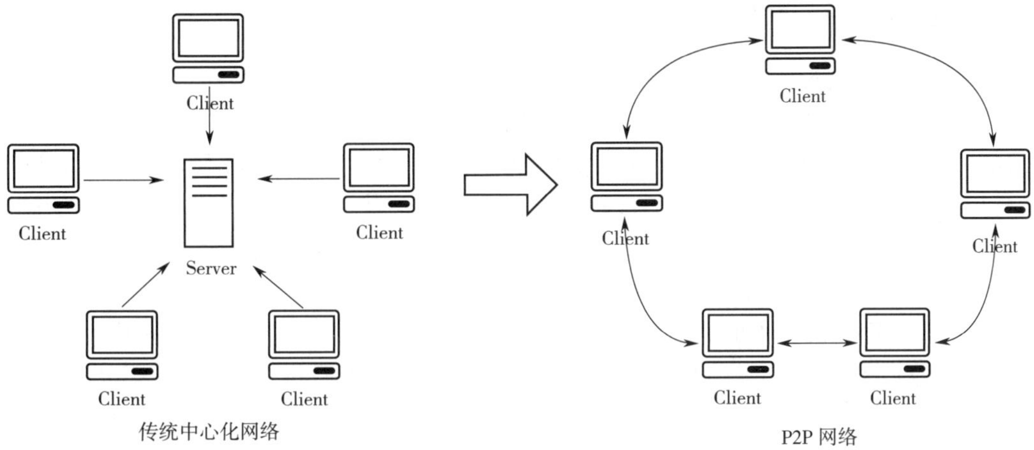

图 2-17　中心与去中心化数据传输网络比较

2.5.1　P2P 网络历史

不同于有中心服务器的中心化网络系统,去中心化网络也称点对点网络、对等网络(Peer-to-Peer Network,简称 P2P 网络),是一种分布式计算网络模型,其中所有参与者都可以充当客户端和服务器角色,实现直接的通信和资源共享,而无须依赖中央服务器。其发展历史如下。

(1)早期 P2P 网络(20 世纪 90 年代初)。P2P 网络的概念最早可以追溯到 20 世纪 90 年代初。在这个时期,互联网的普及和计算机性能的提升使得人们开始思考如何更好地实现分布式计算和资源共享。早期的 P2P 网络主要用于文件共享,其中一些知名的 P2P 应用程序包括 Napster、Gnutella 和 FastTrack。

(2)中心化 P2P 网络(2000 年)。在早期 P2P 网络中,节点之间的连接通常是无组织的,这导致了一些问题,例如搜索效率低下和资源管理困难。为了解决这些问题,中心化 P2P 网络应运而生。这种网络模型引入了中央服务器或索引节点,负责维护节点之间的连接和资源索引。一些典型的中心化 P2P 网络包括 eDonkey 和 BitTorrent。

(3)去中心化 P2P 网络(2001 年至今)。随着时间的推移,人们开始关注去中心化的 P2P 网络,旨在降低中央服务器的依赖性和降低单点故障。去中心化 P2P 网络采用分布式哈希表(DHT)等技术,将网络状态和资源索引分散存储在各个节点上。这些网络具有更好的可伸缩性和鲁棒性。一些著名的去中心化 P2P 网络项目包括 BitTorrent DHT、Kademlia 和 IPFS(InterPlanetary File System)。

（4）加密货币和区块链中的 P2P 网络（2008 年至今）。随着比特币的出现和区块链技术的发展，P2P 网络在加密货币和区块链领域得到了广泛应用。加密货币网络使用 P2P 架构进行交易验证和账本共识，而区块链技术本身也依赖于 P2P 网络来实现去中心化的数据存储和传输。著名的加密货币 P2P 网络包括比特币网络和以太坊网络。

随着时间的推移，P2P 网络的应用领域不断扩大，从文件共享、分布式计算发展到加密货币和区块链等领域。

2.5.2 P2P 网络——BT 协议

P2P 网络在发展过程中出现了一些使用范围广泛的应用，BitTorrent 是其中最具代表的应用之一。2003 年，软件工程师 Bram Cohen 发明了 BitTorrent 协议。

BitTorrent（简称 BT）是一个文件分发协议，每个下载者在下载的同时不断向其他下载者上传已下载的数据。而在 FTP、HTTP 协议中，每个下载者在下载自己所需文件的同时，他们之间没有交互。当非常多的用户同时访问和下载服务器上的文件时，由于 FTP 服务器处理能力和带宽的限制，下载速度会急剧下降，有的用户可能访问不了服务器。

BT 协议与 FTP 协议不同，其特点是下载的人越多，下载速度越快，原因在于每个下载者将已下载的数据提供给其他下载者下载，充分利用了用户的上载带宽。通过一定的策略保证上传速度越快，下载速度也越快。在很短时间内，BitTorrent 协议成为一种新的变革技术。

2.5.3 P2P 网络基本概念

P2P 网络不同于有中心服务器的中心化网络系统，它是一种消除了中心化服务节点，将所有的网络参与者视为对等节点（Peer），并在他们之间进行任务和工作负载分配。P2P 网络结构打破了传统的中心服务器架构，去除了中心服务器，是一种依靠用户群共同维护的网络结构。

2.5.4 P2P 网络特点

由于节点间的数据传输不再依赖于中心服务节点，P2P 网络具有以下特点。

（1）非中心化。P2P 网络的优势在于它是非中心化的，网络中的资源和服务分散在所有结点上，信息的传输和服务的实现都直接在节点之间进行，无须中间环节和服务器的介入。

（2）可扩展性。P2P 网络通常都是以自组织的方式建立起来的，并允许节点自由地加入和离开。在 P2P 网络中理论上其可扩展性几乎可以认为是无限的。例如在传统的通过中心化服务器下载方式中，当下载用户增加之后，下载速度会变得越来越慢，然而 P2P 网络正好相反，加入的用户越多，P2P 网络中提供的资源就越多，下载的速度反而越快。

（3）健壮性。P2P 网络服务是分散在各个节点之间进行的，部分节点或网络遭到破坏对其他部分的影响很小。P2P 网络一般在部分节点失效时能够自动调整，以保证其他节点的连通性。

2.5.5 区块链中的 P2P 网络

虽然 C/S 和 B/S 等中心化的服务器架构应用非常成熟，但是这种存在中心服务节点的模式，显然不符合区块链网络的需求。

在区块链系统中，要求所有节点共同维护账本数据，即每笔交易都需要发送给网络中的所有节点。如果按照传统的中心化的服务器架构，中心节点要将大量交易信息转发给所有节点，这导致效率非常低。

P2P 网络的这些设计思想和区块链的理念完全契合，在区块链中，所有交易及区块的传播都不需要发送者将消息发给所有节点。节点只需要将消息发送给一定数量的相邻节点即可，其他节点收到消息后，会按一定的规则发给自己的相邻节点，通过指定的数据通信方式，实现节点间的数据传输，最终将消息发给所有节点。通过前面的学习，我们了解到区块链可以分为公有链、联盟链、私有链。那么 P2P 网络在不同类型的区块链系统中也存在一些区别。

1. 公有链中的 P2P 网络

(1)去中心化。公有链是完全去中心化的，任何人都可以参与其中并成为网络的节点。P2P 网络在公有链中提供了广泛的节点参与和数据传输能力，所有节点都可以参与共识机制和数据验证过程。

(2)开放性。公有链的 P2P 网络是开放的，任何人都可以加入并访问网络。公有链网络中的数据和交易信息是透明的，任何人都可以查看和验证。

(3)去信任化。公有链通过共识算法和加密机制实现去信任化。P2P 网络在公有链中帮助节点之间建立信任，并确保数据的完整性和安全性，而无须依赖单一的中央权威机构。

2. 联盟链中的 P2P 网络

在联盟链中不同节点有不同的角色与权限，以超级账本 Fabric 网络系统为例，系统网络包括诸多类型的节点，如 Orderer 节点、验证节点、提交节点等，在网络中数据的流向也不同。P2P 网络在联盟链中的应用如图 2-18 所示。

由于在联盟链中节点的权限不同，数据传输往往会流向局部的数据中心，再由数据中心将数据分发给其他节点，所以 P2P 网络在联盟链中并不是完全去中心化的，我们可以理解为“弱中心化”或者“多中心化”网络。

(1)受限参与。联盟链是由一组事先确定的参与者组成的，这些参与者是经过验证和授权的实体，通常是企业、组织或特定的利益相关者。P2P 网络在联盟链中提供了参与者之间的通信和数据传输能力，但只有经过授权的节点才能加入网络。

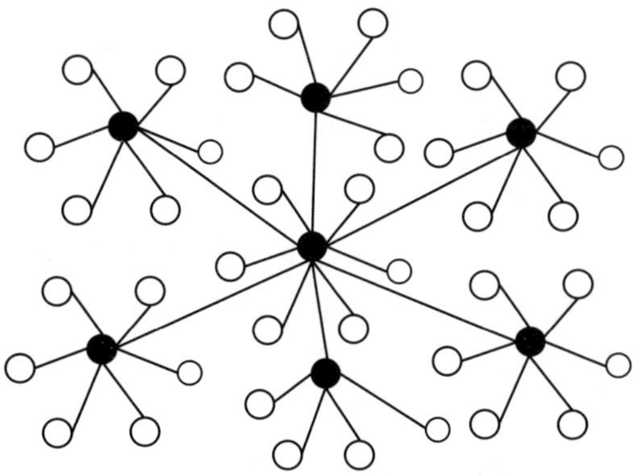

图 2-18　P2P 网络在联盟链中的应用

（2）权限控制。联盟链中的P2P网络通常需要进行身份验证和权限控制。只有被授权的节点才能参与共识过程和数据验证，并拥有特定的访问权限。这种限制确保了联盟链的安全性和私密性。

（3）较高的性能和可扩展性。由于联盟链的参与者数量相对较少，P2P网络可以实现更高的性能和可扩展性。节点之间的通信和数据传输更加高效，并且共识机制和数据验证过程可以更快速地达成一致。

联盟链中的P2P网络通常用于特定行业、组织或联盟的合作项目，参与者需要达成共识和合作，但仍希望保留一定的控制权和数据隐私。公有链的P2P网络更适合于开放的去中心化应用场景，如加密货币和分布式应用程序的开发和使用。

3. 私有链中的P2P网络

虽然私有链采用P2P网络架构，但与公有链和联盟链相比，私有链具有更严格的准入机制，数据的开放性最低，网络规模也较小。

（1）节点准入控制严格：私有链通常会对加入网络的节点进行严格的身份验证和授权，只有经过授权的节点才能加入网络。参与者作为特定组织内部的一员，如果使用私有链中的P2P网络，其访问和操作权限将受到组织的严格管理。

（2）数据的开放性低：数据通常只在组织内部共享，外部节点无法访问或参与数据的验证和存储。

（3）网络规模相对较小：私有链的网络规模通常比公有链小得多，因为它只服务于特定的组织或机构。这使得私有链的网络管理和维护相对容易，但与公有链相比，其去中心化程度相对较低。

2.5.6 P2P网络在公有链中的通信流程

区块链P2P通信在公有链中最典型的应用为，在公有链中所有节点的地位均相等，从理论上说所有节点都会有与其他节点通信的可能，P2P网络在公有链中的应用如图2-19所示。

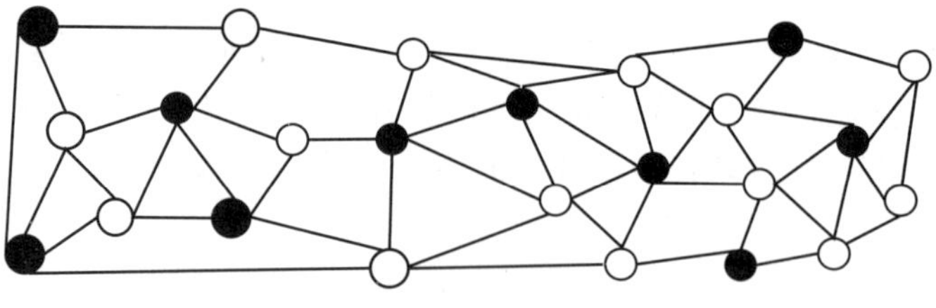

图2-19 网络在公有链中的应用

由于公有链的区块链节点有可能遍布世界各个地方，为了实现区块链网络中所有的节点都能成为网络的成员，如何设计P2P网络架构是区块链应用的一个研究方向，比特币网络节点在网络中发现周围节点并与周围节点通信的处理流程如下所述。

（1）节点会记住它最近成功连接的网络节点，当重新启动后它可以迅速与先前的对等节点网络重新建立连接。

（2）节点会在失去已有连接时尝试发现新节点。

（3）当建立一个或多个连接后，节点将一条包含自身 IP 地址的消息发送给其相邻节点。相邻节点再将此消息依次转发给它们各自的相邻节点，从而使节点信息被多个节点所接收，保证连接更稳定。

（4）新接入的节点可以向它的相邻节点发送获取地址的 getaddr 消息，要求它们返回其已知对等节点的 IP 地址列表。节点可以找到需连接到的对等节点。

（5）在节点启动时，可以给节点指定一个正活跃的节点 IP，如果没有指定的话，客户端会维持一个列表，该列表列出了那些长期稳定运行的节点。这样的节点也被称为种子节点（其实和 BT 下载的种子文件道理是一样的），可以通过种子节点来快速发现网络中的其他节点。

比特币节点通常采用 TCP 协议，使用 8333 端口与相邻节点建立连接，建立连接时也会有认证“握手”的通信过程，用来确定协议版本、软件版本、节点 IP、区块高度等。当节点连接到相邻节点后，就开始跟相邻节点同步区块链数据（轻量级钱包应用其实不会同步所有区块数据），节点们会交换一个 getblocks 消息，它包含本地区块链最顶端的哈希值。如果某个节点识别出它接收到的哈希值并不属于顶端区块，而是属于一个非顶端的旧区块，那么该节点会判断自身的本地区块链比其他节点的区块链更长，此时，该节点会告诉其他节点需要补充区块，其他节点则发送 getdata 消息来请求区块，在对获取到的区块进行验证后，将其更新到本地区块链中。

2.6 区块链共识

2.6.1 什么是共识问题

共识问题实际上是社会科学和计算机科学领域共同的经典问题，其最早可以追溯到 1959 年 Edmund Eisenberg 和 David Gale 发表的以“有主观思想的个体”为对象所做的“共识概率分布”的社科研究。而在计算机领域的里程碑式的共识研究是在 1975 年由纽约州立大学的 E. A. Akkoyunlu、K. Ekanadham 和 R. V. Huber 在论文中提出的“计算机通信两军问题”。该研究主要论证了在不可靠的通信链路上试图通过通信达成共识是不可能的。

共识问题是分布式系统需要解决的一个核心问题。共识问题是指在分布式系统中，多个节点之间就某个特定的事务或状态达成一致的问题。由于分布式系统中节点之间的通信可能存在延迟、故障或恶意行为，因此节点之间可能会有不同的观点或意见，导致无法达成一致。解决共识问题的目标是找到一种机制或算法，使得分布式系统中的节点能够就某个特定的事务或状态达成共识，并确保一致性和可信度。

在区块链中，共识问题尤为重要，因为节点需要就交易的有效性和区块的顺序达成共识，以确保区块链的安全性和完整性。共识机制通过引入特定的规则和算法来解决共识问题，使得节点能够达成共识并按照一定的规则生成新的区块。

2.6.2 拜占庭将军问题

拜占庭将军问题（The Byzantine Generals Problem）也称拜占庭容错，是在 1982 年由图

灵奖得主莱斯利·兰伯特(Leslie Lampor)为具象描述分布式系统研究提出的一个著名虚拟问题。

拜占庭位于土耳其的伊斯坦布尔,是东罗马帝国的首都。由于当时拜占庭帝国国土辽阔,为了达到防御目的,每个军队都分隔很远,将军与将军之间只能靠信差传消息。在战争时期,拜占庭军队内所有将军和副官必须达成共识,在有赢的机会时才去攻打敌人的阵营。但是,军队内可能存有叛徒和敌军的间谍,左右将军们的决定并扰乱整体军队的秩序。在达成共识时,结果并不代表大多数人的意见。这时候,在已知有成员叛变的情况下,其余忠诚的将军在不受叛徒影响的情况下如何达成一致的协议,拜占庭问题就此形成。

拜占庭将军问题是一个协议问题,拜占庭帝国军队的将军们必须一致决定是否攻击某一支敌军。问题是这些将军在地理上是分隔开来的,并且将军中存在叛徒。叛徒可以任意行动以达到以下目的:欺骗某些将军采取进攻行动;促成一个不是所有将军都同意的决定,如当将军们不希望进攻时促成进攻行动;迷惑某些将军,使他们无法作出正确决定。如果叛徒达到了其中一个目的,则任何攻击行动的结果都注定是失败的,只有完全达成一致才能获得胜利。图 2-20 所示为拜占庭问题。

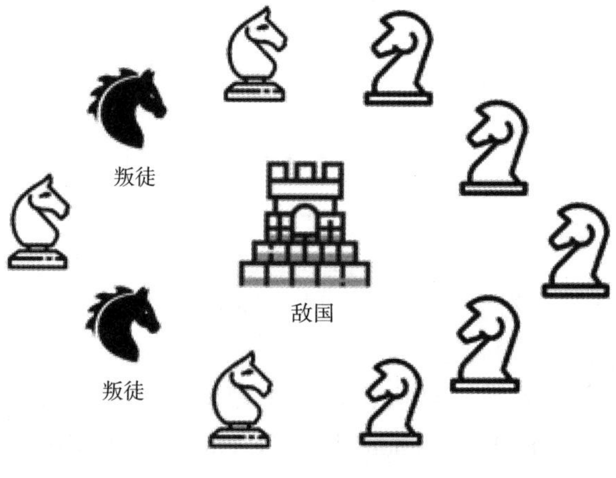

图 2-20 拜占庭问题

拜占庭假设是对现实世界的模型化,拜占庭将军问题延伸到互联网中来,其内涵可概括为:在互联网大背景下,当需要与不熟悉的对方进行价值交换活动时,人们如何才能防止被其中的恶意破坏者欺骗、迷惑从而作出错误的决策。拜占庭将军问题延伸到技术领域中来,其内涵可概括为:在缺少可信任的中央节点和可信任的通道的情况下,分布在网络中的各个节点应如何达成共识。

现如今,拜占庭将军问题仍是公认的最难问题之一。科学家们认为,在存在消息丢失的不可靠信道上试图通过消息传递的方式达到一致性是不可能的。

拜占庭将军问题最终想解决的是互联网交易、合作过程中的 4 个问题,分别为信息发送的身份追溯、信息的私密性保障、不可伪造的签名机制和发送信息规则的制定。

可以说,拜占庭将军问题是区块链技术想要解决的核心思想问题,直接影响区块链系统共识算法的设计思路和实现方式,因而在区块链技术体系中具有重要意义。

2.6.3　达成共识问题

接下来思考另一个问题——达成共识问题。区块链通过全民记账来解决信任问题,但是最终以谁的记录为准呢?或者说,怎么样保证所有节点记录的是一份相同的正确数据呢?

在区块链中,全民记账是指所有参与节点共同记录和验证交易的过程。如何让每个节点通过一定的规则将各自的记账保持一致是非常关键的问题,这个问题的解决方案就是共识机制。通过共识机制,节点达成"以谁的记录为准"的共识,获得记录权限的节点将有效的交易打包成区块并链接到区块链上。这样的设计使得区块链具有去中心化、公开透明和不可篡改的特点,有助于解决信任问题。不同的共识机制可能有不同的规则来决定哪个记录成为链上的"真相"。

区块链用代码和算法在虚拟世界里建立了一个十分稳固的信用系统。要理解这个信用系统,就需要掌握区块链的共识机制。在区块链系统这样的非中心化系统里,并不存在中心权威节点,由于参与的各个节点自身状态和所处网络环境不尽相同,而交易信息的传递又需要时间,并且消息传递本身并不可靠,所以每个节点收到的需要记录的交易内容和顺序也难保持一致。此外,由于区块链中参与的节点身份难以控制,还可能出现恶意节点故意阻碍信息传递或者发送不一致的信息给不同节点,从而扰乱整个区块链系统记账的情况。因此,区块链系统的记账一致性问题,是一个非常关键的问题,关系着整个区块链系统的正确性和安全性。

2.6.4　节点分类

为了更好地理解共识过程模型,先介绍一下节点的分类和每一种大类的负责事项。

(1)数据节点:生产数据或者交易的节点,即大多数使用区块链应用的用户。数据节点是最普通的节点,数据节点的集合是区块链网络节点的合集。

(2)挖矿节点:对生成的数据进行验证、打包、更新上链的节点(矿工),矿工节点通常会全体参与公式竞争过程,记为 M(Miners)。

(3)代表节点:在特定算法中会选举节点作为代表来参与共识过程并竞争记账权,记为 D(Delegates)。

(4)记账节点:通过共识过程竞争和选定出的节点,记为 A(Accountants)。

2.6.5　共识的过程

图 2-21 所示为区块链过程的基础模型的 4 个具体步骤:选主(Leader Election)、造块(Block Generation)、验证(Data Validation)和上链(Chain Updation)。

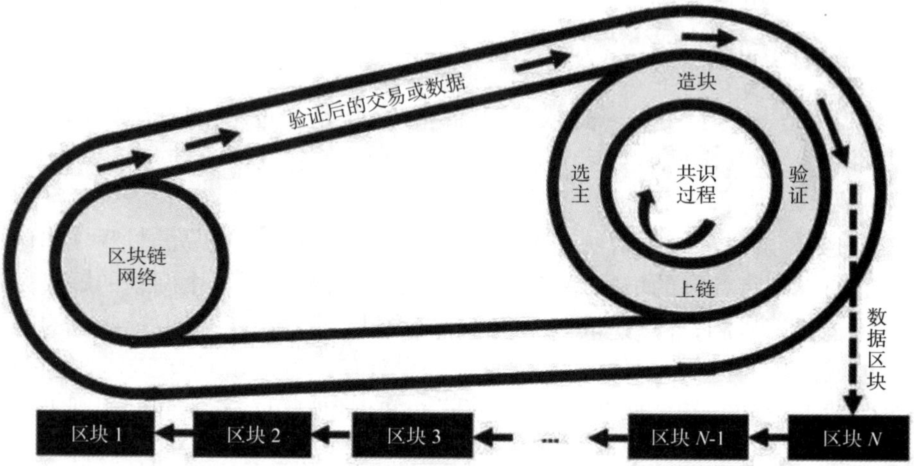

图 2-21 区块链过程的基础模型的 4 个具体步骤

1. 选主

选定一个区块的验证者(记账者)是共识过程的第一步,也是最核心的一步。选主是通过证明、联盟、随机、选举或者混合等方式从全体矿工节点中选出记账节点的过程,可以表达为公式,其中函数代表共识算法的具体实现方法。

2. 造块

记账节点将交易打包到一个区块中,并将生成的新区块广播给全体矿工节点(或代表节点)。这些交易或者数据通常根据交易费用、交易优先级、等待时间等多种因素综合排序后,依序打包进入新区块。

3. 验证

矿工节点(或代表节点)收到广播的新区块后,将各自验证区块内数据的正确性和合理性。如果新区块获得大多数验证或代表节点的认可,则该区块正式作为下一个区块部署到链上。

4. 上链

由记账节点将新区块添加到主链最末端,与父区块通过哈希值相连,形成一个新的记录完整账本数据的区块链。如果主链存在分叉,则需根据相关共识规则来选择一条恰当的分支作为主链。如果把共识过程看作一个黑箱,那么输入的是数据或交易信息,输出的是封装好的数据区块以及更新了新区块的区块链。

2.6.6 主流共识算法

1. 工作量证明

工作量证明(Proof of Work, PoW)是最早和迄今为止最安全可靠的共识算法,也是比特币系统采用的共识算法。同时, PoW 也是一种对应服务与资源滥用或阻断服务攻击的经济对策。 它的本质是利用工作方和验证方所需工作量的不对称性,以此耗用的时间、设备与能源作为担保成本,以确保服务与资源被真正的需求所使用。PoW 的主要特征是客户端需要花不少时间来做有一定难度的工作,从而得出一个结果;而验证这个结果却非常容易。它最常采用的技术原理是哈希函数。如比特币的 PoW(挖矿)就是去找到一个 SHA-256 哈希值的输入值。

简单来说,PoW 就是一个抽签类共识。它的主要特征是计算的不对称性,节点需要做有一定难度的工作从而得到一个结果,而验证方很容易通过结果来检查节点是不是做了相应的工作。

这类算法的核心思想实际上是所有节点都在竞争记账权,而对每一批次的记账(或者说,挖出一个区块)都赋予一个“难题”,要求只有能够解出这个难题的节点挖出的区块才是有效的。同时,所有节点都不断地试图通过解出难题来产生自己的区块,并将自己的区块追加到现有的区块链之后,但全网络只有最长的链才被认为是合法且正确的。

具体来说,每个可出块节点都通过不断地猜测一个随机数,使得该随机数拼凑上所出块中包含的交易内容的哈希值满足一定条件。由于哈希计算是一个不可逆的过程,所以除了反复猜测随机数进行计算验证外,没有更有效的方法能够逆推出符合条件的随机数。且比特币系统可以通过调整计算出来的哈希值所需要满足的条件来控制计算出新区块的难度。

通过控制区块链的增长速度,系统还保证了若有一个节点成功解出难题,完成了出块,该区块能够以比其他节点解出难题更快的速度在全部节点之间传播,并且得到其他节点验证的特性。区块链系统这个特性再结合其采用的“最长链原则”的评判机制,就能够在大部分节点都是诚实(正常记账出块,认同最长链原则)的情况下,避免恶意节点对区块链的控制。这是因为在诚实节点占了全网 50%以上算力比例时,从期望上讲,当前最长链的下一个区块也是诚实节点产生的概率很大,并且该诚实节点一旦解出了难题并生成了区块,就会在很短的时间内告知全网其他节点,而全网的其他节点在验证完该区块后,便会基于该区块继续解下一个难题以生成后续的区块,这样一来,恶意节点很难完全掌控区块的后续生成。

以比特币系统为例。在产生区块时,各节点(即矿工)通过竞技一道 SHA-256 数学难题来争取记账权,具体方式是通过不断猜测一个随机数,使得该随机数拼凑上待产出区块中包含的交易内容的哈希值能满足一定条件。这里的哈希值是由默克尔根投射得出的。由于哈希计算是一个不可逆的过程,所以除了反复枚举随机数数值进行计算验证外,没有其他有效方法。可以说计算的速度决定了挖到矿的概率。同时,比特币系统可以通过随时调整难度(计算出来的哈希值所需要满足的字符长度)来控制产生区块的速度。

总的来说,PoW 共识算法有以下优点。

(1)架构简洁,容易理解。

(2)攻击的成本非常高昂,难以实现。这是由于要获得多数节点承认,攻击者必须投入超过总体一半的运算量(>50%的攻击),才有机会篡改结果。

(3)在一定程度上保证了公平性,投入的算力与获得打包权的概率成正比。

PoW 虽然是业界公认安全可靠和使用最广泛的共识算法,它在几乎完美地实现了诸如比特币等加密货币的发行和流通的同时,保障了系统的去中心化。但与此同时,其计算开销和能源消耗(主要是电力消耗)一直饱受诟病,同时矿池规模不断扩大而引发的“中心化问题”也争议不断。

2. 权益证明

权益证明(Proof of Stake，PoS)也称凭证类共识，这类算法引入了“凭证”的概念，根据每个节点的属性(持币数、持币时间、可贡献的计算资源、声誉等)，定义每个节点出块的难度或者优先度，并且从凭证排序中选取最优的节点，或者选取排名靠前的小部分节点，对这些进行加权随机抽取某个节点，进行下一段时间的记账出块。

这种类型的共识算法在一定程度上降低了整体的出块开销，同时能够有选择地分配出块资源，即根据应用场景选择“凭证”的获取来源，是一个改进的方向。然而“凭证”的引入提高了算法的中心化程度，有可能造成“贫者愈贫，富者愈富”的马太效应。

3. 委托权益证明

委托权益证明(Delegated Proof of Stake，DPoS)是在 PoS 之后提出的共识算法，弥补了 PoS 算法中拥有记账权益的参与者未必希望参与记账的缺陷。DPoS 共识算法的基本思路类似于“董事会决策”：节点可以将其持有的权益(股份)授予一个代表，获得票数最多且愿意成为代表的前 N 个节点将进入董事会，轮流对交易进行打包结算，并且签署(即生产)新区块。如果说 PoW 和 PoS 分别是“算力公平竞争”和“权益角逐”的话，则 DPoS 可以认为是“民主集中式的记账方式”。

4. 实用拜占庭容错

实用拜占庭容错(Practical Byzantine Fault Tolerance，PBFT)算法是由 Miguel Castro 和 Barbara Liskov 于 1999 年在第三节操作系统设计与实现研讨会上提出的。

PBFT 算法解决了之前拜占庭容错共识(Byzantine Fault Tolerance，BFT)算法容错率较低的问题，它可以在作恶节点少于三分之一的情况下，保证系统的正确性(避免分叉)。且它降低了算法复杂度，与原始的 BFT 算法相比，算法复杂度从指数级降低到了多项式级，使 BFT 算法可以实际应用于分布式系统。

5. 混合共识算法

PoW 类共识虽然安全性高，但会浪费大量资源，并且交易非常缓慢，随着以太坊智能合约的兴起，其渐渐失去了优势。BFT 类算法能很好地解决 PoW 的“历史遗留问题”，但由于其自身算法特点(如节点信任机制、容错方式等方面的限制)，其安全性得不到良好的保障。

为了得到更安全且不会耗费太多地球资源的算法方式，一些基于已有共识算法的混合式共识算法产生了。凭证类-拜占庭容错共识算法(PoS-BFT)就是其中一种。

在早期的 PoS 算法中，成功挖出区块的人会向全网广播，但其他见证人无法对此进行确认，不仅如此，他们还必须在自己生产区块时才能确认之前的区块。在加入拜占庭容错机制的新算法中，每个见证人在出块时依然进行全网广播，不同的是其他见证人在收到广播后立刻对其进行验证，并将签名实时传回出块见证人手里。在全网达到 2/3 见证人确认的瞬间，区块产生，交易成立，这使得交易时间大大缩短。

常见共识算法的比较如表 2-1 所示。

表 2-1　常见共识算法的比较

算法	关键要素	实现途径	优势	适用场景
PoW	算力	投资矿机	验证方易核验，求验方(持币人)公平竞争	稀缺资源竞争，如拍卖
PoS	所持资源	囤积代币	快速、高效、分散、灵活	大多数交易，分布式云
BFT	信誉与安全性	在自己专业的领域持续做对的事	激励制度完善	选举投票

2.7　区块链账户体系

2.7.1　加密技术的发展历史

随着互联网的不断发展和 5G 的到来，加密技术显得越来越重要，如重要机密文件加密、个人隐私保护等。企业商业机密泄露，会造成严重的经济损失；个人隐私泄露，对生理和心理都会造成不可逆的伤害。正是因为存在信息泄露带来的种种危害，才促使加密技术不断发展。所以我们先来了解一下加密技术的发展历史。

古代加密方法(手工阶段)源于对通信安全的迫切需求，这种需求是推动技术发明创新的直接动力。石刻或史书中记载，许多古代文明，包括埃及人、希伯来人、亚述人都在实践中逐步发明了密码系统。从某种意义上说，战争是科学技术进步的催化剂。人类自从经历了战争，就对通信安全产生了需求，密码技术源远流长。

古代加密方法大约起源于公元前 440 年，当时出现在古希腊战争中的隐写术是其早期形式。当时为了安全传送军事情报，奴隶主剃光奴隶的头发，将情报写在奴隶的光头上，待头发长长后将奴隶送到另一个部落，再次剃光头发，原有的信息复现出来，从而实现这两个部落之间的秘密通信。

古典密码(机械阶段)的加密方法一般是文字置换，使用手工或机械变换的方式实现。古典密码系统已经初步体现出近代密码系统的雏形，它比古代加密方法复杂，其变化较多，如凯撒密码(Caesar Cipher)。凯撒密码是最早的替换密码之一，它是通过将字母按照固定的偏移量进行替换来加密消息的。例如，偏移量为 3 的凯撒密码将字母 A 替换为 D，字母 B 替换为 E，以此类推。

近代密码(计算机阶段)在 20 世纪 70 年代成为一门新的学科，是计算机科学蓬勃发展和推动的结果。快速电子计算机和现代数学方法一方面为加密技术提供了新的概念和工具，另一方面也给破译者提供了有力武器。最著名的是德国的恩尼格玛机就是利用了相关技术和方法的典型代表。恩尼格玛机在两次世界大战期间均被用于军事通信加密，直到 1940 年被破解。

1976 年，美国斯坦福大学的迪菲(Diffie)和赫尔曼(Hellman)提出了公钥密码学的新思想(论文《密码学新方向》)，把密钥分为加密的公钥和解密的私钥，这是密码学的一场革命。

总的来说，加密技术在古代就开始出现，并随着时间的推移不断发展和演变，为现代通信、数据保护和安全领域提供了重要的工具和方法。

2.7.2 对称加密技术

初期加密大多采用同一种密钥的方式,加密和解密双方都要知道密钥才能通信。采用单钥密码系统的加密方法,同一个密钥可以同时用作信息的加密和解密,这种加密方法称为对称加密,也称为单密钥加密,其在我们生活中随处可见,如 QQ 密码、游戏账号密码、银行账户密码等。这些账号如果给其他人使用,我们必须要告诉对方这些账号的密码。然而,这样把账号密码分享出去显然会有很大的安全问题。对称加密技术本身也存在许多不足。

(1)在对称加密中,双方需要安全地共享密钥。如果没有安全的通道来分发密钥,密钥交换本身可能会受到攻击或窃听。

(2)在日常生活中,我们常常有太多的账号密码需要记住,却往往没有有效的办法来管理每个应用的账号密码。对称加密也面临这样的情况,存在钥匙数量巨大,导致密钥管理成为负担的情况。

(3)对称加密算法的安全性取决于密钥的保密性。如果密钥泄露,攻击者可以轻易地解密数据、加密新数据,且使用者难以否认非自己操作的情况。

先通过一个例子来了解一下传统的对称加密:Bob 给 Alice 写了一封信。他用箱子装着信,同时箱子上锁,他去快递店把这个箱子和开启箱子的钥匙一起快递给 Alice。Alice 收到箱子后,用钥匙打开箱子看信。这就是对称加密技术的传输过程,如图 2-22 所示。

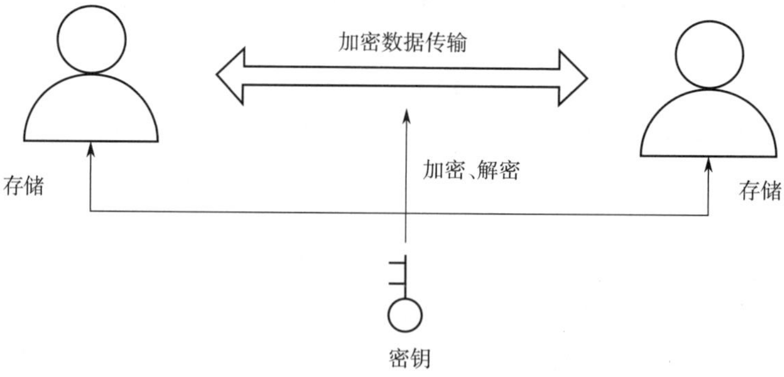

图 2-22 对称加密技术的传输过程

2.7.3 非对称加密技术

对称加密技术的不足限制了它的发展,因此迪菲和赫尔曼提出了公钥密码学的概念,它使用了一对密钥:公钥和私钥。其中:公钥对外公开;私钥必须严格保密,保管好不能丢失。公钥用于加密信息,私钥用于解密信息。这种方法解决了密钥交换问题,为确保通信安全提供了更强大的工具。其工作原理如下。

(1)加密过程:发送者使用接收者的公钥来加密消息。加密算法将明文和公钥作为输入,生成加密后的密文。

(2)解密过程:接收者使用自己的私钥对收到的密文进行解密。解密算法将密文和私钥作为输入,还原明文数据。其应用如下。

身份验证:私钥签名,公钥验证。

信息加密:公钥加密,私钥解密。

密钥本质上是一个由数学算法产生的数值。可以用公钥加密消息,然后使用私钥解密;也可以使用私钥加密,用公钥解密,这也被称为签名,相当于用私章盖印,对方可以使用你的公钥来验证签名真伪,若能正常解密,则签名为真。

非对称加密的优点是解决了密钥的传输问题,因为公钥不怕公开。在实际应用中,非对称加密技术的安全性至关重要。以比特币为例,如果泄漏了比特币钱包的私钥,其他人就可以拿走钱包中的比特币,且不能被追踪到,因为在比特币网络中,所有账号都是一串数字(实际上就是公钥),是匿名的。常用的非对称加密算法包括 RSA 加密算法、椭圆曲线加密(Elliptic Curve Cryptography, ECC)算法等。下面介绍区块链借助非对称加密技术实现的功能。

1. 身份验证

使用非对称加密的公私钥,可以实现"私钥签名,公钥验签"的功能,从而实现区块链中的身份验证。当双方通信时,在发送方和接收方之间建立信任是很重要的。尤其是,接收者必须信任消息的来源。例如,Bob 向 Alice 转发一些钱,用于从她那里购买电子书,公钥基础设施(PKI)作为一种安全机制,则 PKI 在 Bob 和 Alice 之间建立这种信任的具体实现方式如图 2-23 所示。

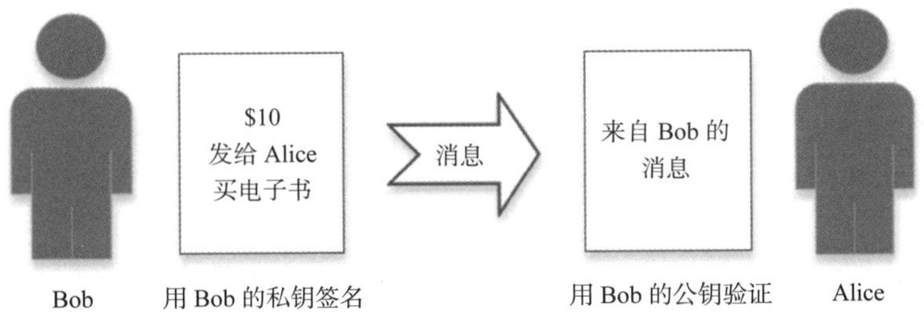

图 2-23　基于公私钥的身份验证流程

(1)如果 Bob 想给 Alice 付钱,他必须创建一对自己的私钥/公钥。注意,这两个密钥总是成对的,只能配对使用,不能混用。

(2)Bob 要支付 10 美元给 Alice,他创建了一条消息发送给 Alice,其中包含 Bob(发送方)的公钥、Alice(接收方)的公钥和金额(10 美元)。

(3)此笔汇款的用途,如"我想从你这里买电子书"也添加到交易信息中。现在,整个消息都使用 Bob 的私钥签名。当 Alice 收到这条消息时,她将使用 Bob 的公钥来验证消息确实来自 Bob。

2. 信息加密

使用非对称加密的公私钥,可以实现"公钥加密,私钥解密"的功能,从而实现区块链中的信息加密。例如,现在 Alice 已经收到了付款, Alice 创建一条消息,接着将电子书连同消息一起发送给 Bob。为了保证消息传输的安全,采用了如下方式,具体实现方式如图 2-24 所示。

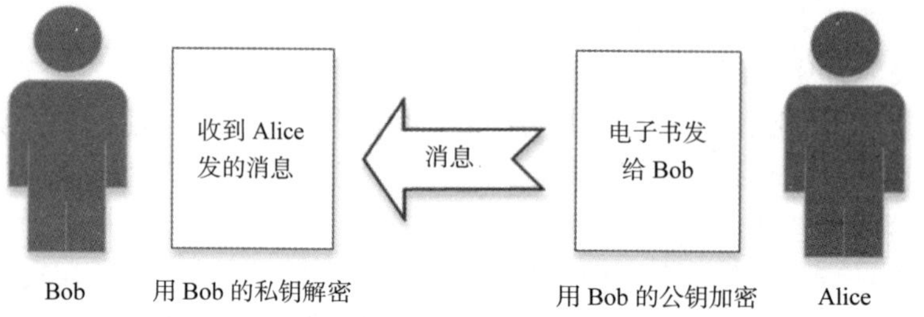

图 2-24 基于公私钥的信息加密传输

(1)Alice 创建一条消息，比如“这是电子书”，用 Bob 的公钥加密。

(2)由于 Alice 发的消息是用 Bob 的公钥加密的，所以只能用 Bob 的私钥解密，拦截消息的人没有 Bob 的私钥，无法解密消息。这就确保了只有 Bob 能访问电子书网址。

通过公私钥加密技术可实现信息的加密传输，从而保证信息的私密性。例如 Bob 需要验证 Alice 的身份，Alice 可以用自己的私钥给消息签名再附上自己的公钥发给 Bob，Bob 可以用 Alice 的公钥验证签名。

2.7.4 区块链账户体系

区块链有自己独特的账户体系，与平时我们接触的账户体系不同。区块链的账户体系是一个非对称加密体系，每个账户都有一对公钥和私钥，公钥由私钥生成。通过运用非对称加密技术，可以实现用户身份的唯一标识、数据来源识别以及数据传输加密等功能。通常可以将公钥比作银行账户，用于识别身份；而私钥则是账户的密码，使账户所有者拥有对账户的控制权。图 2-25 所示为公私钥账户体系在区块链中的应用。

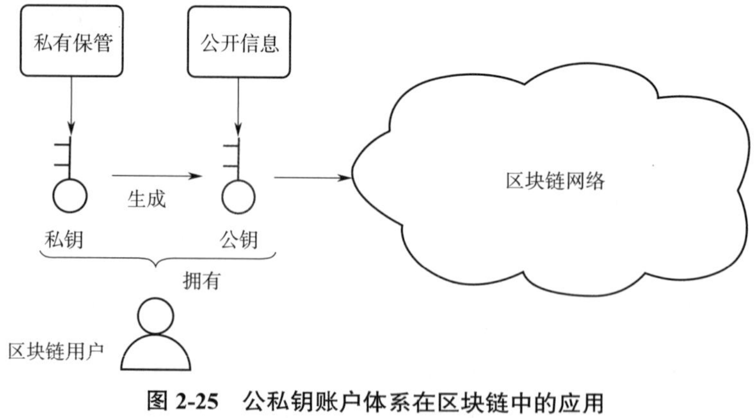

图 2-25 公私钥账户体系在区块链中的应用

1. 私钥

私钥就是一组随机获取的数字。私钥是用户控制区块链账户的根本。私钥用来生成数字签名，数字签名能证明对应私钥的所有权。私钥必须严格保密，一旦泄露给第三方，就相当于失去了对区块链账户的控制权。如果私钥丢失，没有任何办法恢复。

生成私钥的方式通常是在 1 和 2 的 256 次方之间选择数字，这是一个比沙滩上沙子还多的数字。当随机选择生成了一个私钥后，几乎不可能有另一个人选中同一个私钥或者猜到。只要选择的过程是不可预测和不可重复的，那么通过什么方式获得这个数字并不重要，甚至可以通过连续扔 256 次硬币的方式来获取二进制的私钥。如下一个为随机生成的私钥：0x09d695546a51ad0ba98c409163ae125f7b314d9edc2b2db9dab3f59cbc05ef48。

2. 公钥

公钥是私钥通过加密算法运算得出的，并且与哈希函数类似。这个运算是不可逆的，即通过私钥可以推算出公钥，但是通过公钥无法反向计算得出私钥。

在以比特币为代表的区块链系统中，公钥是私钥通过椭圆曲线加密算法的乘法运算得出的。椭圆曲线加密算法于 1985 年由 Neal Koblitz 和 Victor S. Miller 分别独立提出，是基于椭圆曲线离散对数的公钥加密算法，其安全性本质是利用离散对数这一广泛承认的数学难题实现加密。其数学表达式为：

$$K = k \cdot G$$

其中，G 是椭圆曲线上的基点，k 代表私钥（通常选择较大的整数），K 是运算得出的公钥。

运算的基本原理是：选定椭圆曲线上的一个点 G，用密钥 k 求得椭圆曲线上另一点 K。正向运算很容易，但反向运算（在已知 K 和 G 的情况下求 k）非常困难。图 2-26 所示为椭圆曲线示意图。椭圆曲线是一组被定义为 $y^2 = x^3 + ax + b$ 且满足 $4a^3 + 27b^2 \neq 0$ 的点集，不同的椭圆曲线对应不同的形状（$b = 1, -3 \leqslant a \leqslant 2$）。

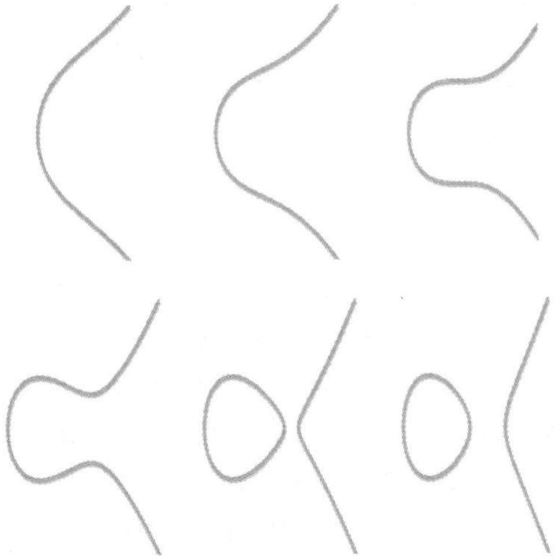

图 2-26　椭圆曲线示意图

随着 a 和 b 的变化，椭圆曲线也会在平面上呈现出不同的形状，但它还是很容易辨认的，椭圆曲线始终关于 x 轴对称。另外，还需要一个无穷处的点作为曲线的一部分，用“0”这个数字表示无穷处的点。如果将无穷处的点也考虑进来的话，那么椭圆曲线的表达式可表示为：

$$\{(x, y) \in \mathbf{R}^2 \mid y^2 = x^3 + ax + b, \Delta = 4a^3 + 27b^2 \neq 0\} \cup \{0\}$$

2.7.5 两种加密技术的区别

对称加密和非对称加密的比较如表 2-2 所示。

表 2-2 对称加密和非对称加密的比较

区别	对称加密	非对称加密
特点	加密、解密的密钥相同	加密、解密的密钥不相同
优势	计算效率高、加密强度高	无须提前共享密钥、无须担心密钥有泄露的风险
缺点	需提前共享密钥,易泄露	算量更大
代表算法	DES、AES、IDEA	RSA、ECC 算法

2.8 进行交易

2.8.1 区块链系统

区块链交易从理论上理解比较复杂,下面通过一个案例展开论述。

有个古老的村庄,里面住着一群村民,这个村庄没有银行为大家存钱、记账,也没有一个让所有村民都信赖的村长来维护和记录村民之间的财务往来数据。也就是没有任何中间机构或者个人来记账。于是,村民想出了一个不需要中间机构或个人记账,而是大家一起记账的方法。

1. 记账的方式

上述记账方式也与传统记账方式有所区别。例如,张三要给李四一千块钱,张三在村里大吼一声:“大家注意了,我张三,给李四转了一千块钱。”这时候附近的村民听到之后,需要做两件事:第一是通过声音确定这是张三喊的,而不是由别人冒名顶替的;第二是检查张三是否有足够的钱。此操作的前提是每个村民都共有同一份账本,上面记录着各个村民存有的余额数目。当确定了张三有足够余额后,每个村民便会在这个账本上记录相关信息,包括时间、转账对象、金额,如 2023 年 8 月 12 日,张三向李四转账一千块钱。

2. 区块链账本的雏形

除此之外,这些记账的村民口口相传,把张三转给李四一千块这件事情,告诉了十里八村的人。当十里八村的人都知道这次转账的事情之后,大家就能够共同证明张三给李四转了一千块钱这件事情了。

通过这种方式,一个不需要村长却能够让所有村民达成一致的记账系统就诞生了。而这个记账系统就可以类比为我们常说的比特币系统。

由此故事引发了三个值得深思的问题。

(1)记录的账会不会被篡改?

(2)村民愿意记账的动力是什么?

（3）这么多人记账，万一记的账不一样岂不是有问题，那以谁记的账为准呢？

3. 难以篡改的账本

针对以上三个问题，比特币系统有两种策略保证账本不被篡改。

（1）实现人人记账。所有村民共有同一本账本，自己没办法修改账本的数据，别人的账本也不能改，实现不可篡改。

（2）采用“区块+链”的特殊账本结构。每个账本的账页都可以理解为一个区块。每个区块都保存着某段时间内所发生的交易，这些区块通过链式结构连接在一起，形成了一个记录全部交易的完整账本。如果对区块内容进行篡改，就会破坏整个区块链的链式结构，导致链条“断了”，很容易检测发现。

4. 记账后给予奖励

村民需要通过不断记账让账本保持更新从而具备更大的公信力，但是如何激励村民记账，也就是如何让区块链一直保持活力呢？这就有了区块链中的奖励机制。按之前的学习内容，记账是以区块（类比为现实账本上的一页）为单位的，每个新的区块被认可，都会有奖励。而奖励就是发放给新区块的记账者，在以比特币为代表的公有链中这些记账者或节点被称为矿工。

5. 记账权的争夺

既然记账有奖励，那么矿工自然会去争夺记账的权力，就是说当需要产生新区块时这些矿工都会竞争新区块的记账权限。这就回到了以谁的账本为主的问题。

针对这个问题，村民们想到了一个公平的办法，对每一个区块，让所有参与记账的村民都去破解一道题，最先破解这道题的村民，该区块就以他记的账为准。这个解题过程需要不断地尝试，较为困难，但是找到答案发给别人后，别人却很容易验证。

比特币系统与村民的做法比较类似，也是设置一道难题让所有矿工去竞猜，当有“矿工”竞猜成功就获得了记账权限，从而记录新的区块。这道竞猜的难题即为实现“哈希碰撞”，也就是共识机制的 PoW 机制的核心内容。

2.8.2　区块链系统交易流程

小村庄的村民是靠喊来让其他人知道并记账的，那么在实际的区块链系统中具体的交易流程是如何实现的呢？我们以比特币系统交易的运行流程为例来介绍。

假设小明有 10 个比特币，小红有 6 个比特币，现在小明欠小红 2 个比特币需对其转账还清，具体如图 2-27 所示。

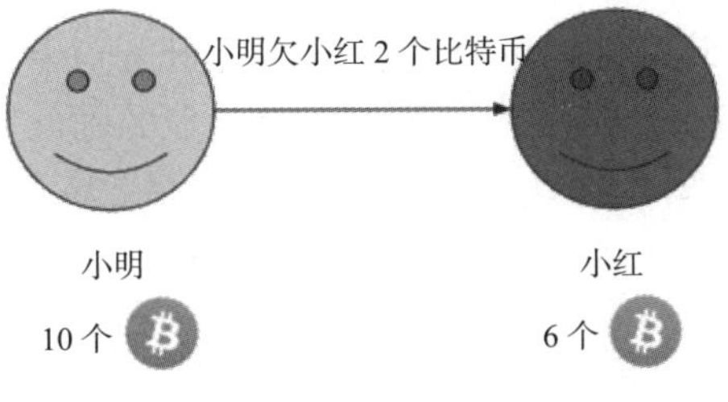

图 2-27　比特币系统交易的运行流程

根据区块链原理,小明需向全网的矿工们广播这条交易信息。在这笔交易中,小明需要提交以下内容:小红的收款地址、转账金额、交易哈希、小明的数字签名(用私钥签名)、小明自己的公钥。

在这个交易分发的过程中,需要通过公私钥加解密技术实现身份验证与信息保密。如上述交易内容的哈希是由小红的收款地址和转账金额等交易信息通过哈希算法产生的,而小明的数字签名是小明通过用私钥对交易哈希调用非对称加密算法产生的,那样只要小明的私钥没有被泄露,这笔交易就不可抵赖,也不可被篡改。矿工通过小明提交的公钥、交易哈希和数字签名,来验证小明是不是要转出账户的 10 个比特币的拥有者,以及这笔交易没有被篡改。图 2-28 为数据签名与验签的实现流程。

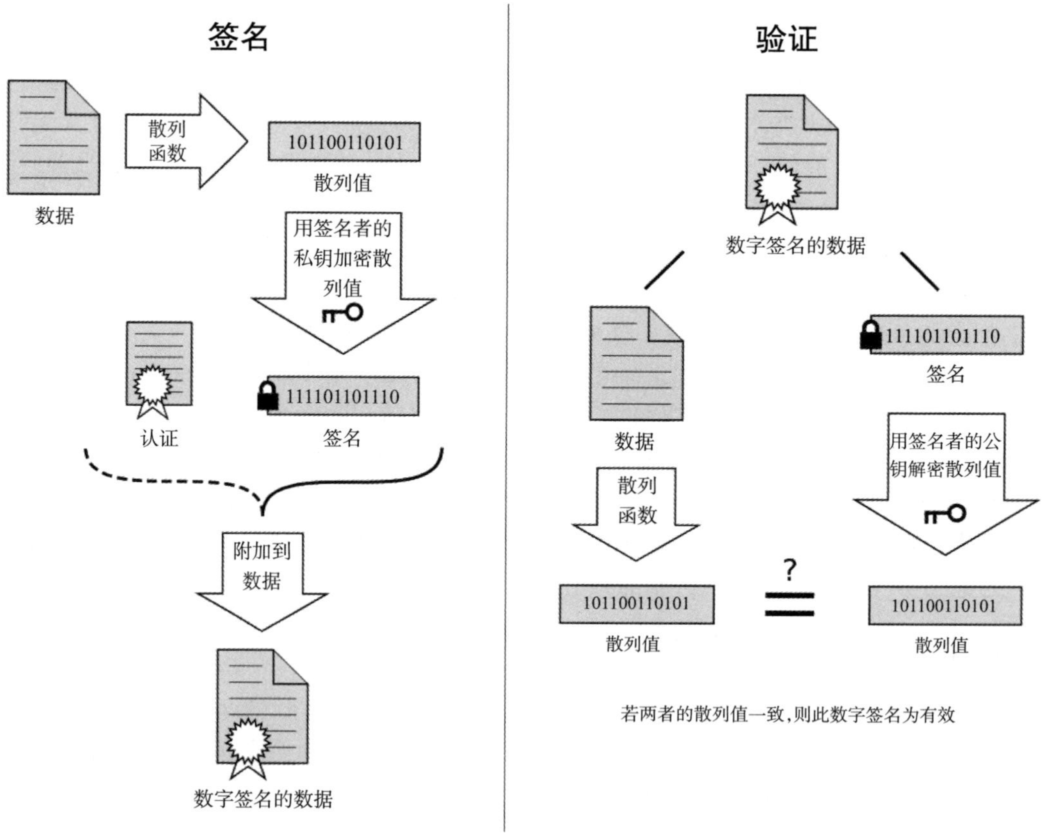

图 2-28 数据签名与验签的实现流程

如果信息验证成功,则矿工将打包交易,然后进行下一个区块记账权的竞争,并将这个包含交易信息的最新区块进行全网广播。经过所有节点的确认,即全网验证成功之后,出块的节点也会获得区块奖励。图 2-29 为小明向小红转账的交易全网广播的示例。

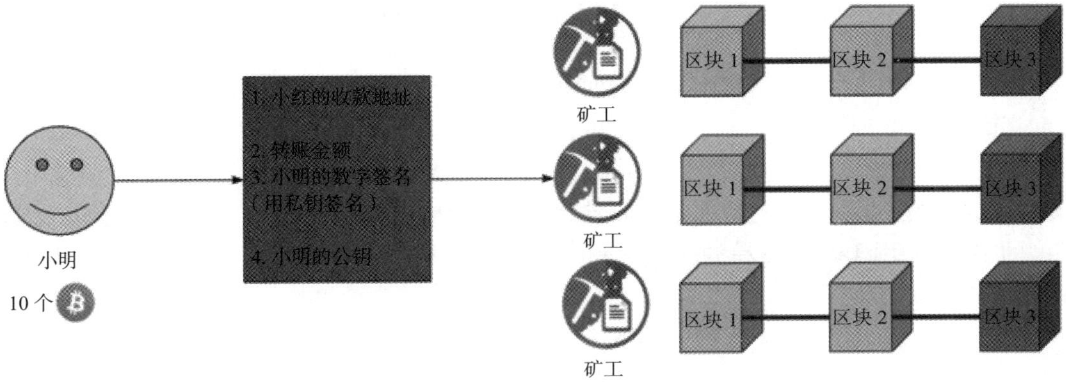

图 2-29　小明向小红转账的交易全网广播的示例

区块通过全网广播得到所有节点的确认，即经过全网验证，其他节点会一起备份这个最新的区块，从而继续保持全网节点数据的一致性。小明的账户状态会正式变更为 8 个比特币，而小红的账户也会变更为 8 个比特币，从而这笔交易就成功了，如图 2-30 所示。

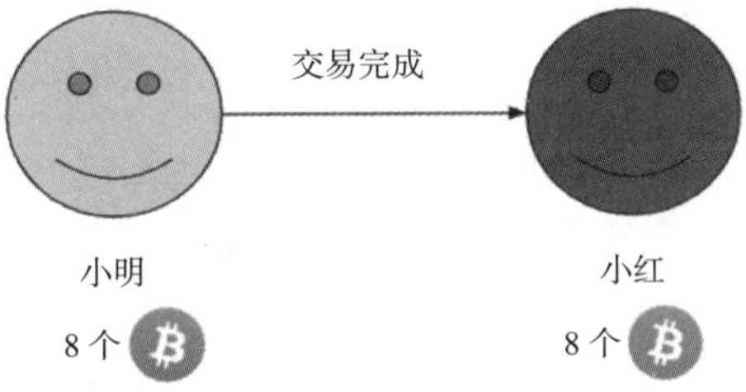

图 2-30　交易成功的账户示例

2.8.3　交易数据

在创建交易时，需要准备一些数据，用于记录和验证交易的发生和有效性。具体数据如下。

1. 发送方的地址

发送方的区块链地址用于标识发送方的身份。该地址是通过发送方的公钥生成的，并且可以公开共享给其他人用于接收资金。

2. 接收方的地址

发送方需要提供接收方的区块链地址，以指定交易的接收者。这是发送方希望将资金或数据发送到的目标地址。

3. 交易金额或价值

发送方需要指定交易中涉及的数字货币或其他资产的数量或价值。这个金额表示发送方希望发送的资金量。

4. 数字签名

数字签名用于验证交易的真实性和完整性。发送方在交易数据上应用私钥生成数字签名，而其他参与者可以使用发送方的公钥来验证签名，以确保交易未被篡改。

5. 交易时间戳

交易时间戳记录了交易发生的确切时间，用于确定交易的先后顺序，并确保交易的一致性和正确性。

6. 交易哈希

交易哈希是对整个交易数据进行哈希运算后得到的唯一标识符。交易哈希是具有固定长度的字符串，用于验证交易的完整性和唯一性。交易哈希通常用于区块链中的数据索引和验证。

7. 可选数据

发送方还可以提供一些可选的附加数据，例如交易备注、合同条件或其他与交易相关的信息。这些数据字段根据区块链平台的支持和需求而有所不同。

在区块链系统中，这些数据被公开记录在区块链上，并通过密码学和共识机制来保证数据的安全性和一致性。

2.9 验证交易

在区块链系统交易流程中，交易发送者创建交易并全网广播，接下来进入验证交易阶段：网络中的节点接收到交易后，会对交易进行验证。验证过程包括检查交易的签名、验证发送者的余额是否充足、检查交易是否符合网络的规则和合法性等。经过验证的交易被打包成一个新的区块。区块中通常包含多个交易，同时也包含上一个区块的哈希值，以形成链式结构。

2.9.1 验证数据

接收到交易广播的节点对交易进行验证。验证的过程包括以下几个方面。

1. 签名验证

节点首先会验证交易的数字签名。每个交易都由发送者使用其私钥对交易进行签名。节点使用相应的公钥验证该签名的有效性。这确保了交易是由发送者授权和签署的。

2. 地址验证

节点会检查交易中涉及的发送者和接收者地址的有效性，包括验证发送者地址是否存在且有效，以及接收者地址是否合法。

3. 余额验证

节点会检查发送者账户的余额是否充足，即会查询账户的余额信息并与交易金额进行比较，确保发送者有足够的资金来完成交易。

4. 双重支付检查

节点会检查交易是否涉及同一笔资产的双重支付，即会查询之前的交易记录，确保同一笔资产没有被多次使用。

5. 交易规则验证

节点会对交易进行一些其他规则的验证，如检查交易金额是否合法、验证交易数据格式是否正确等。这些规则是特定区块链系统设定的，旨在确保交易符合系统的规范和要求。

当交易通过所有验证步骤后，节点将确认该交易的有效性，并将其添加到待打包的区块中。如果交易未通过验证，节点将拒绝该交易，并不会将其包含在区块链中。交易验证确保了交易的真实性、完整性和合规性。它是保证区块链系统的安全性和可靠性的关键环节。

2.9.2　区块打包流程

当交易通过所有验证步骤后，节点会确认该交易的有效性，并且将其添加到待打包的区块中。下面是交易被添加到区块中，区块再打包的过程。

在区块打包之前，交易通常首先进入一个交易池（Transaction Pool）或待处理交易队列。交易池是一个存储待处理交易的内存池，其中包含尚未被打包进区块的交易。

矿工需要从交易池中选择一些交易来打包在新的区块中。矿工在打包区块之前，通常会对交易进行排序。排序的方式可以根据不同的策略来选择，如按交易的优先级、时间戳等进行排序。排序的目的是优化和提高区块的架构和处理效率。通常，矿工会优先选择手续费较高的交易，以获得更多的奖励。交易被组织成默克尔树的结构。所有交易哈希被递归地组合，最终生成一个默克尔根。这个默克尔根用于表示区块中包含的所有交易。

区块打包过程从创建一个新的区块头开始。区块头包含了区块的元数据，如前一个区块的哈希、时间戳和随机数等。区块头和默克尔树构建完成后，矿工会计算整个区块的哈希。这个哈希是基于区块头和其包含的交易数据计算得出的，并且作为整个区块的唯一标识符，被用于区块的连接。

在计算区块哈希之后，矿工需要验证区块的哈希是否满足区块链网络的难度目标。难度目标是一个数值，它规定了区块哈希必须小于或等于该目标值才能被接受。矿工将该区块广播给整个区块链网络中的其他节点，并请求它们验证和接受该区块。

2.10　PoW 争夺记账权

2.10.1　PoW 争夺记账权介绍

在交易验证结束后，矿工节点会进行记账权的争夺。矿工节点将待处理的交易打包成一个区块，并通过共识或其他共识算法来解决数学难题，以获得创建新区块的权力。一旦矿工节点成功创建了一个新区块，它会将该区块广播给整个网络中的其他节点。网络中的其他节点接收到新区块后，会对新区块进行验证，以确保其合法性。验证的内容包括检查区块的哈希值等。一旦新区块通过验证，它将被添加到区块链的末尾，成为最新的区块。同时，节点会更新自己的本地区块链副本。在新区块被添加到区块链后，交易也得到了确认。交易被确认意味着交易已被记录到区块链中，且不可更改。交易的确认时间取决于区块链的共识机制和网络的繁忙程度。

2.10.2　PoW 概述

PoW 是一种常用的共识机制，它在区块链技术中被广泛采用，特别是比特币和许多其他加密货币。PoW 机制的核心思想是通过解决数学难题来证明参与者对于生成新的区块或验证交易所做的工作。

在 PoW 机制中，参与者（通常是矿工）需要通过高强度的计算来寻找一个特定的哈希值，该哈希值须满足一定的条件。这个过程被称为挖矿。矿工通过不断地尝试不同的随机数来计算哈希值，直到找到一个满足条件的哈希值。找到这个哈希值的矿工将获得权力生成新的区块，并获得相应的奖励（例如比特币）。

PoW 机制的关键优势是它的安全性和抗攻击性。由于找到符合条件的哈希值需要大量的计算工作，攻击者需要控制全网 50%以上的计算能力才能成功篡改区块链的历史记录。这种攻击被称为 51%攻击，是非常难以实现的。

然而，PoW 机制也存在一些问题。首先，它需要较强计算能力和消耗大量的能源，因此对环境造成了一定的影响。其次，PoW 机制可能导致中心化问题，因为拥有较强计算能力的矿工有可能获得挖矿权力，这可能导致一些大型矿池或矿场垄断网络。

2.10.3 PoW 争夺记账权流程

1. 交易广播

参与记账权争夺的节点首先将待打包的交易广播给整个区块链网络中的其他节点。

2. 挖矿开始

节点收到交易后，开始尝试解决一道难题，也称为 PoW 问题。这道难题通常是一个复杂的数学计算问题，要求节点找到一个特定的哈希值，使得它满足一定的条件，比如小于特定的目标值。

3.PoW

节点通过不断地尝试不同的输入值来计算哈希值，直到找到符合条件的哈希值。这个过程需要消耗大量的计算资源和能量。

4. 竞争记账权

一旦节点找到符合条件的哈希值，就可以将其作为一个证明提交给其他节点。这个证明通常包括找到的哈希值、交易数据和其他必要的信息。

5. 其他节点验证

其他节点接收到这个证明后，会验证该哈希值是否满足共识规则和难题的要求，包括检查节点是否按照规则进行了工作量证明和找到的哈希值是否正确。

6. 确认和广播

如果其他节点确认该证明有效，则该节点获得记账权，其打包的交易和证明一起构成一个新的区块。该节点将这个新的区块广播到整个网络中，使得其他节点可以接收并验证它。

7. 区块链更新

其他节点接收到新的区块后，会验证其中的交易和工作量证明，并将其添加到自己的区块链中。这样，区块链就更新了。

8. 下一轮挖矿开始

一旦新的区块被添加到区块链上，节点将开始下一轮的挖矿过程，继续争夺记账权。整个过程循环进行，不断地产生新的区块并添加到区块链中。矿工们通过不断地尝试解决数学难题来争夺记账权,并以此获得记账权的奖励。这种竞争机制确保了区块链的安全性和一致性,并防止恶意行为对系统造成伤害。

2.10.4　PoW 特征

PoW 最大的特征是其计算的不对称性。①节点通过做具有一定难度的工作来得到一个结果。PoW 要求参与者通过解决一道特定的数学难题来竞争记账权。这道难题通常涉及计算一个特定的哈希值,使其满足一定的条件。解决这道难题需要消耗大量的计算能力和时间。②验证节点只需检查节点提供的结果是否符合预期的条件即可,验证方很容易通过结果来检查节点是不是做了相应的工作。③攻击的成本非常高昂,难以实现。这是由于要获得多数节点承认,攻击者必须投入超过总体一半的运算量(>50%的攻击),才有机会篡改结果。这在一定程度上保证了公平性,投入的算力与获得打包权的概率成正比。

第 3 章　智能合约原理

【本章导学】

智能合约是实现区块链中的信任机制的核心与关键,也是保证区块链业务多样性与可拓展性的根本因素。掌握区块链的智能合约技术对于理解区块链应用于具体产业起着关键作用。本章将从智能合约概述、智能合约与区块链的关系以及智能合约的部署方式等多个方面阐述智能合约原理。

【学习目标】

✧ 了解智能合约的发展历史。
✧ 熟悉智能合约的基本概念。
✧ 掌握智能合约在区块链中的存储方式。
✧ 结合实际应用场景,掌握基于智能合约的解决方案。
✧ 熟悉智能合约在区块链系统中的使用流程。

3.1　智能合约概述

3.1.1　智能合约的发展历史和概念

智能合约概念的出现远早于比特币和区块链。智能合约首次出现在 20 世纪 90 年代,由计算机科学家和法律学者尼克·萨博(Nick Szabo)在文章《基于公共网络进行“关系”的确立及保障》(“Formalizing and Securing Relationships on Public Networks”)中提出。其基本思想是通过引入机器(硬件和软件),将部分合约植入机器,使得合约的执行在一定程度上与人解耦,因而,合约违约的可能性降低,违约的代价增大。尼克·萨博在文章中举了关于智能合约的一个简单例子——自动贩卖机,任何人只要向自动贩卖机投入硬币就会获得商品,这是一个典型的关于商品销售合约的例子,此例中的合约通过自动贩卖机背后的各种硬件、软件得以实现,合约被破坏或违约的可能性大大降低。智能合约类比自动贩卖机的示例如图 3-1 所示。

智能合约是一种旨在以信息化方式传播、验证或执行合同的计算机协议。

智能合约是一段程序(代码和数据的集合),满足一定条件时,就可以执行。

智能合约允许在没有第三方的情况下进行可信交易,这些交易可追踪且不可逆转。

智能合约的输入、输出和运行通常需要在链上。

图 3-1　智能合约类比为自动贩卖机的示例

3.1.2　智能合约与传统合约比较

传统合约与智能合约的目标是一致的。无论是传统合约还是智能合约，都有以下功能：规定签约各方的责任和义务；规定违约方相应的惩罚措施；当争议出现时，提供各方认同的解决途径。同时还需要考虑签订合约后，谁来监督合约的执行；当问题出现时，谁来执行惩罚措施。在传统合约的执行中，法律以及仲裁机构（包括执法机构）扮演了这种角色；而在智能合约中，机器扮演了这种角色。图 3-2 所示为智能合约与传统合约类比。

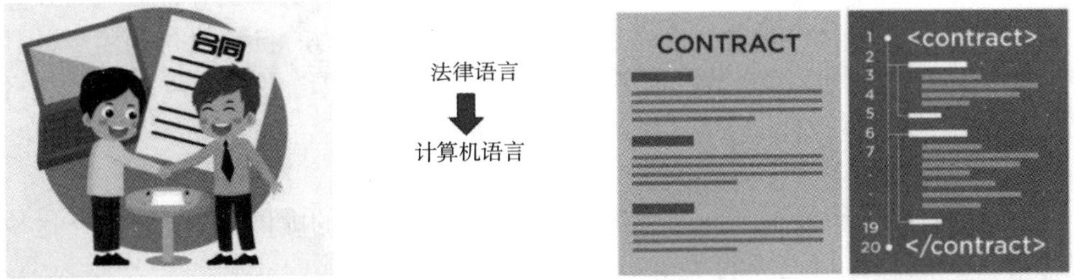

图 3-2　智能合约与传统合约类比示例

智能合约与传统合约的主要区别有下面几方面。

（1）执行方式不同。智能合约是以编程代码的形式存在的，可以在区块链上自动执行。一旦满足预定的条件，智能合约会自动执行其中设定的操作，无须人工干预。传统合约需要人工执行和监督。

（2）验证与执行过程不同。传统合约的验证和执行需要依赖于第三方机构，如律师、法院等；而智能合约的执行过程和结果是由区块链网络共同验证和认可的，而不依赖于单一的信任方。

（3）成本和效率不同。智能合约省去了律师、法院等中介成本，提高了合约执行的效率。

（4）不可篡改性不同。智能合约写入区块链后，不可篡改，这保证了合约的安全性。传统合约可能存在人为篡改或伪造的风险。

（5）透明性和可验证性不同。智能合约的代码和执行结果都是公开的，并且存储在区块链上，任何人都可以查看和验证合约的执行情况。传统合约通常只有合约各方能够了解和验证合约的内容和执行情况。

上面列举的是智能合约与传统合约主要的区别，两者之间的区别不仅仅只有这些。

3.1.3 智能合约和区块链的关系

智能合约更像是一种需求，而区块链则是智能合约的一种有效的实现技术。没有智能合约的区块链是不完整的，而缺少了区块链的智能合约是难以实现的。区块链正是在与智能合约的相互配合中，实现了群体智能所必需的信任机制。

智能合约主要面向用户，同时根据实际的应用场景，会有具体的条款。在数字世界和智能社会中，服务和合作的需求处处可见，需要合约的场合众多。对于实时性要求非常高的场合，采用传统合约体系将使其效率低下。而且，正如前面所说的，如果缺乏平台支持，智能合约很难落地。另外，在智能合约中，机器参与合约的执行和监督有以下两种模式。

（1）中心化，合约的参与方通过中心服务器进行合约的执行和监督。

（2）分布式，合约的参与方通过分布式的方式进行合约的执行和监督。

第一种模式的问题是，中心服务器存在安全隐患。因为所有的执行和监督都通过中心服务器实现，如果中心服务器被恶意控制，则整个合约的有效性会被质疑。

第二种模式是目前的主流模式，典型的代表是基于区块链实现的智能合约，区块链提供了合约执行的环境。合约的参与方通过区块链可以实现合约的自动执行和监督，因为任何一方若要干涉合约的执行和监督，需要控制至少51%的区块链网络节点，这与中心化模式相比，难度提高了很多。智能合约与区块链的关系，具体如下。

1. 区块链是智能合约实现的基础

区块链为智能合约提供了一个非常重要的基础：可信任的虚拟第三方。基于区块链，智能合约实现了可审计、可追溯的功能。

2. 智能合约通过区块链体现价值

前面说过，智能合约更像是一种需求，一种将机器引入合约执行和监督过程的需求。如何实现这样的需求决定了智能合约内在价值的体现程度。而智能合约正是通过区块链体现其价值的。

3. 智能合约是区块链价值的释放者

一方面智能合约通过区块链体现价值；另一方面，区块链本身的价值也是通过智能合约释放的。越来越多智能合约的应用对于人们认识、了解、用好区块链提供了有效的媒介。

3.1.4 智能合约面临的挑战

虽然智能合约具有诸多优势，但也面临一些问题和挑战。在技术成熟度上，智能合约和区块链技术仍处于发展阶段,技术成熟度有待提高。机器的参与要求合约的参与方提供执行和监督的 API 接口,这使得很多传统领域和应用需要付出很大的成本。机器的参与还要求相关的流程数字化,这使得涉及的外部利益相关方的业务流程也需要数字化。在法律和监管方面,智能合约在法律法规层面仍面临许多不确定性,智能合约的执行方式和结果可能会涉及法律和监管问题,例如合约违约、纠纷处理等。智能合约的法律和监管框架还需要进一步完善,以确保智能合约的合法性和合规性。

3.2 智能合约模型、原理和特性

3.2.1 智能合约的"状态"

智能合约的"状态"是指合约在区块链上的状态或条件。智能合约是一种以计算机程序形式编写的合约,它在区块链上执行,并自动执行其中定义的规则和条件。智能合约的"状态"随着合约的编程逻辑和执行结果的变化而变化。为了持久化存储某些数据,例如个人账户的余额、交易数量等核心信息,智能合约中引入"状态"的核心概念,与区块链中数据不可更改的特性不同,"状态"基于区块链中的数据,并不断更新数据内容。

在区块链上,智能合约的"状态"通常是存储在合约的存储空间中的数据。这些数据可以包括合约的当前状态、变量的值、用户的余额等信息。当智能合约被创建时,它的初始"状态"可以是预先定义的值或空白状态。随着合约的执行和与用户的交互,合约的"状态"可以根据特定的逻辑和条件进行更新。

智能合约本质上就是在区块链上执行的一段程序,智能合约在区块链上的落地与区块存储是密切相关的。实际上,智能合约是作为区块中某一笔交易存储于区块链中的,图 3-3 所示为智能合约存储于区块链中的内容。

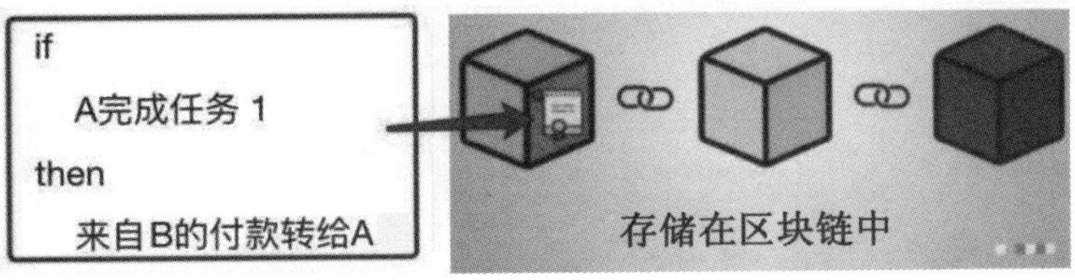

图 3-3　智能合约存储于区块链中的内容

如图 3-4 所示,从交易 T_1 至交易 T_N,账户 A 和 B 经历了从 A 向 B 转账 10 个单位数据的交易,那么 A 和 B 的"状态"就从一开始的 110 和 52 变成了交易后的 100 和 62,所以"状态"即为更具交易内容运算的最新数值结果。

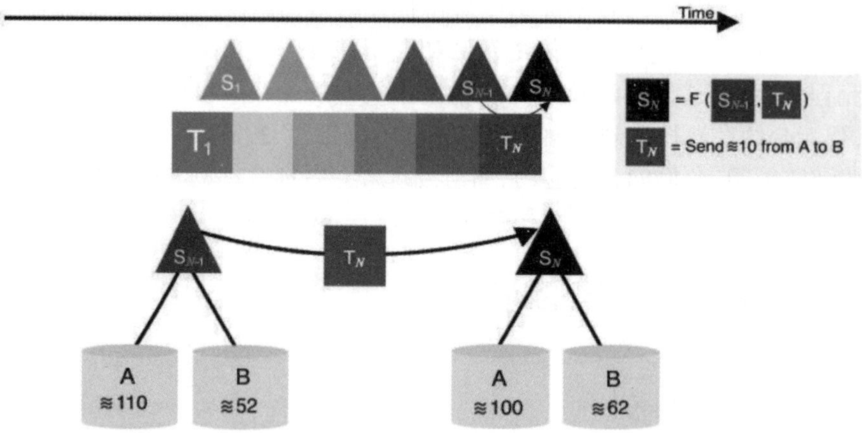

图 3-4　区块链中智能合约“状态”的变化情况

从另一个角度看，智能合约可以看作一种用于记录和修改区块链“状态”的应用程序。区块链 1.0 时期（比如比特币、莱特币），把余额存到区块链上，通过共识机制实现对余额的“全网公证”。区块链 2.0 时期，支持智能合约的区块链平台“状态”不局限于余额，可以“自定义状态”保存到区块链上，图 3-5 所示为智能合约作为交易存于区块链中的示例。

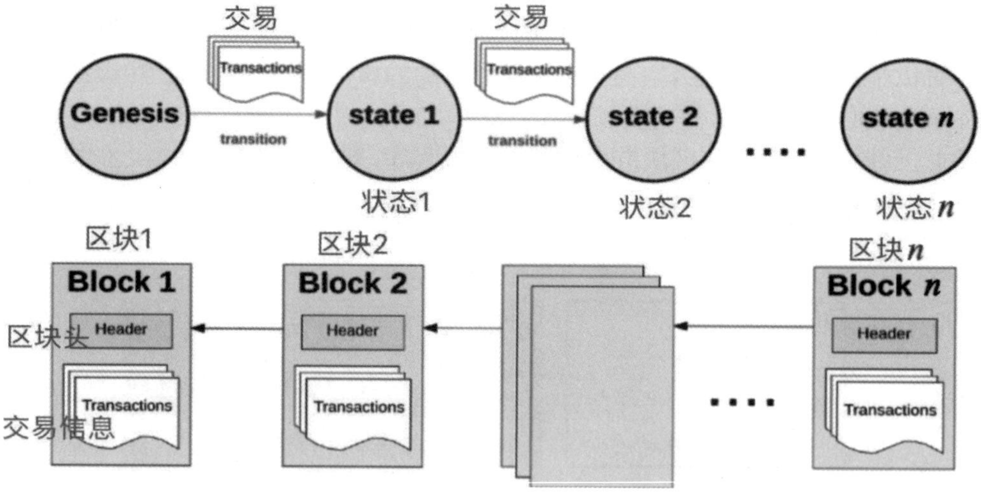

图 3-5　智能合约作为交易存于区块链中的示例

每有一笔交易产生，智能合约的“状态”都会发生改变，如图 3-6 所示。

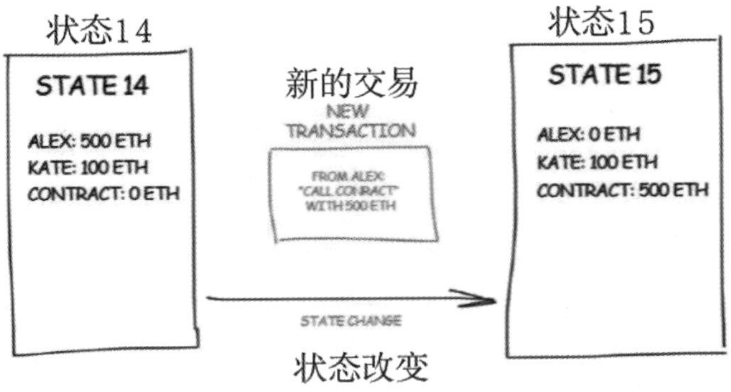

图 3-6　"状态"改变与交易数据的关系

3.2.2　智能合约的"模型"

与传统程序类似,智能合约作为一段代码也有对应的输入信息、输出信息与内部数据处理的流程。我们将输入信息理解为外部输入数据和输入事件,输出信息理解为智能合约针对输入数据或事件的反馈动作。在内部数据处理方面,定义四方面内容。

(1)合约状态(State):合约的状态信息。

(2)合约值(Value):一般指的是合约保存的资产值。

(3)预置响应条件:触发合约对资产进行处置与分配的条件。

(4)预置响应规则:合约对资产进行处置与分配及其他处理的规则。

图 3-7 所示为智能合约的"模型"示例。

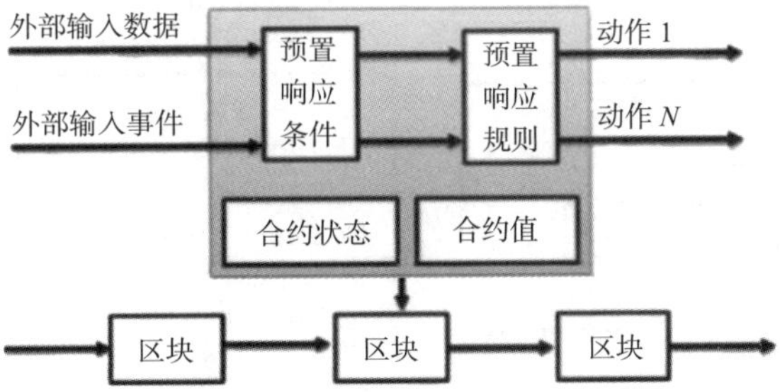

图 3-7　智能合约的"模型"示例

3.2.3　案例解析:飞机延误险智能合约案例

1. 应用背景

小王乘坐国航 871 次航班,航班计划下午 1 点起飞,3 点到达。小王不仅购买了该航班机票,还购买了相应的延误险。由于天气原因,该航班延误 4 小时起飞,那么按照延误险,保险公司需要赔付 300 元。

2. 传统情况下的处理方式

首先,飞机晚点后,小王需要将飞机晚点的证明发给保险公司,证明自己是乘机人。保险公司收到申请后，核对航班信息确认飞机晚点。最后，保险公司将赔偿款打入小王的账户。图 3-8 所示为具体的操作流程。

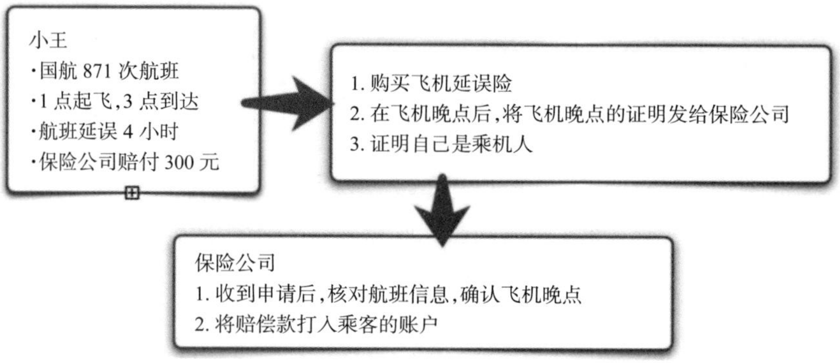

图 3-8　飞机晚点具体的操作流程

3. 引入智能合约的处理方式

引入智能合约，可以将飞机延误的处理方式以智能合约“模型”的方式重新定义，具体如下。

（1）合约状态：飞机起飞、到达时间；赔偿款是否转入。

（2）预置响应条件：飞机到达时间传入，保险公司将赔偿款预存在智能合约中。

（3）预置响应规则：飞机延误 4 小时以上，将赔偿款转入小王账户；飞机没有延误 4 小时以上，将赔偿款退还保险公司。

图 3-9 为飞机延误赔付的智能合约解决方案。

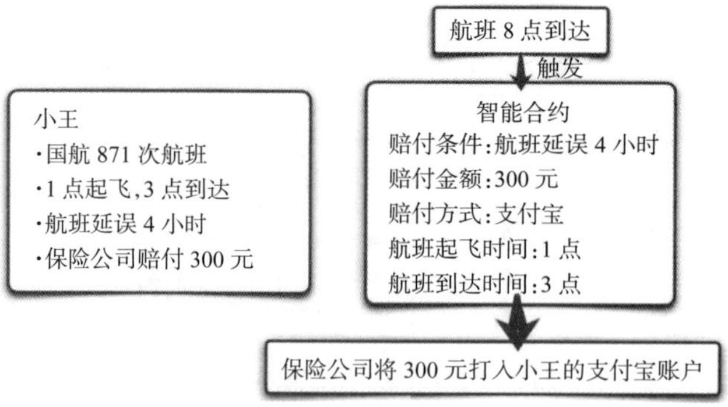

图 3-9　飞机延误赔付的智能合约解决方案

3.2.4　智能合约的特性

智能合约本质上还是合约，涉及合约的执行和监督，具备传统合约的各类特性，但同时因为机器的参与，也有了自身的一些特性，包括以下四点。

1. 效率与准确性提升

在智能合约中，机器参与合约的执行，合约的部分环节实现了自动化。从时间成本的角度来看，根据机器的参与度，智能合约执行的效率较传统合约有了不同程度的提升。从准确性的角度来看，由于机器的参与，智能合约执行中的准确性得到提升。智能合约提升效率的示例如图 3-10 所示。

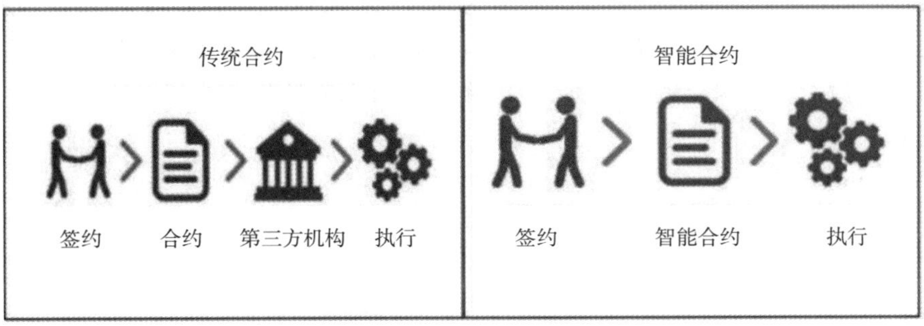

图 3-10　智能合约提升效率的示例

2. 违约性的可能性降低

在智能合约中，各个环节的人为因素减少，人为干扰的可能性也随之降低，这就意味着合约违约的可能性降低。

3. 具备可追溯性

在智能合约中，因为机器的参与，智能合约相关环节的执行信息可以被实时记录，智能合约也因此具备了可追溯性。任一环节的执行若出现问题或争议，都有据可循。

4. 适合多方协调的场景

智能合约可以自动执行复杂的业务逻辑，并涉及多个参与方之间的协调和交互。智能合约中的规则和条件可以定义参与方的权益、责任和行为，确保各方的利益得到保护，并促进协作和合作。

3.2.5　智能合约的工作原理

结合上述关于“状态”和“模型”的介绍，智能合约的工作原理总结如下。

（1）智能合约是运行在区块链以及全局状态上的程序，智能合约能访问和修改区块链的“状态”。

（2）智能合约可以让交易“程序化”，智能合约可以接收和储存价值，也可以向外发送信息和价值。

图 3-11 所示为智能合约对于价值的处理方式。

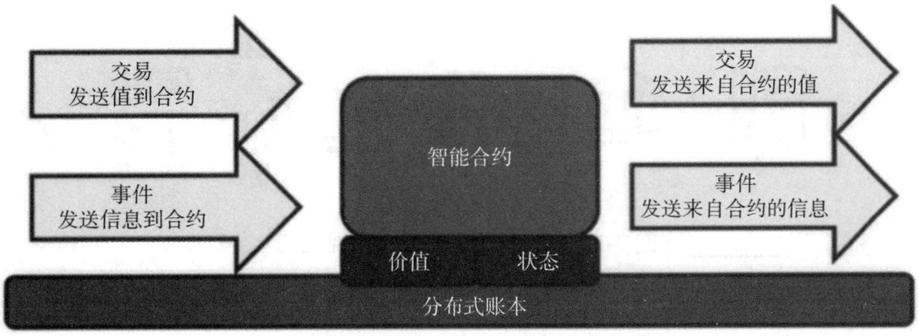

图 3-11　智能合约对于价值的处理方式

智能合约是一段程序(代码和数据的集合),可以部署在支持智能合约的区块链网络(如以太坊)上运行。如图 3-12 所示,智能合约的部署方法是将智能合约作为一笔交易部署于区块链的一台节点后,基于区块链分布式账本的原理,这笔特殊的交易将被其他节点验证,从而被其他节点共享。智能合约的输入是一致的,运行环境也是区块链提供的一致的运行环境,保证了智能合约执行的确定性,所以输出也可以验证。

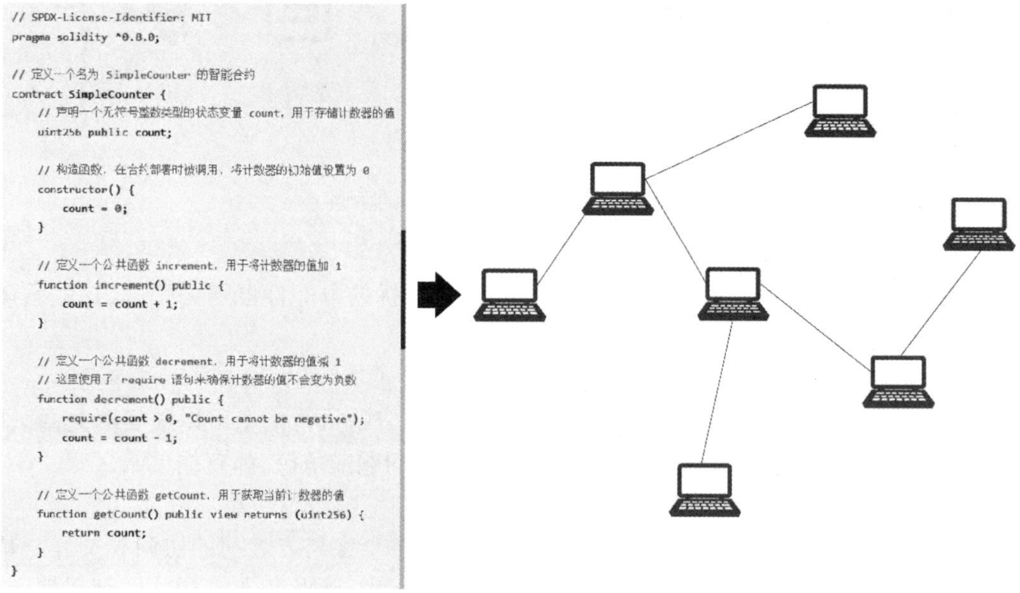

图 3-12　智能合约在区块链的部署示例

3.3　智能合约平台和案例

3.3.1　智能合约应用场景

1. 跨境支付和汇款

传统跨境支付与结算的过程涉及大量中介机构,包括银行、第三方支付平台、托管机构等,信息传递的效率与成本都极高。图 3-13 所示为传统跨境支付的实现流程。

图 3-13　传统跨境支付的实现流程

传统跨境结算的一般流程为支付方通过金融机构填写支付金额的申请表,金融机构利用币种清算系统和第三方机构最终实现支付业务,一般此交易流程包括 3~5 个环节,耗时

2~3 日。传统跨境汇款因为涉及更多的参与机构、法律法规及汇率等问题，使得汇款过程很复杂，主要体现在以下几点。

（1）贸易交易时汇款所需时间很长，不能立即到账。

（2）高额手续费，涉及大额和借贷业务时需要大量的人工审核参与（KYC）。

（3）在安全方面存在漏洞威胁，客户数据存在被泄露的风险，银行也面临着资金被黑客盗走的风险。

（4）缺乏可信的商业行为数据，且数据不连贯，信息在多个主体间不互通，难以得到真实可信的公司整体结构样貌。

将区块链技术应用至跨境支付，借助区块链技术的去中心化账本和点对点传输技术，打通当前跨境支付中存在的诸多中间环节可以很好地改善现状以及构建可信交易。图 3-14 所示为基于区块链技术的跨境结算方式。

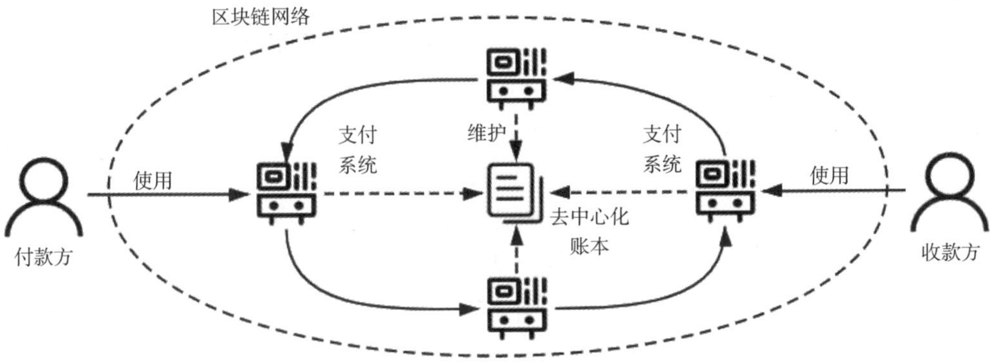

图 3-14　基于区块链技术的跨境结算方式

一方面，借助区块链技术，付款方与收款方在跨境支付时只需在加入区块链网络的支付系统中填写转账申请单，收款与付款支付系统由于在同一区块链网络中并且维护同一份账本，基于区块链的点对点技术可以使交易快速实现，原先可能需要 2~3 天完成的交易，在区块链网络中最多只需几分钟就能实现，极大提高了效率。另一方面，传统的跨境支付用户申请转账时需要填写详细的个人信息，这些个人信息经过多次中转后极有可能被泄露，造成不必要的麻烦。由于区块链技术可以借助非对称公私钥加密技术，用户在网络中所有的操作行为都具有匿名性，只有发送方和接收方能够识别，从而保证了用户身份安全。

2. 保险业务

随着保险行业的迅速发展，理赔慢、险金支付手续烦琐、消费陷阱多、信息泄露等问题也日渐突出，主要问题如下。

（1）客户信息安全性低。客户与保险公司之间的信任问题一直是制约保险行业发展的重要问题。客户信息容易被泄露，还有可能被篡改，赔付过程中可能存在重复交易或者问题交易。

（2）骗保。信息来源不对称，客户利用信息不对称而产生的骗保现象。

(3)效率低下。传统保险赔付过程中有大量的人工操作环节,影响了赔付效率。

保险行业使用区块链技术能够迅速摆脱以上问题。首先,在区块链网络中所有节点的地位都平等,任何节点都可以创建交易,在得到网络中其他节点验证后就可以被写入区块链网络节点共同维护的账本中并且不可篡改,极大提高了工作效率。其次,通过去中心化账本技术,所有节点都可查看区块链账本中的内容,保证信息公开透明,打破了传统保险业中信息不对称的情况。最后,基于区块链技术的匿名性保护了客户信息,提高了系统的安全性。智能合约可以用于简化和自动化保险业务。它可以设定索赔条件、理赔流程和赔付规则,使保险业务的处理更快速和可靠。

3. 供应链

供应链由众多参与主体构成,存在大量交互协作,但现实中,不同参与方的海量信息被离散地保存在各自的系统中,缺乏透明度和可信度。信息的不流畅导致供应链条上各参与主体难以准确地了解相关事项的实时状况,影响供应链的协同效率,容易出现过产而滞销和少产而短缺的情况。当各主体间出现纠纷时,举证和追责耗时费力。另外,在产品的生产、加工、流通、消费等过程中存在多个环节和不同的参与主体,不同环节的主体之间存在大量的交互和协作,不可避免地产生信息孤岛及信息不透明、不确真的问题。不法分子利用链条中各个环节中的漏洞和信息不对称,弄虚作假,以次充好,给社会和公众带来危害。然而监管部门很难快速精准找到问题,从而增大监管难度。

区块链可以使数据在各主体之间公开透明,从而在整个供应链上形成完整、流畅、不可篡改的信息流。这可以帮助各主体及时发现供应链系统运行过程中产生的问题,或是提前预知需求,进而提升供应链管理的整体效率。智能合约可以帮助多个参与主体在联合采购和供应链管理方面进行协作。合约可以记录订单、供应商信息和交付条件,并自动触发支付和结算,实现供应链各方之间的协同和信任。

3.3.2 智能合约平台——以太坊

1. 产生背景

比特币作为数字货币 1.0 的典型应用代表,是一种去中心化的点对点的网上货币,在没有任何资产担保、内在价值或者中心发行者的情况下维持着价值,主要应用于加密数字货币。虽然比特币已经吸引了大量的公众注意力,但是由于其设计的局限性,无法适用于加密数字货币以外的领域,配套区块链系统也无法兼容其他应用程序。

基于以上问题,俄罗斯开发人员维塔利克·布特林(Vitalik Buterin)于 2015 年推出了第二代数字货币系统——以太坊系统。以太坊系统在原有区块链技术的基础上创新性地提出智能合约技术,让区块链具有可编程性,为不同的应用通过设计独立的智能合约,将区块链以数字化的形式落地,极大地扩大了区块链的使用范围。随着以太坊的推出,基于此区块链的去中心化应用数量也如雨后春笋般迅速增多,应用范围已从数字货币金融行业扩展至保险、公益等更多领域。

2. 以太坊介绍

根据以太坊白皮书中的定义,以太坊在本质上与比特币一致,是一个完全开放的区块链平台,允许任何用户或站点加入并使用。作为公有链技术,以太坊是一个完全去中心化的应用平台，不受任何人控制也不归任何人所有，它是一个开源项目，需要全球的贡献者共同维护。数字货币 2.0 以太坊技术标识如图 3-15 所示。

图 3-15　数字货币 2.0 以太坊技术标识

与比特币不同的是，以太坊在设计之初就旨在拓展区块链的应用场景，在借鉴了比特币的数据存储、网络通信以及共识机制的前提下，以太坊做了以下两点改进。

（1）使用传统账户（Account）模式替代比特币账户管理的 UXTO 模式。基于此改进可减少区块链中数据的占有空间，让区块链可替代性更高，降低区块链的编码难度。最关键的是，使用传统账户模式可以适用于除加密数字货币之外更多的应用场景，满足现代软件的开发需求。

（2）在区块链中引入智能合约。智能合约在本质上与普通交易一样，都是产生交易的数据。但是以太坊通过对智能合约的设计，让其具有可编程性并且是图灵完备的。在智能合约上，用户可以开发具体业务，包括去中心化应用以及交易实现等。

与此同时，以太坊也具有公有链固有的缺点。交易需要被验证后才能打包上链，效率低（比特币处理交易速度大约为每秒 7 笔，以太坊为每秒 20 笔），不适合快速和大量交易的应用场景。智能合约作为交易数据上链后就永远存在且不可更改，若存在漏洞则修复成本极高，设计安全性较高的合约还存在挑战。尽管以太坊 2.0 已采用 PoS 的共识机制，但是以太坊 1.0 期间仍然采用 PoW 的共识机制，数据生成消耗资源较大。

3.3.3　智能合约平台——FISCO BCOS

FISCO BCOS 是由国内企业主导研发、对外开源、安全可控的企业级金融联盟链底层平台，由金链盟开源工作组协作打造，并于 2017 年正式对外开源。FISCO BCOS 区块链平台标识如图 3-16 所示。

图 3-16　FISO BCOS 区块链平台标识

FISCO BCOS 区块链技术具有诸多特性。FISCO BCOS 平台整体架构模型采用一体两翼多引擎模式，支持链内数据以多群组的形式扩展，支持海量数据存储，如图 3-17 所示。FISCO BCOS 的节点具有多种类型，包括共识节点、观察节点，不同节点的功能也不尽相同。在性能方面，FISCO BCOS 基于 PBFT 共识机制，TPS 峰值可达 2 万，完全满足现代业务开发需求。在账本模型方面，FISCO BCOS 使用账户模型并且不支持分叉。在 FISCO BCOS 2.0 阶段，区块链网络不仅支持全程 SSL 数据加密，还符合国密要求，极大地提高了安全性。

图 3-17 FISCO BCOS 区块链平台技术架构

FISCO BCOS 作为国内最活跃的区块链平台之一，目前已推出了诸多与其配套的区块链工具插件。

3.3.4 FISCO BCOS 中间件

1.WeBASE 管理平台

WeBASE 降低了区块链底层的复杂度和区块链使用的门槛，大幅提高了区块链应用的开发效率。WeBASE 管理平台包含主机管理、节点管理、合约管理等功能及数据导出、Web 管理平台等子系统。用户可以根据业务所需，选择相应的子系统进行部署，进一步体验丰富的交互界面、可视化智能合约开发环境（IDE）。WeBASE 区块链管理平台界面如图 3-18 所示。

图 3-18　WeBASE 区块链管理平台界面

2. 企业级的运维部署工具

FISCO BCOS generator 为企业用户提供了部署、管理和监控多机构多群组联盟链的便捷工具。图 3-19 所示为 generator 运维部署工具的实现方式。

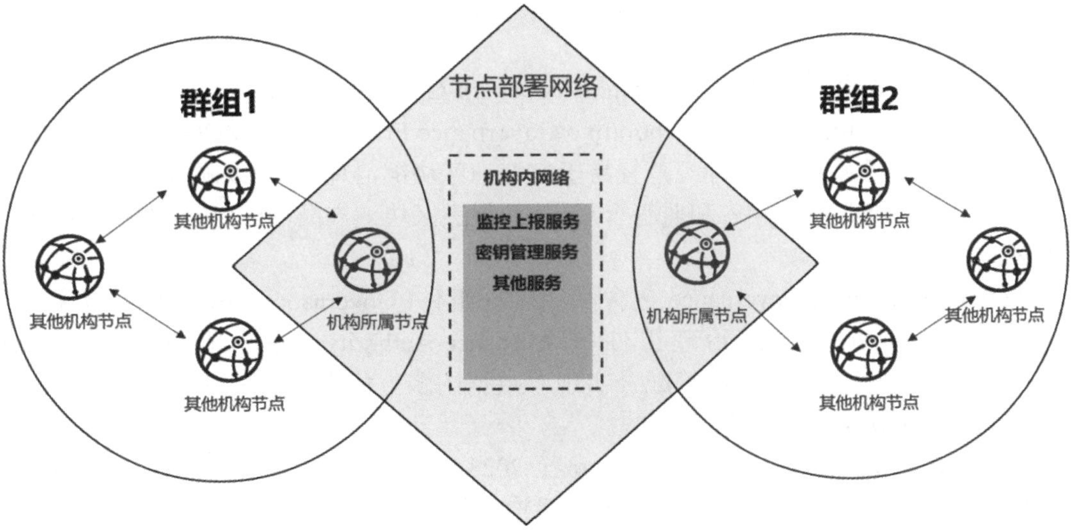

图 3-19　generator 运维部署工具的实现方式

3. 区块链数据治理通用组件

数据治理通用组件（WeBankBlockchain-Data）是一套稳定、高效、安全的区块链数据治理组件解决方案，可无缝适配 FISCO BCOS 区块链底层平台。它由数据导出组件（Data-Export）、数据仓库组件（Data-Stash）、数据对账组件（Data-Reconcile）三个相互独立、可插拔、可灵活组装的组件组成，开箱即用，灵活便捷，易于二次开发。

这三个组件分别从底层数据存储层、智能合约数据解析层和应用层三个方面，提供了区块链数据挖掘、裁剪、扩容、可信存储、抽取、分析、审计、对账、监管等数据治理方面的关键能力。WeBankBlockchain-Data 已在金融、公益、农牧产品溯源、司法存证、零售等多个行业落地和使用。图 3-20 所示为 WeBanBlockchain-Data 数据治理总体架构。

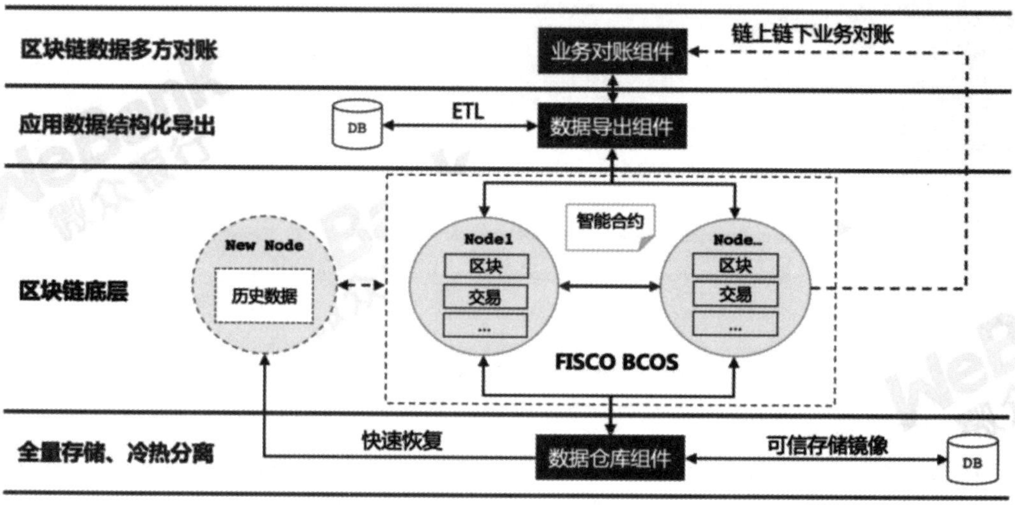

图 3-20　WeBanBlockchain-Data 数据治理总体架构

4. 区块链多方协作治理组件

区块链多方协作治理组件（WeBankBlockchain-Governance）实现了面向区块链的多方协作治理框架（Multilateral Collaborative Governance Framework，MCGF），力求厘清分布式协作者之间的关系，是设计规范且易于实施的区块链治理模式，以确保分布式商业的公平公正、可信透明、激励相容和监管合规，从而促进区块链产品、社区和生态的健康可持续发展。

WeBankBlockchain-Governance 包含私钥管理组件（Governance-Key）、账户治理组件（Governance-Account）、权限治理组件（Governance-Authority）、证书管理组件（Governance-Cert）等组件，通过多方统筹配合实现对数据的多方协作。图 3-21 所示为 WeBank-Blockchain-Governance 的协作实现方式。

FISCO BCOS 社区以开源链接多方，截至 2023 年 12 月，围绕 FISCO BCOS 构建的国产开源联盟链生态圈已汇聚了超过 5 000 家机构、超 10 万名个人成员，以及 50 家认证合作伙伴、500 余名核心贡献者，已发展成为最大、最活跃的国产开源联盟链生态圈。底层平台可用性经实践检验，数百个应用项目基于 FISCO BCOS 底层平台研发，超 80 个已在生产环境中稳定运行，覆盖文化版权、司法存证、智慧政务、供应链、金融、智慧城市等领域。图 3-22 所示为 FISCO BCOS 更多的开源工具示例，借助这些开源工具，FISCO BCOS 将有更广阔的应用场景。

图 3-21　WeBankBlockchain-Governance 的协作实现方式

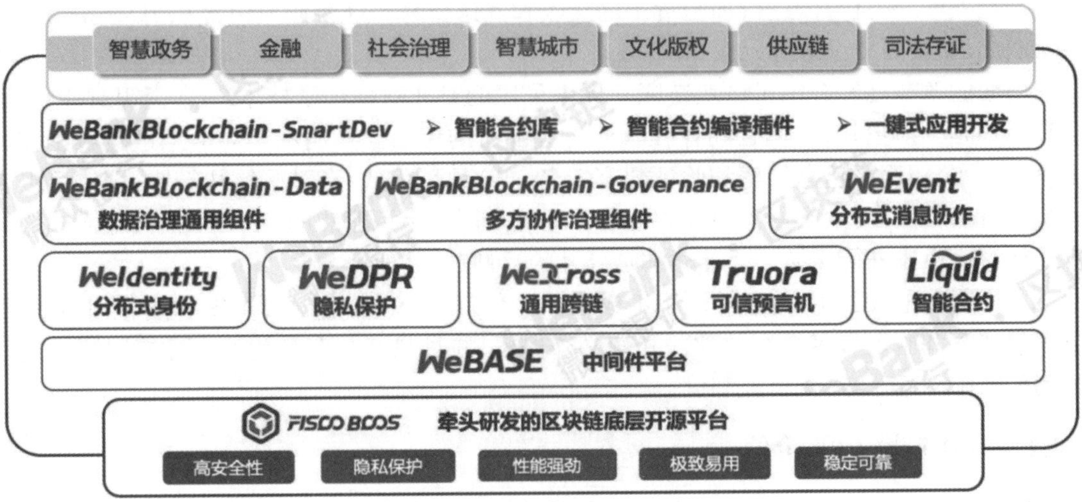

图 3-22　FISCO BCOS 更多的开源工具示例

3.3.5　智能合约案例——通证系统

通证（Token）是指基于区块链技术发行的数字资产或加密资产，代表着特定的权益、价值或功能。通证可以用来代表某种资产、代币、权益或权力，并且可以在区块链网络上进行传输、交换和存储。

通证可以代表一切可以数字化的权益证明，从身份证到学历文凭，从货币到票据，从钥匙、门票到积分、卡券，从股票到债券。账目、所有权、资格、证明等人类社会的全部权益证明，都可以用通证来代表。

通证的发行和交易通常通过区块链网络上的智能合约进行管理。持有人可以通过区块链交易进行通证的转移和交换，从而实现价值的传输和交换。通证可以通过初始代币发行（Initial Token Offering，ITO）或代币销售等方式发行。发行者可以通过智能合约设定通证的供应量、价格和其他规则，并将通证分发给投资者或参与者。

3.4 创建账户

3.4.1 区块链账户

在现实生活中，人们最常接触的账户是银行账户，在这之上又衍生了诸如养老金账户、保险账户、证券账户，甚至互联网钱包等账户。这类账户大多是基于“账号+密码”的方式，以实现对账户资金的合理支配。但随着技术的发展，货币支付的渠道和方式不断更新。自2009年区块链诞生后，便出现了一套新的记账方法，基于新的账户体系，产生了新的记账单位——分布式账本、账户体系以及数字货币。这种颠覆性和革命性的改变催生了全新的金融交易模式、经济交易模式。

在区块链中，账户是用来存储和管理数字资产的实体。每个账户都与一个特定的身份或地址相关联，并且可以进行加密货币的接收和发送交易。这些账户包含私钥、公钥、地址、数字资产、交易历史记录等元素。

前面的章节已经介绍了区块链账户体系采用的是非对称加密技术。① 密钥对关系：私钥和公钥是一对密钥，它们之间存在着非对称加密的关系。私钥用于对信息进行解密和数字签名，而公钥用于信息加密和验证数字签名。② 地址生成：在某些区块链中，公钥可以进一步进行哈希操作，生成一个相应的地址。地址是用于标识账户的字符串，供其他人向账户发送加密货币或进行交易。地址通常是公开的，可以与其他人共享。

私钥用于生成公钥，而公钥用于生成地址。私钥用于对信息进行解密和签名，而公钥用于信息加密和验证签名的有效性。私钥必须保密，并且只有持有私钥的人才能对账户进行控制和操作。

3.4.2 区块链账户的价值

区块链账户的模式，可以预见性地给传统账户体系带来颠覆性的改变，而这些改变就是区块链账户模式的价值。

1. 开户更加便捷

在区块链上开账户不需要任何人许可，只需要用非对称的加密算法生成一对公钥和私钥，并且不再需要去银行柜台提供个人资料并接受银行的资料审核。

2. 账户法人化

唯一能够证明用户持有加密货币的权属的是私钥，在区块链账户体系下，没有任何第三方中介机构能介入确认数字货币的权属，即产权归属完全由私钥掌握。

3. 开户者无特定对象

在加密账户体系上不仅个人可以开账户，而且机构可以开账户，未来互联网上的上万亿台传感器等设备也可以开设自己的账户。这是和银行账户的巨大不同，其意味着更多的账户、交易是在机器和机器之间完成的，而不是人和人之间。

以无人驾驶汽车为例，如果无人驾驶汽车在路上行驶的时候，要先把所有的影像传回一个中心化的服务器,再由服务器发出指令给无人驾驶汽车,一旦传输过程出现延迟或故障等情况,那么将会造成很多交通事故。所以,有很多交易更适合在机器和机器之间发生。区块链上的账户也是在机器和机器之间开设的,开户无须许可。

4. 穿透式的账户管理

首先,区块链账户使得多种事务可在一个账户上记账,除了资金流,还可以将信息流、物流以及社会关系,甚至社交网络的信息,和账户对应起来,从而掌握最原始的数据,而且这些数据不可篡改,可永久保存,可追溯。其次,依靠共识算法,交易清算和结算是同时完成的。现有的记账账户体系是以天作为记账单位,但基于分布式账本可实现秒级响应。

3.4.3　区块链账户创建密钥

区块链账户有私钥、公钥、地址,这三者是如何创建的呢?下面介绍区块链账户创建密钥的过程。

1. 生成私钥(Private Key)

私钥是一个由随机数字生成的长字符串,通常由一个加密安全的随机数生成器生成。私钥应该保持机密,并且只有用户能够访问它。私钥可以用不同的格式表示,最常见的是使用 16 进制或 Base58 编码。计算机是用 0、1 存储数据的,私钥就是由 256 位长度的 0 和 1 组成的字符串。对于区块链私钥而言,想要破解这套密码,就算把全世界的计算机都运转起来,所完成的运算量也不到破解所需运算量的亿分之一,因而足够安全。

2. 生成公钥(Public Key)

公钥是从私钥派生出的。它是私钥的补充,以验证私钥的“签名”,并在区块链全网公开。公钥通过特定的算法生成,例如椭圆曲线加密算法可以让私钥生成一个与其相关联的公钥。公钥是一个与私钥对应的公开密钥,可以与其他人共享而不会暴露私钥。公钥也可以以 16 进制或其他编码格式表示。

3. 生成地址(Address)

地址是由公钥经过哈希函数处理而得到的。由于公钥太长,在交易中不方便使用,哈希函数将公钥转换为较短的字符串,通常是一串数字和字母的组合。这个地址用于标识用户在区块链上的账户,其他人可以使用这个地址向用户发送加密货币或进行交易。地址的长度和格式取决于所使用的区块链平台和编码规则。另外,地址是通过摘要算法生成的,不会暴露公钥的真实内容。

3.5　部署智能合约

3.5.1　智能合约的部署方式

在现实生活中,双方通过签订合约或者协议形成约定。而在区块链系统中,如何签订合约呢?区块链系统先将合约放入区块链,让所有节点能查询和调用智能合约,这一个过程就是智能合约的部署。

当有像 Alex 这样的用户在区块链中部署一个智能合约后,由于区块链的共识机制,其他节点同样可以使用对应智能合约的功能,可以保证节点在运行该智能合约时得到结果的一致性,也就是“可验证性”。区块链部署与验证的方式如图 3-23 所示。

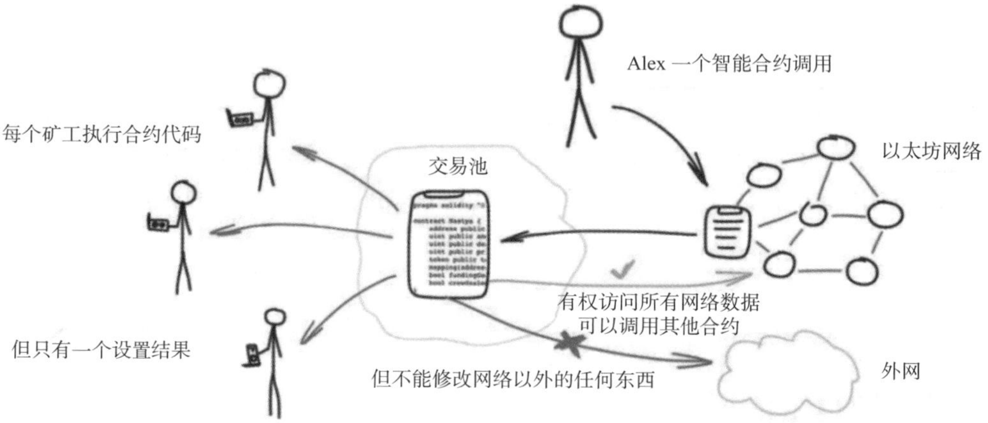

图 3-23　区块链部署与验证的方式

3.5.2　智能合约的部署流程

智能合约作为一段代码,在区块链中的使用流程与传统程序相似,包括编译、部署、上链、调用、执行。在上链操作后,区块链会给智能合约分配一个地址,通过使用该地址可实现对智能合约的调用。图 3-24 所示为智能合约部署流程示例。

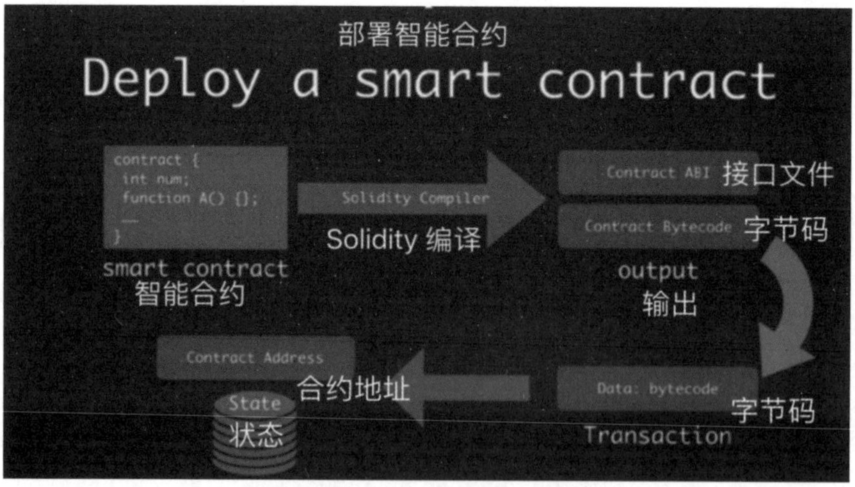

图 3-24　智能合约部署流程示例

智能合约的部署是通过一笔交易实现的。而这笔交易会经过全网共识,从而保证合约可以验证且全网一致。智能合约可以通过一笔交易来触发,也可以通过智能合约调用来触发(前提是合约已经被部署)。图 3-25 所示为智能合约调用的示例。

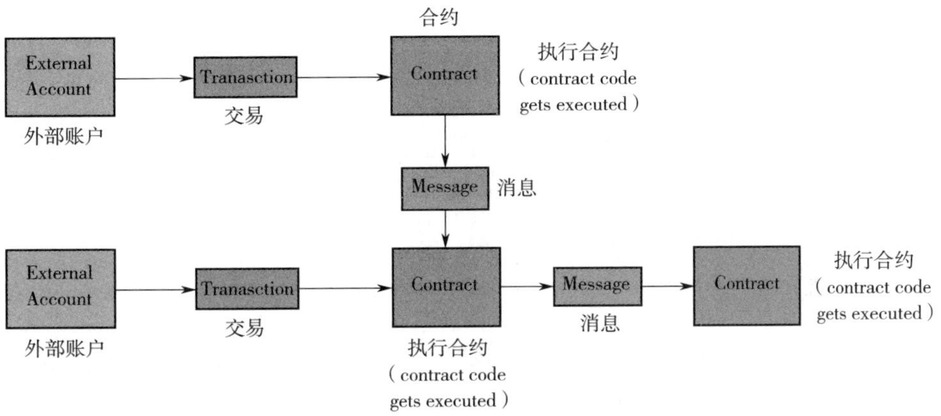

图 3-25　智能合约调用的示例

3.6　PoS 争夺记账权

3.6.1　PoS 概述

前面章节介绍了 PoW，PoW 是通过做更多的工作来获得更多出块机会，而 PoS 是持有的权益越多获得出块的机会越多。PoS 的核心概念是“股权”。一个人持有更多的加密货币，就具有更多的股权，在选择下一个区块的过程中也就具有更多的机会。

PoS 机制主要根据持有的加密货币数量来选择区块链的验证者，这些验证者根据其持有的加密货币数量来获得相应的投票权。验证者（也称为“股东”或“权益者”）根据其持有的加密货币数量，被选中来创建新的区块或验证其他交易的有效性。这种机制鼓励持有者将其加密货币保留在网络中，以获取更多的权益和奖励。PoS 机制认为持有更多加密货币的人更有动力确保网络的安全性和可靠性。PoS 具体的运行方式如下。

1. 购买加密货币

要参与 PoS，用户需要购买一种支持该算法的加密货币，并将其存储在一个支持 PoS 的钱包中。

2. 验证权益

一旦用户拥有了加密货币，就能成为网络中的验证节点。用户的权益即持有的加密货币数量。通常情况下，用户需要将这些加密货币锁定在一个特定的钱包中。

3. 选择验证者

当创建新区块时，网络会根据每个验证节点的权益来选择下一个验证者。权益越大，成为验证者的概率就越大。

4. 创建新区块

被选择为验证者的节点将验证待处理的交易，并将其打包成一个新的区块。这个验证过程通常需要节点提供一定的质押作为担保。

5. 奖励机制

验证者成功创建新区块后，会获得一定的奖励，这个奖励通常是一定数量的该加密货币。

总体而言，PoS 是一种替代 PoW 的共识算法，它通过加密货币的持有量来选择验证节点，并使他们能够创建新的区块。这种算法在许多区块链项目中得到了广泛应用，以实现更高效、可持续的共识机制。

3.6.2 PoS 特点

PoS 是一种区块链共识机制，用于验证和打包新的交易块，而不是像比特币中的 PoW 机制那样依赖于解决复杂的数学问题。在 PoS 机制中，区块链网络的节点（也称为验证者或矿工）根据他们在系统中持有的加密货币数量来竞争获得区块的权力。PoS 与 PoW 有明显的区别，PoS 自身也有独特的特点。

1. 能源效率

与 PoW 机制相比，PoS 机制更加高效。因为 PoS 不需要节点通过大量的计算工作来解决难题，而是基于节点的权益进行验证和出块，从而降低了能源消耗。

2. 可扩展性

PoS 机制相对于 PoW 机制具有更好的可扩展性。在 PoS 机制中，区块的验证和产生不再依赖于计算能力，而是依赖于节点的权益，这使得网络可以更轻松地扩展，处理更多的交易和活动。

3. 安全性

PoS 机制具有一定程度的安全性。由于持有更多代币的节点更有可能被选中产生新的区块，这些节点有更大的动力确保网络的安全。此外，PoS 机制还降低了对 51%攻击的风险，因为攻击者需要通过掌握大量的代币来控制网络。

4. 奖励机制

PoS 机制通过奖励持有代币的节点来激励参与共识过程。被选中的节点可以获得一定的奖励作为对其贡献的回报。这种奖励机制可以吸引更多的代币持有者参与共识，增加网络的分散性和安全性。

5. 抵押机制

在 PoS 机制中，被选中的节点需要抵押一定数量的代币作为参与共识的证明。这种抵押机制有助于防止恶意行为，因为节点如果违反共识规则，可能会被罚没其抵押的代币。

6. 出块权益

PoS 机制根据节点的权益来决定其产生新区块的机会。权益越高的节点被选中为记账节点的概率越大，这有助于确保网络的公平性和稳定性。

3.6.3 PoS 风险

PoS 机制相对于 PoW 机制具有一些优势，如降低了能源消耗、提高了网络的可扩展性和安全性等。然而，它也面临如下挑战。

1. 富豪攻击

PoS 机制可能面临富豪攻击的风险。持有更多代币的节点拥有更大的权益和出块机会，这可能导致权益的集中化。富豪攻击意味着少数控制大量代币的节点有潜在的机会影响网络的安全性和共识过程。

2. 权益集中化

在 PoS 机制中权益越高的节点拥有的权力越多，这可能导致权益的集中化。少数节点控制大量的权益可能导致网络的不平等和存在中心化风险。

3. 初始分配问题

PoS 机制可能面临初始分配问题。如果一开始代币分配不公平或集中在少数人手中，可能导致权益集中化，并增加网络的操纵风险。

4. 环境影响

尽管 PoS 机制相对于 PoW 机制能源效率更高，但它仍然需要一定程度的能源来维持网络的正常运行。因此，PoS 机制仍然对环境产生一定的影响。

3.6.4　PoS 争夺记账权流程

1. 节点选举

根据每个节点持有的代币数量，选择一定数量的节点作为验证者或记账节点。通常情况下，持有更多代币的节点有更高的机会被选中。

2. 抵押代币

被选中的节点需要抵押（或锁定）一定数量的代币作为参与共识的证明。这些抵押的代币将作为节点的权益，决定其在共识过程中的地位和奖励。

3. 区块创建

被选中的节点根据一定的算法和规则，创建新的区块。它们会验证交易的有效性、打包交易信息，并生成新的区块。

4. 区块验证

其他节点会验证新生成的区块的有效性。它们检查区块中的交易和规则，并确保没有违反共识规则的行为。验证节点会对区块进行验证和确认。

5. 奖励分配

作为对节点参与共识的激励，节点会获得一定比例的奖励。奖励通常以新生成的代币形式发放给验证节点，以回报它们作出的贡献和承担的风险。

总的来说，PoS 是一种区块链共识机制，通过验证节点持有的加密货币权益来选择创建新的区块的验证者。相比于 PoW，PoS 消耗能源少，且提供更高的安全性。持有更多加密货币的节点在网络中具有更大的权力，这使得攻击网络的成本增加，从而提高网络的安全性。此外，PoS 还鼓励用户持有加密货币，并通过基于持有量的区块奖励提供激励，从而促进整体网络的去中心化和快速交易确认。然而，需要注意应对“富者愈富”的问题，确保公平性和资源的平等分配，以实现 PoS 机制在加密货币和区块链领域的有效应用。

3.7 智能合约的使用

3.7.1 调用智能合约和验证交易

智能合约在区块链中的使用主要包括编辑合约、编译合约、部署合约、合约上链、调用合约、执行合约。前面章节介绍了智能合约的部署,合约部署之后,网络节点可以在区块链中调用智能合约。智能合约在区块链中的使用流程如下。

如果想调用一个已经部署在区块链上的智能合约,需要知道该合约的地址。可以使用区块链浏览器或其他开发工具来查找智能合约的地址。一旦有了地址,就可以调用智能合约。

可以通过发送交易来调用合约中定义的函数,向合约发送数据或请求合约执行特定的操作。这些数据取决于所使用的区块链平台和智能合约的要求。我们需要确保提供正确的数据,并确保有足够的加密货币来支付交易费用。

这些交易被广播到区块链网络后,矿工节点开始验证和打包交易。交易只有得到足够多的区块确认后,才能被网络中的节点接受和执行。当交易被执行时,智能合约中的函数将改变区块链上的状态。例如,它可以更新合约的数据、转移资金或执行其他操作。一旦交易被矿工打包进区块,并通过区块链的共识算法确认,状态改变将被永久记录在区块链上。

3.7.2 智能合约调用执行流程

智能合约调用执行的流程可以概括为:用户构建包含智能合约方法和参数的交易,之后使用私钥对交易进行签名,并将其广播到区块链网络;验证节点核实交易的合法性、执行智能合约的代码,并将交易打包进区块,最终通过共识算法确认交易;一旦交易被确认,智能合约根据指令执行相应操作,更新区块链上的状态,完成交易的调用和执行过程。详细的流程如下。

1. 获取智能合约地址

在调用智能合约之前,需要知道该合约的地址和 ABI(Application Binary Interface,应用二进制接口)。合约地址是合约在区块链上的唯一标识,而 ABI 定义了合约的方法和参数。合约地址通常是通过在区块链浏览器中搜索或从其他参与者处获得的。

2. 构造交易数据

根据智能合约的功能和参数,构造一个包含要调用的函数和相关参数的交易数据。这包括指定要调用的合约方法、传递所需的参数及指定交易的发送方、接收方和交易费用等。

3. 签署交易

使用发送方的私钥对交易进行数字签名。这将确保只有发送方能够对交易进行授权,并验证交易的完整性。

4. 广播交易

将签名的交易广播到区块链网络中。钱包应用程序将向网络中的节点发送交易。

5. 验证

一旦交易被广播到网络中,矿工节点就开始验证和打包交易。只有交易得到足够多的区块确认后,才能被网络中的节点接受和执行。一旦交易被确认并写入区块链,就可以通过区块链浏览器或其他工具来验证交易的执行结果,还可以检查智能合约返回的数据或状态变化。

验证交易的步骤如下。

(1)校验交易格式和结构:确保交易的格式和结构符合规定的要求,包括发送方、接收方、金额等信息。

(2)检查数字签名:验证交易的数字签名,确保交易的完整性和得到发送方授权。

(3)核实发送方余额:验证发送方的余额是否足够支付交易金额和相关费用。

(4)执行智能合约:如果交易涉及智能合约的调用,则执行合约中相应的方法,并根据合约规则验证交易。

(5)检查交易合法性:根据特定的规则和共识算法,检查交易是否违反了安全性或一致性规则,如双重支付等。

第 4 章 区块链产业应用案例

【本章导学】

区块链作为一种信任工具，为世界从信息互联向价值互联跃升提供了路径。在区块链驱动下，社会各界的“信任关系”完成了数字化升级，经济协作活动不必再因为传统中心化信任机制而受限，数据得以在更大的范围内流动，进而最大限度地体现价值，各种数字经济业态和模式不断涌现。区块链综合了分布式账本、非对称加密、共识算法、智能合约等关键技术，在促进数据共享、优化业务流程、降低运营成本、提升协同效率、建设可信体系等方面具有技术优势，在跨部门协作、多环节业务、低成本信任等场景中有广泛应用。

区块链同人工智能、云计算等技术被一道纳入“信息基建”，对于夯实价值互联网基石，促进数字经济互联互通发展，推进塑造可信社会体系具有重要意义。从业务层面上讲，区块链是打破“数据烟囱”的利器，是链接“数据孤岛”的桥梁。

【学习目标】

✧ 了解区块链产业应用发展历史。

✧ 理解区块链在数字货币、电子发票、版权保护领域的案例方案。

✧ 理解区块链在供应链金融、医疗健康领域的解决方案。

4.1 区块链产业应用概述

4.1.1 互联网发展历史

随着 2009 年比特币的发布，区块链的概念出现，至今区块链技术已经发展了 15 年。随着区块链技术的不断发展和成熟，区块链产业应用也日益广泛。区块链技术的去中心化、安全可靠、不可篡改等优势，使得它在金融、物流、医疗、溯源等领域得到了广泛应用。

区块链的产业应用与互联网的发展密不可分，所以在介绍区块链产业应用之前，先来了解一下互联网的发展。互联网发展的历史如图 4-1 所示。

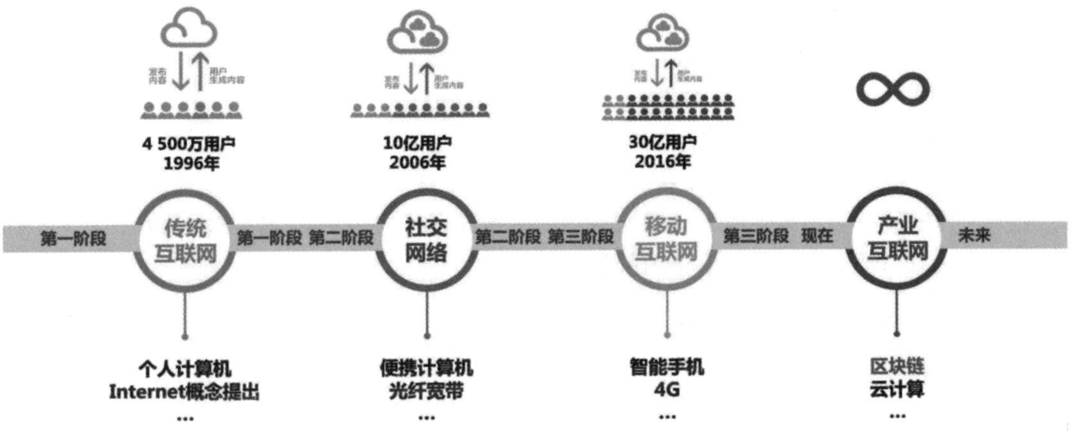

图 4-1　互联网发展的历史

(1)传统互联网。20 世纪 90 年代,互联网开始应用于商业领域,此后诞生了一些知名的网站和服务,如谷歌、亚马逊等。这一时期主要是信息的传输和交流,类似于电子报纸,以网站、邮件、即时通信等为主要形式。

(2)社交网络。随着 Web 2.0 技术的发展,人们开始在互联网上分享和交流信息,Facebook、Twitter 等社交网站应运而生。这一时期的互联网强调人与人之间的连接和互动,以社交、分享、互动为主要形式。

(3)移动互联网。移动互联网的普及推动了互联网的发展。智能手机和平板电脑的普及使得人们可以随时随地上网,访问应用和服务。移动应用市场规模迅速增长,各种移动应用和移动支付工具广泛使用,如微信、支付宝、Uber 等。这一时期的互联网强调移动性、便捷性和个性化,以移动应用、微信公众号等为主要形式。

(4)产业互联网。产业互联网也被称为物联网、工业物联网或工业互联网,是将互联网和物联网技术应用于传统产业领域,实现工业化与信息化的深度融合的网络。传统的产业领域通常存在信息孤岛、生产过程不透明、效率低下等问题。产业互联网的目标是通过连接和集成各种物理设备、传感器、智能系统和数据分析等,实现设备之间的互联互通、数据的实时采集和分析,进而优化生产流程、提高资源利用效率、提供智能化的服务和决策支持。产业互联网的发展为传统产业带来了巨大的机遇和挑战。通过将互联网和物联网技术与传统产业相结合,可以实现智能化、高效化和可持续发展,推动经济转型和创新驱动的发展模式。

4.1.2　区块链技术优势

区块链技术具有许多优势,它不仅是加密货币的基础,还被广泛用于其他领域。

(1)去中心化。区块链技术通过去中心化的架构,消除了传统中心化系统的单点故障问题,省去了中心环节,提高了系统的可靠性和安全性。

(2)不可篡改性。区块链中的数据被保存在多个节点上,任何数据的修改都需要获得网络中大部分节点的共识,保证了数据的不可篡改性和透明性。

(3)数据安全和隐私保护。区块链使用密码学算法保证了数据的安全性,用户的身份信息被加密处理,保护了隐私。

(4)去信任化。区块链技术通过智能合约和共识机制实现了去信任化,消除了信任问题,减少了中间环节和交易成本。

(5)高效性和透明性。区块链技术实现了实时的数据共享和透明的交易过程,提高了业务流程的效率和可追溯性。

这些优势使得区块链技术在金融服务、供应链管理、医疗保健、选举投票、知识产权保护等众多领域都具有潜在的革命性应用前景。

4.1.3 区块链与传统场景结合

区块链的技术优势与传统场景结合,会解决大量传统行业存在的问题和风险,如图 4-2 所示。

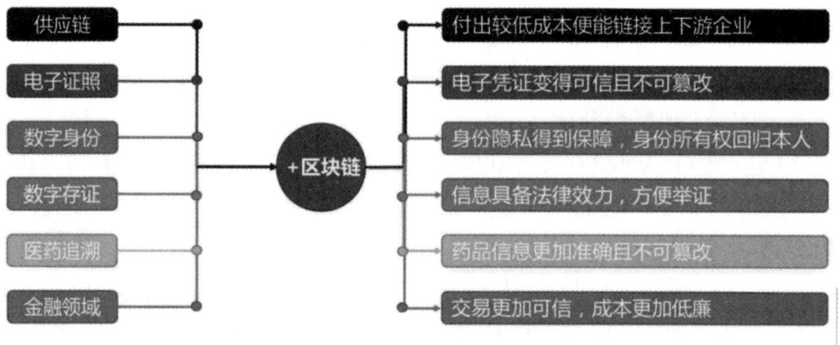

图 4-2 传统场景和区块链技术结合

(1)金融行业。传统的金融交易存在大量的中介机构,产生高昂的手续费用,区块链可以应用于支付结算、跨境汇款、证券交易、供应链金融等方面,提高交易的速度和安全性,降低交易成本。

(2)版权保护和数字内容分发方面。区块链可以用于数字版权保护、溯源和分发,保障艺术家和内容创作者的权益,减少盗版和侵权行为。

(3)供应链管理方面。传统的物流信息跟踪和溯源需要大量的人力、物力和时间成本,而区块链技术可以实现物流信息的实时共享和溯源,降低物流成本,提高物流效率。

(4)医疗领域。传统的医疗数据存储和共享存在着数据泄露和隐私安全的问题,而区块链技术可以保证医疗数据的安全性,促进医疗信息的互联互通。

4.1.4 与区块链技术相关的国家政策

我国针对区块链这一新兴技术相继出台了相关国家政策。2016 年 10 月,工业和信息化部发布《中国区块链技术和应用发展白皮书(2016)》。同年 12 月,国务院印发《“十三五”国家信息化规划》,首次将区块链技术列入国家级信息化规划内容。

2017 年 1 月,《国务院办公厅关于创新管理优化服务培育壮大经济发展新动能加快新旧动能接续转换的意见》提到了区块链和其他技术交叉融合,构建若干产业创新中心和创新网络。

2018 年 5 月，工业和信息化部发布了《2018 年中国区块链产业白皮书》。同年 6 月，中央电视台《对话》栏目，播出区块链主题节目，并提出了三大观点。

（1）区块链是互联网的第二个时代。

（2）区块链的价值是互联网的十倍。

（3）区块链是制造信任的机器。

2019 年 1 月，国家互联网信息办公室发布《区块链信息服务管理规定》，为区块链信息服务的提供、使用、管理等提供法律依据。同年 10 月 24 日，中央政治局就区块链技术发展现状和趋势组织第十八次集体学习。

中共中央总书记习近平在主持学习时强调，区块链技术的集成应用在新的技术革新和产业变革中起着重要作用。我们要把区块链作为核心技术自主创新的重要突破口，明确主攻方向，加大投入力度，着力攻克一批关键核心技术，加快推动区块链技术和产业创新发展。随之，工业和信息化部、中央网络安全和信息化委员会办公室联合发布《关于加快推动区块链技术应用和产业发展的指导意见》，提出了一系列支持措施，包括推动区块链技术的研究和应用、促进区块链产业的发展和壮大等。区块链作为一项颠覆性的技术，已经被我国定为国家战略。区块链技术同人工智能、云计算等技术被一道纳入“信息基建”范围，对于夯实价值互联网基石，促进数字经济互联互通发展，推进塑造可信社会体系具有重要意义。

4.2　央行数字货币

4.2.1　央行数字货币概述

经过十年多的发展，区块链技术已从概念走向实际应用，越来越多的资金流向区块链的创业企业及相关领域的创新项目，从上市公司到初创企业，从商业领袖到技术大咖。区块链因其去中心化、防篡改、可追溯等特性吸引着人们纷纷投身到这一新兴的技术领域。国际金融巨头早已深度布局区块链。

以阿里巴巴为例，其在区块链领域已经布局数年，在金融、物流、电商诸多领域齐发力。

拿电商的变革来说，商品不再由商家自主录入信息，而是用区块链技术将商品溯源系统数据上链，实现数据公开透明、可共享，且不可篡改。天猫自建的这套溯源体系通过蚂蚁区块链技术将商品溯源系统数据以联盟形式上链，相较于公链及私链更具隐私性和可信度，充分加强了跨境电商平台买卖双方的信任感，有效促进了商品的交易。这种大规模的尝试对整个电商行业都起到了积极的推进作用。

除了大家熟知的阿里巴巴，各大行业的巨头公司，都早已在区块链领域默默布局。不管是国内的华为、小米、网易，还是国外的亚马逊、谷歌、微软等，在区块链领域，都已占领一席之地。比如，华为推出华为云区块链 BCS，小米推出加密兔，网易推出网易星球等，大有百花齐放之势。而谷歌、微软早在多年前就开始投资区块链创业公司，包括以太坊、Ripple 等。小米早在 2017 年 4 月就宣布启动基于区块链技术的数据营销协作技术，并在招聘平台发布了招募区块链相关人士的消息，包括区块链专家、资深区块链开发工程师等。腾讯、华为、苏宁等大公司也纷纷发布了自己的区块链白皮书及 Baas(Blockchain as a Service,区块链即服务)平台。

不仅是大公司,大银行也跻身区块链的浪潮中,央行旗下的中国印钞造币总公司(中钞集团)在杭州成立了中钞区块链技术研究院,布局区块链,研究央行法定数字货币。

在介绍央行数字货币之前,先给大家介绍法定货币的概念。法定货币是指由政府法律规定为合法支付手段的货币。它是一个国家或地区广泛接受和使用的货币形式,具有法律地位和强制力。法定货币通常由央行或货币当局发行和管理,并被用于支付商品和服务、偿还债务以及进行其他经济交易。法定货币的特点包括以下几点。

(1)合法性。法定货币在该国或地区拥有合法地位,其接受和使用是法律规定的。

(2)强制力。法定货币必须被接受为债务偿还的手段,无论公共部门还是私人部门都必须接受该货币。

(3)官方发行。法定货币通常由央行或货币当局独家发行和管理。

(4)广泛接受。法定货币在一个国家或地区被广泛接受,并作为交易的一般媒介。

在不同的国家和地区,法定货币的形式也有所不同,如纸币、硬币或电子货币。

我国央行数字货币(Digital Currency Electronic Payment,简称 DCEP)是指由央行发行和监管的一种数字货币,也称数字人民币。数字人民币由中国人民银行发行,是有国家信用背书、有法定偿还能力的法定货币。

数字人民币采取了双层运营体系,即中国人民银行不直接对公众发行和兑换央行数字货币,而是先把数字人民币兑换给指定的运营机构,比如商业银行或者其他商业机构,再由这些机构兑换给公众。运营机构需要向中国人民银行缴纳 100%准备金,这就是 1 : 1 的兑换过程。

数字人民币是基于区块链技术构建的,但与传统的加密货币(如比特币)不同,它更注重央行的监管和控制。央行拥有对数字人民币的发行权,并负责监管和运营该货币。这使得央行能够更好地管理货币供应、实施货币政策以及防范金融风险。

4.2.2 数字人民币发展

数字人民币是我国布局区块链重要的一环,根据《中国数字人民币的研发进展白皮书》内容,中国人民银行通过对法定数字货币相关理论和技术的不断探索、迭代、完善,形成了现有的数字人民币模式和业务框架。

2014—2016 年,中国人民银行成立法定数字货币研究小组,启动法定数字货币相关研究工作。研究小组对法定数字货币的发行和业务运行框架、关键技术、流通环境、国际经验等进行了深入研究,形成了第一阶段法定数字货币理论成果。2016 年,中国人民银行搭建了中国第一代法定数字货币概念原型,成立数字货币研究所,并于当年提出双层运营体系、M0 定位、银行账户松耦合、可控匿名等数字人民币顶层设计和基本特征。在此思路框架下,经国务院批准,中国人民银行自 2017 年底开始开展数字人民币研发工作,并依据资产规模和市场份额居前、技术开发力量较强等特点,选择大型商业银行、电信运营商、互联网企业作为参与研发机构。中国人民银行和参与研发机构以长期演进理念贯穿顶层设计及项目研发流程,经历开发测试、内部封闭验证和外部可控试点三大阶段,打造完善数字人民币 App,完成兑换流通管理、互联互通、钱包生态三大主体功能建设。同时,围绕数字人民币研发框架,探索建立总体标准、业务操作标准、互联标准、钱包标准、安全标准、监管标准等较为完备的标准体系。2019 年末以来,中国人民银行遵循稳步、安全、可控、创新、实用原则,在深圳、苏州、雄安、成都等城市及 2022 北京冬奥会场景开展数字人民币试点测试,以检验理论可靠性、系统稳定性、功能可用性、流程便捷性、场景适用性和风险可控性。2020 年 11 月开始,增加上海、海南、长沙、西安、青岛、大连 6 个新的试点地区。数字人民币研发试点地区的选择综合考虑了国家重大发展战略、区域协调发展战略以及各地产业和经济特点等因素,目前的试点省市基本涵盖长三角、珠三角、京津冀、中部、西部、东北、西北等不同地区,有利于试验评估数字人民币在我国不同区域的应用前景。截至 2021 年 6 月 30 日,数字人民币试点场景已超 132 万个,覆盖生活缴费、餐饮服务、交通出行、购物消费、政务服务等领域。开立个人钱包 2 087 万余个、对公钱包 351 万余个,累计交易 7 075 万余笔、金额约 345 亿元。在地方政府的积极参与支持下,一些地区开展了数字人民币红包活动,实现了不同场景的真实用户试点测试和分批次大规模集中测试,验证了数字人民币业务技术设计及系统稳定性、产品易用性和场景适用性,增进了社会公众对数字人民币设计理念的理解。

4.2.3　数字人民币试点案例

试点期间,数字人民币注重持续探索应用模式创新。利用智能合约技术,实现可编程特性,提升扩展能力,促进与应用场景的深度融合。与相关手机制造商合作,研究提供包括双离线交易等功能在内的移动支付新体验。基于智能可视卡测试脱离手机的硬钱包支付模式,为跨越“数字鸿沟”提供可能。在北京冬奥组委办公园区内,立足科技冬奥、智慧冬奥建设,试点部署无人售货车、自助售货机、无人超市等创新应用场景,并推出支付手套、支付徽章、冬奥支付服装等可穿戴设备。试点用户普遍认为数字人民币有利于进一步提高支付效率,降低支付成本,让社会公众、小微商户、企业切实感受到便利和普惠。

下面分享一个试点案例:礼享罗湖数字人民币红包。礼享罗湖数字人民币红包是指在深圳市罗湖区推出的一项数字人民币红包活动。这项活动旨在推广数字人民币,并为用户提供一种全新的支付体验。

参与礼享罗湖数字人民币红包活动的用户须通过下载指定的手机应用程序或使用指定的电子钱包,注册账户并完成实名认证。一旦注册成功,用户就有机会参与红包活动。活动期间,罗湖区人民政府会发放一定数量的数字人民币红包,用户可以通过抢红包的形式获得一定金额的数字人民币。这些红包可以在参与活动的商户处使用,例如餐饮店、零售店等,用于支付消费金额。

2020 年,礼享罗湖系列促消费活动开启,此次活动面向在深个人发放 1 000 万元“礼享罗湖数字人民币红包”,每个红包金额为 200 元,红包数量共计 5 万个。

抽签报名通道自 2020 年 10 月 9 日 0 时开启,截至 10 月 11 日 8 时,“礼享罗湖数字人民币红包”预约工作圆满结束。总计 1 913 847 名在深个人通过“ i 深圳”系统成功完成“礼享罗湖数字人民币红包”试点预约登记。“i 深圳”对成功预约的人员进行了摇号抽签,共抽出 5 万名中签个人。

截至 2020 年 10 月 18 日 24 时，47 573 名中签个人成功领取“礼享罗湖数字人民币红包”,使用红包交易 62 788 笔,交易金额 876.4 万元。数据显示,部分中签个人还对本人数字钱包进行充值,充值消费金额 90.1 万元。

4.2.4 数字人民币消费场景

数字人民币作为一种电子支付工具,可以在多种消费场景中使用,如大型商超、零售商户、餐饮行业、公共交通、教育医疗等。

(1)实体店铺。在零售商店、超市、餐厅、咖啡馆等实体店铺中,消费者可以通过扫描商家提供的二维码使用数字人民币支付。

(2)公共交通。数字人民币可以用于支付公共交通费用,如地铁、公交车、出租车等,通过扫描车辆或车站提供的二维码,完成支付并进入车辆或通过闸口。

(3)工资。2022 年 11 月,丰台文旅集团的员工们领到了数字人民币工资,这是北京市区级国有企业首笔数字人民币代发工资。

(4)公共政务。成都住房公积金在灵活就业人员缴存、单位缴存、个人提取、贷款发放、提前还款 5 大类场景均开通数字人民币功能,于行业内率先实现公积金主要业务场景数字人民币应用全覆盖。

这些只是数字人民币的一些消费场景示例,随着数字人民币的普及和推广,将会出现更多的使用场景和应用。数字人民币的目标是提供更方便、快捷和安全的支付方式,促进数字经济的发展。

4.2.5 数字人民币与其他在线支付方式对比

通过本章的介绍,可以发现数字人民币和其他在线支付工具,如微信支付和支付宝的使用方法几乎一样,都是扫描二维码完成支付交易的。但是二者之间也有很多的不同。

(1)法律效力。数字人民币是法定货币,具有法定货币的地位,可以在全国范围内使用,并且受到央行的监管;而微信和支付宝支付是一种电子支付工具,属于商业性质的第三方支付服务,其使用范围受限于商户的接受程度。

(2)监管机制。数字人民币具有法定货币的地位,受到法律的保护和监管;微信和支付宝支付则作为第三方支付工具,遵守相关支付和金融监管规定。

(3)转账机制。数字人民币的转账是基于央行的账户体系,用户之间的转账是直接的,无须中间环节;微信和支付宝支付则是基于用户在这些平台上建立的账户体系进行转账,需要用户之间建立连接和授权。

需要注意的是,数字人民币与支付宝、微信支付等移动支付手段并非互斥关系。在中国,数字人民币可以与支付宝和微信支付等第三方支付工具结合使用,以提供更多便捷的支付方式,并为用户提供更多选择。

4.3　区块链跨境支付和电子发票

4.3.1　传统跨境支付问题

传统跨境支付与结算过程涉及大量中介机构，包括银行、第三方支付平台、托管机构等，信息传递的效率与成本都极高。图 4-3 所示为传统跨境支付的实现流程。

图 4-3　传统跨境支付的实现流程

传统跨境支付的一般流程为支付方通过金融机构填写支付金额的申请表，金融机构利用币种清算系统和第三方机构最终实现支付业务，一般此交易流程将经历 3~5 个环节，耗时 2~3 日才能完成。传统跨境汇款因为涉及更多的参与机构、法律法规及汇率等问题，使得汇款过程很复杂，主要体现在以下几点。

（1）贸易交易时汇款所需时间很长，不能立即到账。

（2）高额手续费，涉及大额和借贷业务时需要大量的人工审核（KYC）参与。

（3）在安全方面存在漏洞威胁，客户数据存在被泄露的风险，银行也面临着资金被黑客盗走的风险。

（4）缺乏可信的商业行为数据，且数据不连贯，信息在多个主体间不互通，难以得到真实可信的公司整体结构样貌。

4.3.2　跨境支付场景引入区块链

将区块链技术应用至跨境支付，借助区块链技术的去中心化账本，以及点对点技术，打通当前跨境支付中存在的诸多中间环节，这可以很好地改善现状并构建可信交易，图 4-4 所示为基于区块链技术的跨境结算方式。

一方面借助区块链技术，在跨境支付时，付款方与收款方只需在加入区块链网络的支付系统中填写转账申请单，由于收款与付款支付系统在同一区块链网络中并且维护同一份账本，基于区块链的点对点技术可以使交易快速实现，原先可能需要 2~3 天完成的交易，在区块链网络中最多只需几分钟就能实现，极大提高了效率。另一方面，传统的跨境支付用户申请转账时需要填写详细的个人信息，这些个人信息在经过多次中转时极有可能泄露，造成不必要的麻烦。基于区块链技术，用户在网络中所有的操作行为都具有匿名性，只有发送方和接收方能够识别，从而保证了用户身份的安全。

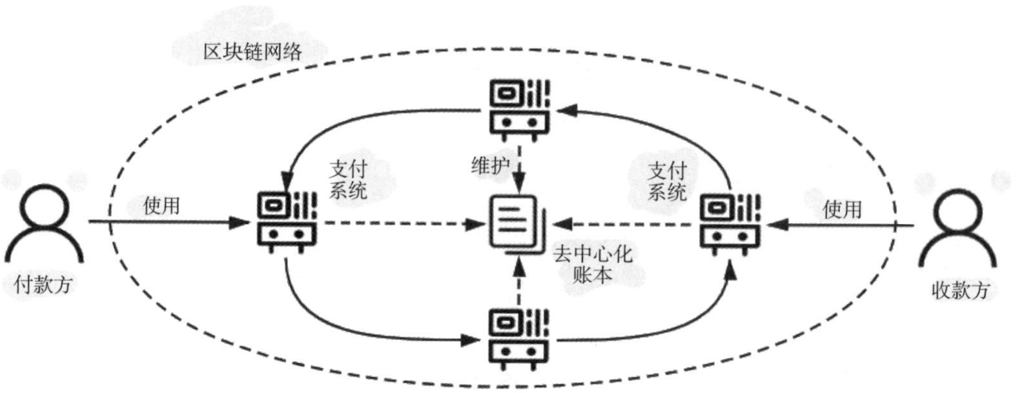

图 4-4　基于区块链技术的跨境结算方式

4.3.3　跨境支付案例

1. 应用案例一：区块链平台 Corda

由高盛 Goldman Sachs 和摩根大通 J.P. Morgan 等财团组成的 R3 区块链联盟率先尝试将智能合约应用于资产清算，并在 2016 年成立了 Corda 分布式账本平台。使用 Corda 分布式账本平台，利用智能合约技术实现点对点清算流程，可以解决传统清算方式需要设计大量机构完成复杂审批和对账所导致的效率低下问题。目前，已有超过 200 家银行、金融机构、监管机构和行业协会参与了 Corda 上的清算结算测试。R3 自 2015 年成立以来，一直致力于借助区块链技术来脱离特定第三方的金融交易平台。R3 的分布式账本分别由 Chain、Eris Industries、以太坊、IBM 和英特尔 5 家公司提供。账目托管在微软、IBM 和亚马逊 3 家云存储平台上。Corda 是 R3 推出的利用区块链技术记录和管理“金融合约”的分布式账本。Corda 不采用全局共享数据，只有在合约范围内的合法参与主体才可见，且没有中心控制节点来干预参与主体之间的流程。2018 年 4 月，汇丰银行（HSBC）与荷兰国际集团（ING）利用区块链 R3 Corda 平台为农产品巨头 Cargill 将一批大豆从阿根廷出口到了马来西亚。作为一家进出口商，Cargill 日内瓦代表 Cargill 阿根廷出售大豆，Cargill 新加坡则代表 Cargill 马来西亚购买商品。相比于通常的 5~10 天的交易时间，这次账务交易只用了 24 小时。在该过程中，信用证 LC 模块是在区块链上进行的，这宣告了区块链技术被首次正式用在实时贸易金融交易中。

2. 应用案例二：支付宝区块链跨境支付解决方案

1）应用背景

2018 年 6 月，蚂蚁金服联同菲律宾电信公司 Globe 旗下的小额支付系统 GCash 推出应用支付宝区块链技术的跨境汇款功能。这是全球首个跨电子钱包的区块链汇款服务，目前主要应用在中国香港与菲律宾之间的个人转账业务上。

2）方案特点

（1）区块链身份证与银行 KYC 结合。区块链身份证基于共识机制、多方验证，具有不可改变、移除、伪造的特点。因此银行的 KYC 过程可以提升效率和可信度。

（2）联盟链开展合作。银行、机构间可以拥有共享账本，交易记录可以交叉确认、保持透明，并据此履行合约，从而降低风险和成本。

（3）智能合约与交易、支付流程结合。交易中的部分环节在满足一定条件后可按照代码化的智能合约自动执行，提升了交易与支付的效率。

（4）征信形成体系。以行业龙头切入，区块链可以建立真实且可追溯的行业数据，久之可发展成一个行业征信、行业运行数据体系。这是监管部门、金融机构、行业同业都亟需的可信数据库。

3）方案效果

区块链技术，有效提升了跨境转账的速度，大幅度降低人力物力成本，提升交易过程的透明度。以蚂蚁区块链为例，其自主研发的金融机构区块链引擎可以支撑该服务账户，且用户容量达到 10 亿级规模。

4.3.4　传统发票问题

“假票真开，真票假开”一直都是传统发票领域的痛点。对于报销企业而言，最担心的莫过于“一票多报”和“假发票”等问题。许多公司存在管理上监控机制不健全，各项制度落实不到位的问题。而企业财务人员作为收票审核者，可能因工作流程不够规范，导致事务处理的灵活性较大，而在发票报销的问题上为公司埋下隐患。

4.3.5　区块链在电子发票场景中的技术优势

区块链可以让数据跑起来，大大精简办事流程。而区块链能实现这一效果，得益于其分布式技术，该技术可以让多机构、多部门集中到一个链上，所有办事流程都交付智能合约，办事人只要在一个部门通过身份认证以及电子签章，智能合约就可以自动处理并流转，顺序完成后续的所有审批和签章。

传统的电子发票依赖于有限的数据维度，获得信息的方式非常单一（通常是纸制汇报）、不全面，且获取的信息内容有一定滞后性。区块链不可篡改的特性使链上的数字化证明可信度极高。因此，在电子发票业务管理中可以利用区块链建立安全、透明的认证机制，提高电子发票场景的管理水平。

4.3.6　电子发票案例

深圳市于 2018 年落地了基于区块链技术的“智税”创新实验室，借助分布式记账、多方共识和非对称加密等技术，推出一套全新的电子发票标准。这套区块链电子发票有别于传统电子发票与简单的电子发票上链，它将“资金流”和“发票流”合二为一，将发票开具与线上支付相结合，打通了发票申领、开票、报销和报税全流程。

1. 方案特点

（1）业务链：优化发票申领、开票、报销和报税全流程。税务机关在税务链上写入开票规则，将开票限制性条件上链、实时核准和管控开票；开票企业在链上申领发票，并写入交易订单信息和链上身份标识；纳税人在链上认领发票，并更新链上纳税人身份标识；收票企业验收发票，锁定链上发票状态，审核入账，更新链上发票状态，最后支付报销款。

(2)分布式记账:连接每一个发票干系人,解决诸多痛点。区别于传统电子发票,该项目依托分布式记账、多方共识和非对称加密等机制,具有不可篡改、不可双重支付、信任传递、以加密和数据隔离等方式创新隐私保护策略等优势。

2. 方案成果

该项目提供的区块链赋能的电子发票具有诸多好处:一是借助区块链技术确保发票的唯一性和不可篡改性,避免一票多报、虚报等问题;二是实现信息传递,发票全流程信息上链,解决了发票流转过程中的信息孤岛问题,在实现可查、可追溯的基础上,降低公司审核和部门监管的难度,促进信任的传递;三是实现了无纸化报销,低碳环保,不需要购买任何硬件设备和税控设备,节约成本,回归"交易即开票",使发票成为商事活动交易凭证的本源。已经有上百家企业使用该项目成果,包括沃尔玛、招商银行、银联、万科物业、深圳地铁等。

4.4 区块链信息平台和知识产权保护

4.4.1 区块链信息平台概述

区块链信息平台是指利用区块链技术构建的一个平台,用于存储、管理和传输各种类型的信息。它基于区块链的分布式账本和智能合约功能,提供了安全、透明和可信的信息管理和交换环境。区块链信息平台推动了相关行业的创新和进步。

比如 FUNJI(欢集)区块链公益信息平台,通过提供透明、规范、高效的功能,促进了公益事业的发展。它为公益组织、捐赠者和公众提供了更加开放、透明和互动的平台,推动了公益事业的创新和进步。其可以将明星及其粉丝参加公益活动的相关信息上链,所有人都可以查询链上记录,利用区块链技术的特性促进公益事业的发展。

4.4.2 区块链信息平台作用

区块链信息平台利用区块链的可追溯、防篡改、隐私安全等特性,搭建具备监管性、追溯性、可信性的数据安全信息平台。区块链信息平台通过提供高透明度、高可信度的功能,促进区块链技术的应用和推广。它为用户提供了更好的参与和理解区块链生态系统的方式,并为决策者、开发者和投资者提供了有价值的数据。此外,区块链信息平台还有助于推动行业规范发展,维护市场的健康和稳定。

区块链信息平台可应用于各种领域,如金融、供应链管理、医疗健康、知识产权等。它提供了一种安全、高效和可信的方式来存储和管理信息,并促进信息共享和交换,从而优化数据管理方式和业务流程。

4.4.3 知识产权保护概述

随着互联网的不断发展,人们的生活已经与互联网密切相关。在日常生活中,越来越多的网民愿意在网络上发布文章和视频,自媒体等新兴产业也应运而生。但是,随着网络冲浪的速度越来越快,数字版权和存证的重要性也日渐凸显。由于目前针对网络资源,如短视频、文章还没有健全的法律体系,网络抄袭和侵权问题日趋严重,因此我们经常在一些视频平台中看到维权和自证清白的视频。如何保护新时代下个人及集体的数字版权成为挑战。

针对此类问题，2020 年 4 月 9 日，中共中央、国务院印发《关于构建更加完善的要素市场化配置体制机制的意见》（以下简称《意见》）。《意见》指出："探索建立统一规范的数据管理制度，提高数据质量和规范性，丰富数据产品。研究根据数据性质完善产权性质。制定数据隐私保护制度和安全审查制度。推动完善适用于大数据环境下的数据分类分级安全保护制度，加强对政务数据、企业商业秘密和个人数据的保护。"

将区块链技术引入现有数字版权认证中，利用区块链分布式架构、数据确权的能力、与密码学融合保证数据隐私安全的天然优势，从数据开放共享、数据作为资产发挥价值、保护数据隐私安全等方面发挥效能。区块链技术在知识产权保护方面具有以下技术优势。

1. 不可篡改的存证

区块链的不可篡改性和去中心化特性可以用于存证和保护知识产权。通过将与知识产权相关的信息，如版权、专利、商标等，存储在区块链上，可以获得带有时间戳且不可篡改的证据，用于维护权益和防止盗用。

2. 去中心化的版权管理

区块链可以实现去中心化的版权管理，消除了对传统中心化版权管理机构的依赖。通过智能合约，可以实现版权的自动授权、授权管理和收益分配，提高版权保护的效率和准确性。

3. 去中心化的溯源和防伪

区块链可以用于产品溯源和防伪，保护知识产权不受侵犯。通过将产品相关信息存储在区块链上，并使用物联网技术等手段记录数据，可以实现产品的全程追溯和防伪验证，保护品牌和消费者权益。

4. 智能合约的自动执行

区块链的智能合约功能可以用于自动执行知识产权的许可合约，实现使用权的授予。智能合约可以在满足特定条件的情况下，自动执行知识产权的许可合约，确保权益得到维护，减少纠纷和侵权的风险。

5. 去中心化的创意交易市场

区块链可以建立去中心化的创意交易市场，促进知识产权的交易和交流。通过区块链技术，可以实现知识产权的安全转让、许可和销售，为创作者提供更多的机会和灵活性。

4.4.4　区块链知识产权保护流程

区块链技术具有去中心化、共识机制与分布式记账等特点，这些特点使其具有不可篡改的特性，与电子数据存证的需求天然契合，在知识产权保护信任层面具有天然优势，并且区块链技术可以降低电子数据存证成本，方便电子数据的证据认定，提高司法领域的诉讼效率。区块链知识产权保护流程如下。

（1）创作者作品存证。

（2）区块链认证平台返回存证结果。

（3）创作者向版权局申请作品登记证书。

（4）作品登记证书上链。

（5）监测中心发现侵权。

（6）日常维权。

（7）拒不停止侵权。

（8）侵权证据上链。

（9）创作者提交电子证据。

（10）校验电子证据。

（11）司法机构快速执法。

（12）留档备份上链。

4.4.5 知识产权保护案例

百度超级链版权解决方案。

1. 方案简介

传统版权保护方式普遍落后，无法满足数字内容的确权、取证、维权等方面的需求。其行业痛点包括缺乏规范统一的版权存证机制、维权成本高、电子证据的认定难、缺乏透明的记录和监督等。

百度超级链为内容平台的原创作者颁发数字证书作为版权存证，将图片、视频、文字信息的版权信息永久写进区块链，并结合百度自身领先的 AI 盗版检测技术，打造了一个完整的版权检测系统，让创作者的作品在传播过程中可溯源、可监管，得到更好的版权保护。

2. 方案特点

百度超级链版权解决方案系统架构分为三层，从下至上依次是基础层、服务层和平台层。

（1）基础层基于 XuperChain 技术构建存证链，将内容版权行业需要公信力或透明性的登记确权、维权线索、交易信息等存储在存证链上。存证链默认采用超级链的 DPoS 机制，分布式账本由百度、内容机构、确权机构、维权机构等节点共同维护和背书，具有强大的公信力。

（2）服务层主要构建图片 Tagging、图片搜索、盗版检测等基础服务。图片 Tagging 基于百度权威知识图谱构建标签体系，利用精准的图像理解、图文理解等前沿 AI 技术对图片进行智能理解、识别并自动生成标签。

（3）平台层为用户提供登记存证、分发交易、维权取证等服务。用户通过平台层将自主产权图片提交到百度图腾平台后，平台首先将对作者信息和图片信息进行可信时间戳的计算，即进行第一重的信息存证；然后再将作者信息（关键信息加密保护隐私）、图片信息、可信时间戳信息和上链时间（区块链系统生成），统一记录到区块链中，利用区块链不可篡改、联盟伙伴共同记录背书的特性，进行第二重的信息存证。

3. 方案成果

基于人工智能和大数据技术，百度超级链版权解决方案研发了版权侵权监测系统，支持全天候版权侵权实时监测，识别准确率超过 99%，覆盖全网千亿规模的数据，最快 2 小时产出万张图片版权监测报告。此外，百度超级链版权解决方案研发了在线维权系统，打通司法服务环节，具备法律效力。

4.5　区块链产业应用案例

4.5.1　区块链在金融领域的技术优势

近年来,创新与变革一直是金融领域的主旋律。在求变上,金融机构一直在寻找一个能够在互联网上建立信任的机制,区块链技术天然适配了这一需求。借助区块链技术可以将金融信任由传统的中央信任机制或双方互信机制延伸到多边共信及社会共信的更高层级,拓宽了金融领域的应用范围。目前,常见的场景包括跨境清算、中小微企业的贸易融资、银行客户身份识别等。中国人民银行原行长周小川曾表示:"央行认为科技的发展可能对未来支付业务造成巨大改变。央行高度鼓励金融科技发展。数字资产、区块链等技术会产生不容易预测到的影响。在发展过程中出现的问题,需要进行规范。"

区块链的天然账本属性使得其在金融领域有显著的技术优势:区块链提供的点对点、去中心化平台创造了一个效率更高、成本更低的交易环境;建立在密码学、数学上的可追溯、不可篡改、公开透明的分布式账本亦可便于查验和监管。同时,区块链的智能合约技术不仅可以利用自动执行的代码封装节点复杂的金融账本,以提高自动化交易水平,而且可以将区块链上任何资产写进代码或进行标记以创建数字资产,实现可编程货币和可编程金融体系。

区块链在金融行业的应用,是对金融行业的一次革新。区块链的去中心化账本技术,让金融行业所有的参与方既是信息的发送方又是信息的接收方,在保证地位平等的前提下共同维护同一份账本。区块链的数据不可篡改特点,保证存储的数据真实性与有效性。区块链技术的非对称加密技术,保证了信息与用户身份的隐蔽性。区块链技术的以上特点与金融行业相适配。表 4-1 为区块链技术与金融行业创新结合的示例内容。

表 4-1　区块链技术与金融行业创新结合的示例内容

区块链特征	说明	对传统金融业发展的突破
去中心化	采用分布式的计算和存储方式,脱离了中心化的管理模式,参与业务方地位平等,系统数据由所有节点共同维护	参与金融业务的双方无须借助中心化的第三方完成交易操作,只需要借助节点维护的共识机制进行价值转换。区块链技术解决了目前存在的庞大第三方数据存储与处理中心节点问题,规避了由于攻击而带来的风险,降低了中心化业务中节点维护的成本,从机器层面提高了交易的可信度
透明性	区块链系统账本数据由所有节点共同维护,数据公开,任何人都可以查看与验证账本中的数据,实现系统信息高度透明	金融本质是一种信用经济,为了维护信任,传统中心化的金融行业催生了诸多低效的中介机构,包括托管机构、第三方支付、公证人等。区块链技术运用加密认证和去中心化共识机制,使参与方即便无需相互信任,也能共同使用一个统一的账本,确保资金和信息安全与公开透明,提升社会对金融行业的信任度

续表

区块链特征	说明	对传统金融业发展的突破
自治性	基于区块链智能合约技术,在系统中植入经协商一致形成的规范和协议,这些协议因区块链特性而不可修改,在此基础上让系统中所有的参与节点都能够自由安全地交换数据	传统合约的参与方需要借助第三方公证机构保证合约的真实性以及评判参与方是否违约。借助区块链智能合约能够通过机器自动化的方式脱离第三方机构,实现数据自治,将目前金融活动中对"人"的信任变为对机器的信任
数据不可篡改性	基于区块链的数据存储方式,一旦信息经过验证上链,就会永久存储于账本中,不可篡改。因此,区块链数据的稳定性与可靠性极高	采用区块链技术可以很好地保证金融行业中用户账户的安全性,防止篡改
匿名性	借助区块链技术的非对称公私钥加密技术,交易双方无须在网络中暴露自己的真实信息,只需通过签名与验签的方式保证数据的来源真实有效	在传统金融交易中,用户需要提交繁杂的个人信息资料,由于目前网络中存在诸多攻击,这极其容易导致个人信息泄露,借助区块链匿名性的特点能够很好地解决此类问题

随着区块链技术的发展,央行、摩根大通、汇丰银行等国际顶级金融机构都开展了基于区块链应用的研究与探索,自 2020 年以来,去中心化金融(Defi)更是成为了区块链领域的绝对明星赛道。相对于传统的金融行业,区块链金融能够从安全、效率、互信建立等方面提供优秀的解决方案。

4.5.2 区块链在供应链金融中的应用

供应链金融(Supply Chain Finance, SCF)是商业银行信贷业务的一个专业领域(银行层面),是指银行围绕核心企业,管理上下游中小企业的资金流、物流和信息流,并把单个企业的不可控风险转变为供应链企业整体的可控风险,通过立体获取各类信息,将风险控制在最低水平的金融服务;也是企业尤其是中小企业的一种融资渠道(企业层面)。以上定义与传统的保理业务及货押业务(动产及货权抵押和质押授信)非常相似。但它们之间有明显区别,即保理和货押只是简单的贸易融资产品,而供应链金融是核心企业与银行间达成的一种面向供应链所有成员企业的系统性融资安排。这些核心企业往往规模较大、实力较强,所以能通过担保、处置出质物或承诺回购等方式,保证与其贸易的企业有稳定的资金流,保障自己和整个供应链有良好的供货来源和分销渠道。

供应链金融的理念是以源自企业的应收账款为底层资产,通过区块链技术实现债权凭证的转让拆分。当原始资产上链时,相关机构(如银行等)通过对应收账款进行审核校验,确认贸易关系和身份真实有效,保证上链资产的真实可信。债权凭证可基于供应链进行层层拆分与流转,可完整追溯到最底层资产,以实现核心企业和金融机构对供应商的"信用穿透"。

这不但解决了以往融资过程中纸质文件过多带来的审核效率低下问题,而且也帮助同一条供应链上的融资实现标准化和统一化。区块链的应用实现了信任在不同参与方之间高效传递,发挥了仓单作为数字资产的流通价值和金融工具属性,提高了整个供应链上诚信商家的信贷效率。图 4-5 所示为供应链金融在中小企业的融资场景。假设有一个需求:企业需要和一个中小企业(供应商)签订金额为 1 000 万元的采购订单,采购周期为 12 个月。该企业生产这笔订单实际的成本为 600 万元,但是由于规模有限,该企业生产成本不足,这个时候该企业会找融资机构贷款。融资机构收到贷款请求后将作出响应并进行审核,审核通过后融资机构会给该企业贷款 600 万元并收取一定的利息(暂定为 100 万元)。拥有订单的启动资金后该企业就可以生产并完成订单了。正常情况下,供应链金融的三方,包括需求方、供应方、贷款方都将获利,需求企业和供应商可以正常开展业务,融资机构通过贷款收取利息。

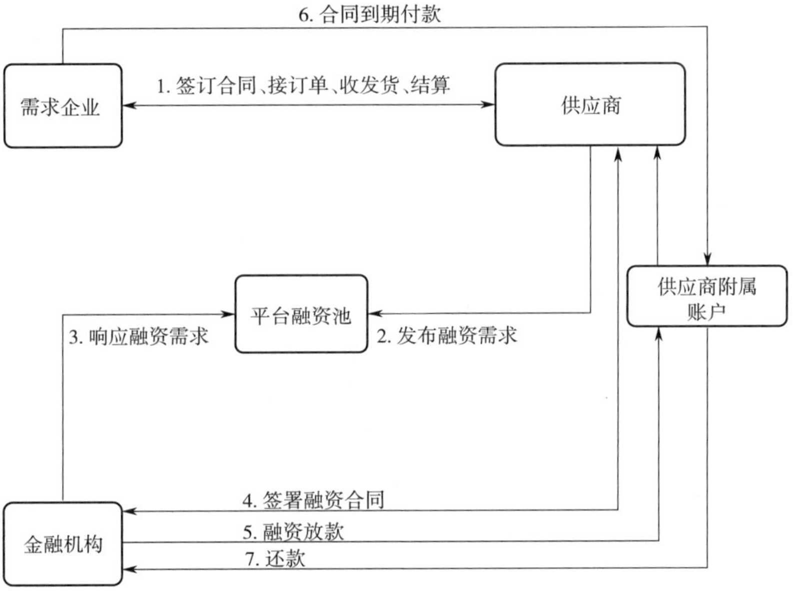

图 4-5　供应链金融在中小企业的融资场景

但是,如果在上述流程中存在欺诈行为,包括隐瞒交易流信息、作假凭证等,极有可能造成金融机构给供应商贷款后,贷款无法偿还等情况。如 2014—2017 年,钢贸行业发生严重信用危机,多家钢贸企业的虚假仓单、一货多押等欺诈事件被曝光。相关人员质押爆仓最终携款潜逃,致使整个钢贸行业信用跌入谷底。在大宗商品的贸易融资过程中,由于其本身不易转移等特性,需要多层监管,在这种业务模式中,银行面临着重复质押、货权不清晰、押品不足值、监管不透明、预警不及时等一系列风险。与此同时,中小企业由于天然的主体信用资质不足,缺乏有效担保,融资业务进展缓慢。

所以,金融机构在考察该贷款企业以及该企业所属的供应链上下游经济情况时,往往会投入大量的人力物力用于收集足够的信息,确保真实性,这个过程非常低效以及耗费时间。供应链中存在的监管问题如图 4-6 所示。

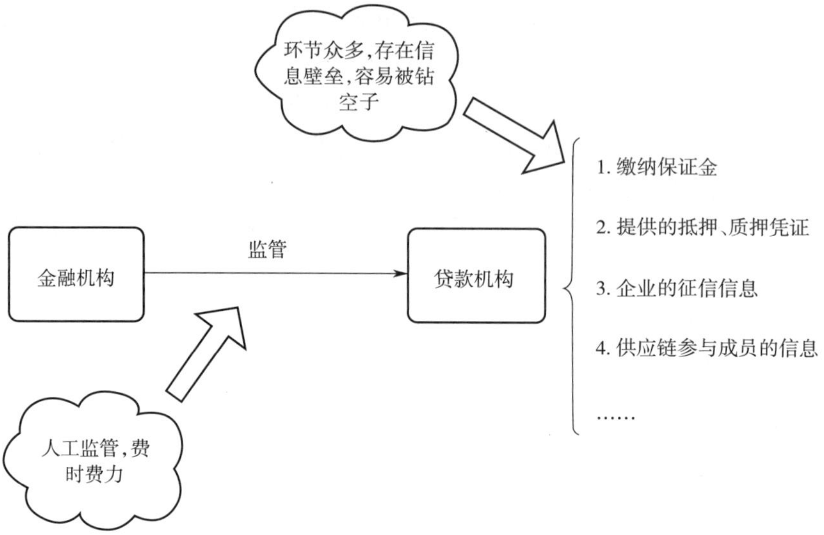

图 4-6　供应链中存在的监管问题

基于以上痛点,在现有供应链金融中植入区块链技术,借助区块链的去中心化账本技术,以及数据不可篡改特性,让信息参与方的数据上链后公开透明以及可信。区块链智能合约技术,通过机器自动执行的方式规定了供应链金融的业务流程,弥补了由于人为因素导致的漏洞。在实际业务中,供应链中的供需企业、担保公司、投资与资产管理者均作为参与方加入区块链网络,以去中心化账本的方式记录信息,保证数据的真实有效,如图 4-7 所示。

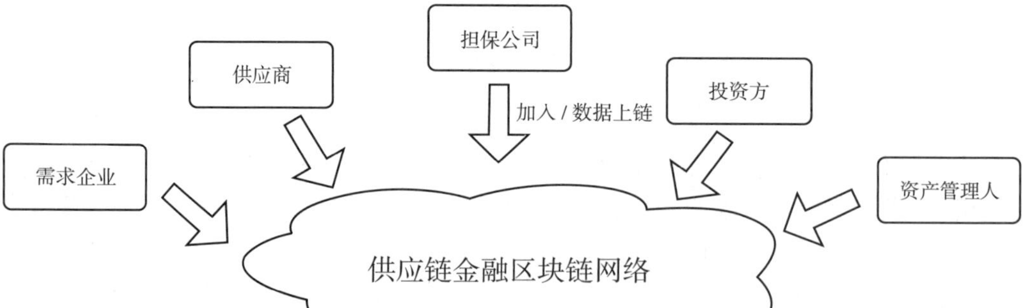

图 4-7　区块链针对供应链金融的解决方案

4.5.3　区块链供应链金融应用案例

腾讯云融资易区块链解决方案。

1)应用背景

腾讯云的融资易项目是一套动产质押区块链登记系统的解决方案,用于促进大宗商品电子仓单区块链化,对仓储进、管、存各环节业务数据进行采集并上链,最终形成数据可溯源、不可篡改、真实可信的区块链电子仓单。其支持电商、交易所及保险、证券等专业机构基于大宗商品仓单的供应链金融业务,项目落地时间为 2019 年 4 月。

2)方案特点

(1)数字仓单:利用区块链技术实时将仓单信息上链,为交易中的资产持有方提供有效风控手段,向资方证明数据真实可靠,防范金融风险。

(2)仓库智能监管:区块链结合模式识别和人工智能,实现质押、监管与实际物理操作紧密配合;同时借助工业物联网技术为对象赋予统一标识,实现一物一码。

(3)解决银行可信数据缺失问题:通过区块链技术将 IoT(Internet of Things,物联网)数据及时上链,有利于银行等投资方对资产的状态、位置以及物流信息的实时监管和准确评估,弥补了银行可信数据不足的痛点。

3)项目效果

该项目通过实现仓单标准化和规范化,保障仓单信息的真实性、完整性和及时性,大幅提升仓单信用效力,打通供应链上企业和金融机构的信任通道。基于区块链的可信资产数据有助于实现资产的公开透明化,提升资产池内资产对投资方的吸引力;同时有助于投资方将重心放在资产本身的表现上,从而降低投资方对债项主体的资质要求。

4.5.4　区块链在医疗健康领域的应用

医疗健康是民生工程之一,我国一直以来都高度重视医疗健康产业。但是目前医疗健康产业仍然存在数据壁垒、信息孤岛等问题。

以患者为例,他们对个人电子病历和健康医疗数据的获取一直都有很大的需求,但目前国内的电子病历系统在很大程度上无法满足需求。首先,在现有体系下,患者的个人健康医疗数据是由不同的医院或企业管理的,难以实现数据的交互与协调管理。其次,患者个人健康医疗数据具有一定价值,本质上归患者所有,但是管理数据的企业往往因为经济利益将这些数据占为己有,患者无法掌控和管理自己的个人健康医疗数据,也无法对自己的数据进行访问控制、权限设定。最后,健康医疗数据的安全性和有效性较大程度上依赖于机构或企业的中心数据库,一旦数据库遭到攻击,健康医疗数据就会损坏,难以恢复,更有甚者为追求商业利益,泄露和贩卖用户的数据,对患者隐私和安全造成危害。

显然,这种中心化的管理方式和分散的数据存储方式已不是医疗健康行业的最佳选择。对于医院、医学研究等机构来说,健康医疗数据在医院发展、临床服务、临床科研、药物研发等领域都有巨大的应用价值。但是医院作为健康医疗数据的主要提供方,对开放健康医疗数据的态度始终是不坚定的。健康医疗数据应用于民生服务场景时,在互通共享及业务办理过程中存在出现纠纷无法追溯、责任难以界定的问题;在现有数据共享模式下,数据安全性、用户隐私性等面临挑战，而且缺乏有效的信任体系来驱动各方参与；存在医患关系亟须改善等现实问题，也有解决数据共享中各类痛点的迫切需求。

“区块链+医疗健康”利用区块链的全流程可追溯、防篡改、隐私保护安全等特性，搭建可监管、可追溯、可信任的数据安全流转通道，保证健康医疗数据（电子病历、健康档案、公共卫生监测信息、电子处方等）安全可信地被多方共享和流转，实现跨机构、跨系统的数据协同和业务协同。同时，“区块链＋医疗健康”提供基于区块链的场景应用服务，为卫健委、疾控中心、医保局等政府垂直管理单位，以及医共体、包含总院及分院的大型医疗机构等解决“行业监管＋民生服务”方面的诸多问题和痛点。

区块链等新兴前沿技术的快速发展为健康医疗数据的安全保障和个体数据“脱敏”插上了翅膀，为实现健康医疗数据有序流动和共享奠定了基础。充分发挥区块链的技术特性，可实现电子病历、健康档案、电子处方等个人健康医疗数据的摘要信息、源文件信息在链上授权流转，为各参与方提供基于区块链的医共体等区域协同平台及个人健康医疗数据查询服务、区块链电子处方流转服务、患者及患者家属在线确认签字服务、商保快赔等民生场景应用，满足各方需求，为所有人提供更加智能、便捷、优质的公共卫生医疗服务。

医疗健康领域存在的待解决问题如下。

（1）数据量大。海量的健康医疗数据的存储和共享，对于传统底层数据库系统是一个重大的挑战。

（2）数据容易泄露。个人数据的隐私保护问题、数据交换的安全认证问题还未得到解决。在数据分享过程中，还需明确数据所有权，让数据合理合规地被使用。

（3）现有业务缺乏标准。现有健康医疗数据收集缺乏统一标准，医院之间的信息不互通、不互认、不互信，进一步影响了就诊体验和医疗服务水平。

4.5.5 区块链在医疗健康领域的应用案例

应用案例一：疫苗存证溯源区块链平台解决方案。

1. 方案简介

疫苗生产造假一直以来都是社会关注的焦点，涉及孩子安全和健康的问题，让无数父母担忧。据调查，疫苗安全事件既存在生产环节的造假问题，也有流通环节监管不到位的问题。

针对以上问题，江苏恒为信息科技有限公司开发了疫苗存证溯源区块链平台。该平台通过将每一支疫苗的数据凭证化，把生产、运输、使用各环节的信息上链，使接种人获得疫苗的全流程信息，使监管方更加有效地实施监管。

2. 方案特点

（1）生成疫苗通证：在生产环节该平台会为每一支疫苗生成唯一的非同质化通证（NFToken），与电子监管码一一对应，用来追溯疫苗流转的全过程。

（2）疫苗流转全程追溯：利用区块链不可篡改、可追溯等特性，可使生产、运输到接种全流程信息在满足有关信息安全条例的基础上做到可追溯、易监管。

（3）用户终端溯源：疫苗接种者可在 App 上查询自己接种的疫苗的完整信息。

3. 方案成果

通过区块链技术搭建的疫苗存证溯源平台可完整记录生产过程中的设备数据；在运输过程中通过扫码设备和定位技术，完整记录装卸和环境数据。区块链技术可实现数据透明、可追溯、实时监管，从而确保疫苗生产、冷藏、运输全环节透明、可信，为人民的健康安全保驾护航。

应用案例二：Doctor-X 医疗信息共享解决方案。

1. 方案简介

全球医疗数据以每年 48%的增长率增长，但是大部分数据都无法被患者和医疗系统访问，以“数据孤岛”的形式分散在各个医疗机构和相关部门。由此产生了医疗系统中信息不对称、医疗机构间很难进行有效的信息交换和共享、医疗事故追责困难、医疗资源分布不均衡、偏远地区就诊难等问题。

针对以上问题，迅雷链为泰国那黎宣大学旗下 490 多家医疗机构搭建了 Doctor-X 医疗信息共享平台。该平台为医院之间搭建了联盟链，将病历数据（获得患者授权后）规范化上链，帮助医院建立病历通用数据层，解决医疗系统的信息不互通难题，在保护病人隐私的同时实现信息互联和追溯，以及开展远程诊断。

2. 方案特点

（1）数据加密上链。病患的诊断记录和个人信息借助“密钥管理系统”加密后上链，一旦上链则不可篡改，真实可信。

（2）病患授权。患者转院到体系内的其他医院时，可在手机端授权医生查看自己之前的病历数据，真正做到将个人数据交回个人管理。

（3）联盟链。迅雷链搭建的联盟链，通过分布式模式进行权限管理，非授权用户不得访问，解决了传统区块链的数据隐私问题。

3. 方案成果

该区块链平台让所有信息清晰、可追溯、可查证，增加了违规操作的成本，为事后可能出现的医疗事故提供可信证据链。采用区块链技术对链上数据做密钥加密，充分保障了个人隐私安全，让信息合法、安全地为个人就医服务，为医疗研究创造价值。

4.6　区块链版权保护平台

4.6.1　区块链版权保护平台概述

区块链版权保护平台利用区块链技术的特性，提供了一种去中心化、透明和可信的方式来管理和保护数字内容的版权。它通过智能合约和分布式账本确保版权的安全和可追溯性，为创作者、版权持有人和内容使用者提供了一种新的解决方案。用户只需提交个人资料、完成身份认证后提交作品，即可通过鉴定机构检验作品是否侵权。作品审核通过后生成唯一哈希摘要。整个过程基于密码学的链上存证，实现数据隐私保护与机构监管双重保障。区块链版权保护平台的技术优势如下。

1. 版权登记

创作者可以在区块链版权保护平台上登记他们的作品版权信息。这些信息将被存储在区块链的分布式账本中，具有不可篡改、可追溯的特点。这样一来，创作者可以通过区块链上的时间戳证明他们是作品的原始创作者，并获得版权保护。

2. 作品交易

区块链版权保护平台提供了一个安全和透明的环境，使创作者交易作品更加放心。智能合约可以用来执行交易并确保交易的合法性和安全性。版权持有人可以设定作品的使用条件和费用，并通过智能合约自动执行这些条件。

3. 可溯源的使用权管理

区块链版权保护平台使得内容使用者能够获得明确的授权，以使用受版权保护的数字内容。使用权的细节和限制将以智能合约的形式存储在区块链上，确保内容使用的合法性和可追溯性。

4. 侵权监测和惩罚

由于区块链上的数据是不可篡改的，区块链版权保护平台可以用于监测和检测侵权行为。一旦侵权被确认，智能合约可以自动执行相应的惩罚措施，例如封锁侵权者的账户或追索经济赔偿。

4.6.2 区块链版权保护平台——纸贵科技

纸贵区块链版权保护平台(以下简称纸贵版权保护平台)将版权、合同、赛事等信息存储在区块链的分布式网络中，永久有效，无法篡改。引入公证处、版权局、知名高校作为版权存证联盟链的存证和监督节点，保证随时可出具经国家认证的具有司法效力的公证证明。图 4-8 所示为纸贵版权保护平台首页。

图 4-8 纸贵版权保护平台首页

纸责版权保护平台的主要功能如下。

(1)区块链侵权取证。区块链侵权取证能够实时固化，保存侵权页面的电子数据，并上传至纸贵联盟链中。同时，取证经过公证处的公证后，会形成永久有效的、具备法律效力的侵权电子证据，供第三方检验，保证原创者的创作权益。也就是说，当发现有人侵犯版权时，可以先对侵权作品进行侵权取证。

（2）区块链版权存证。版权存证可对全类型证据进行保全，通过提取数据信息并上传至纸贵联盟链中，同步生成时间戳，完成存证。同时，存证将在公证处的公证下，形成具备法律效力的电子证据，更加简单高效。也就是说，可以随时将自己的原创作品上传到区块链上进行存证，以便未来维权时使用。

（3）作品登记证书。进行版权存证后，可以申请作品登记证书。作品登记证书可直接线上申请，提交的资料经版权局审核通过后，可获取纸质版证书，从而保护自己的原创权益。

除了上述功能，纸贵版权保护平台还提供了单独的企业服务，包括定制版权存证方案和版权证书等功能。

4.6.3 区块链版权保护平台——保全网

保全网提供基于区块链技术的电子数据存证与取证服务，充分满足金融、科技、教育、出版、电商等领域具有司法认可需要的电子数据保全需求，帮助当事人在诉讼、仲裁、政府监管等场景下便捷取得与提交电子数据证据，有效维护自身权益。图 4-9 所示为保全网首页。

图 4-9　保全网首页

1. 保全网的优势

（1）门槛低。保全网提供了简单易用的界面和操作流程，使用户能够轻松进行数字证据存证。用户无需具备专业的技术知识或经验，即可完成存证过程。

（2）案例多。作为知名的电子数据存证平台，保全网积累了丰富的存证案例。用户可以通过保全网查看和参考大量的成功案例，以了解如何有效地应用存证服务。

（3）易验证。保全网的存证数据具有不可篡改性，用户可以通过存证链和时间戳证明数据的完整性和真实性。存证证书和存证链的验证过程简单明了，任何人都可以轻松验证存证的有效性。

（4）接入快。保全网提供了便捷的接入方式，使用户能够快速使用存证服务。用户可以通过网页、API 等方式接入平台，无须复杂的部署和集成过程。

保全网以其门槛低、案例多、易验证和接入快的特点，为用户提供方便快捷的数字证据存证服务，帮助提高数据的完整性和可信度。

2. 保全网的产品服务

（1）存证确权。结合区块链技术，实时固化电子数据内容形成时间，支持在线签名，确保数据真实可靠，赋予文件法律证明效力。

（2）在线取证。支持网页、音视频、直播聊天记录等形式的取证，取证信息实时上链，保障取证规范。

（3）现场取证。支持对现场发生的客观状况进行取证，广泛适用于物业管理、各地施工、物流存证、道路交通纠纷等多种场景。

（4）侵权监测。7×24 小时全网监测，对图片、文字等进行相似度对比，对安全内容进行监测，快速发现侵权行为。

（5）公证与司法鉴定。支持在线申请纸质司法文书，提供电子数据保全公证、购买公证、赋予债权文书强制执行效力公证、司法鉴定等服务。

总的来说，保全网是一个提供数字证据存证、版权保护和网络安全等服务的综合平台。它利用先进的技术手段，确保数据安全可信，保护版权，并提供安全咨询和法律支持。

4.7 区块链供应链金融案例

4.7.1 区块链供应链金融案例背景

供应链金融是核心企业与银行间达成的一种面向供应链所有成员企业的系统性融资安排。这些核心企业往往规模较大、实力较强，能通过担保、提供出质物或承诺回购等方式，保证与其贸易的企业有稳定的资金流，从而保障自己和整个供应链有良好的供货来源和分销渠道。案例的背景如下。

（1）宝驰汽车有限公司（以下简称宝驰汽车）是特大型汽车生产企业。宝驰汽车采用区块链技术开展供应链金融业务，让其一级和 *N* 级供应商都能通过核心企业信用背书获得低成本的融资。

（2）奔牛金属制造有限公司是宝驰汽车的一级供应商，为宝驰汽车提供汽车生产所需的合金材料。

（3）南风化工有限公司是宝驰汽车的二级供应商，为奔牛金属制造有限公司提供化工原材料。

（4）大丰商业银行是宝驰汽车的合作金融机构，为宝驰汽车供应链中的企业提供融资服务。

4.7.2 区块链供应链金融案例业务流程

区块链供应链金融平台业务流程如下。

1. 参与企业、机构授权进入联盟链

本案例使用基于联盟链搭建的区块链供应链金融平台，首先授权业务流程中所涉及的各企业、机构加入联盟链。这些企业、机构需要提供相关资料，如企业注册信息、财务报表等,以便平台评估其信用和资格。

2. 核心企业获得资金授信额度

大丰商业银行为宝驰汽车开展业务提供所需的资金服务,并对其设置授信额度。根据大丰商业银行调查及与企业协商,确定授信额度为 1 000 万元,授信时间为 365 天。

3. 核心企业与一级供应商签订合同

宝驰汽车需要采购一批合金材料,现与长期合作的奔牛金属制造有限公司(一级供应商)签订《合金材料采购合同》,合同编号为 HJ201907,合同金额为 300 万元,应付账款期限为 100 天内结清。

4. 签订合同数据上链

宝驰汽车与一级供应商奔牛金属制造有限公司已完成线下签约,并且已收到货物,根据协商,公司采用应付账款的模式向奔牛金属制造有限公司支付货款。宝驰汽车在供应链金融平台创建应付账款,相关信息(应付账款金额、合同编号、付款时间等信息)需与签订合同一致,供资金方浏览和查询。

5. 应付账款拆分转让

奔牛金属制造有限公司与南风化工有限公司签订《合金材料原材料采购合同》,合同编号为 HJ201912,合同金额为 100 万元 ,拟通过拆分宝驰汽车的应付账款进行支付。完成线下签约后将相关信息上链。

6. 供应商向金融机构融资

核心企业的供应商可以使用当前有效的应收账款单进行融资(贴现),并向供应链金融平台上的金融机构申请融资。金融机构收到融资申请后,审核申请资料。

(1)南风化工有限公司可以使用《合金材料原材料采购合同》的应收账款单向大丰商业银行融资 100 万元。

(2)奔牛金属制造有限公司可以使用《合金材料采购合同》的应收账款单向大丰商业银行融资 200 万元(已拆分出 100 万元)。

供应商将应收账款债权以及担保权力和从属权利转让给金融机构,双方签订转让合同后,金融机构按转让合同中约定的放款时间放款给供应商。

7. 核心企业支付金融机构应付账款

宝驰汽车在还款日期之前向大丰商业银行结清账款,并在供应链金融平台对账确认。

供应链金融平台旨在提供更便捷、高效的资金流转和融资服务,促进供应链上各方的合作和发展。资金的有效流转有助于解决供应链上的资金问题,提高供应链的运作效率,同时为企业提供更多发展机会。

第 5 章　区块链创新应用项目设计

【本章导学】

区块链无疑是现今世界炙手可热的科技明星，当人人都在谈论一项科技及其应用（比特币、数字人民币、区块链金融）时，往往是机遇与挑战并存的。每一次科技的革新都伴随着重大的社会生活和经济生态变化，区块链作为一个具有颠覆性价值的科技也不例外。由于复杂的学术理论架构和创新的科技手段，区块链无疑是非常复杂且难以理解的。当一个难以理解的概念出现时，往往会有两种现象：一是感兴趣和尝试，二是恐惧和排斥，也不乏有人利用人们的认知盲点进行欺诈。因此，不管是区块链从业者，还是普通大众，了解区块链能够做什么，以及找到正确的标准来评估一个项目是不是“区块链项目”都是亟待解决的事情。在前面的章节学习中，我们已经解决了“区块链是什么?”“区块链能够做什么?”的问题，并详细介绍了区块链的各种科学技术原理，以及这些技术带来的分布式、去中心化、透明化、不可篡改、可编程、去信任化等特性；同时对区块链涉及的领域，如金融、供应链、政务、服务、存证及版权、卫生安全等也进行了介绍。

本章主要聚焦另一个关键问题：“如何评估一个项目是不是区块链项目?”我们从此出发，给读者提供一个简单易行的思路和一套完整的判断方法。目的是帮助读者辨别一个区块链项目的真假和类别，并发现适合区块链应用的行业。

【学习目标】

✧ 了解区块链应用的价值判断准则，能够判断具体系统应用的价值。

✧ 将区块链应用到具体场景，了解区块链技术的落地方案与细分规划。

✧ 了解结合区块链技术的创新项目设计，掌握项目设计的一般流程。

5.1　创新项目设计

5.1.1　创新项目设计概述

本章主要聚焦一个关键的问题：“如何评估一个创新项目是否适合应用区块链技术?”这里提到的创新项目是指利用新的技术、商业模式、产品或服务等创新元素，来解决现有行业存在的痛点或问题的项目。创新项目涉及不同领域和行业，如科技、文化、教育、医疗等，旨在解决现实中的问题或满足市场需求。创新项目设计是指为了解决现实问题或满足市场需求而进行的创新性项目的规划和设计过程。创新项目设计的关键要素包括问题定义、市场调研、创新解决方案设计、可行性评估、项目规划、原型开发、实施推广和持续改进。通过系统的设计和规划，创新项目能够更好地满足市场需求，实现商业和社会价值。

5.1.2　创新项目设计案例分享

2018 年东京垂直公墓建筑概念设计竞赛的获胜项目。

在介绍这个获胜项目之前先来了解一下关于墓地或者祭奠先人的方式存在的问题。这里列举两个普遍性的问题:第一,随着社会的发展,土地资源越来越少,而墓地往往占用大量的土地资源;第二,传统祭奠方式使用明火,极易造成安全隐患。而要解决这些问题,需利用创新性的方法打破传统方式的束缚。

东京垂直公墓建筑概念设计的获胜作品是由何伟立、曾吴静霆、马之若和龚奎毓四人设计的,他们的设计理念是“失去生命并不是真正的死亡,真正的死亡是被人彻底地遗忘”。该设计方案名为“墓园”。“墓园”是一座纪念和悼念场所建筑,其独特的设计理念旨在让人们更加深刻地思考生命与死亡的意义和价值。说到墓地的设计,就不得不谈到该团队对于墓地意义的一种理解。墓地不是为死者,而是为生者修建的。墓地存在的价值并不是因为死者需要一个存放尸骨的空间(死亡是唯物的,死去意味着一切都结束了,团队并不认可在天之灵的存在),而是因为生者需要一个纪念故人,慰藉心灵的空间。本质上,墓地只是提供了一个寄托人们思念的媒介而已。墓地也不是因为它自身的建筑形态或者材料而具有永恒性,而是由于人们的信仰,持续的精神寄托而获得了一定程度的“永恒”。

该项目将气球作为骨灰容器,运用气球漂浮的特点来利用垂直的空间。存放骨灰的气球,在场地内并非静止不动的,而是在不断地上升与更替的。在打破构筑物永恒性与冷漠感的同时,编织一个关于纪念与永恒的故事。东京垂直公墓建筑概念设计原型图如图 5-1 所示。

图 5-1　东京垂直公墓建筑概念设计原型图

项目设计的祭奠方式与传统方式完全不同,所有被放入墓地的气球,下方用一根光纤与地面相连,地面有一个具有倒计时功能的装置牵引着光纤,人们离开后便开始倒计时,让气球慢慢升高。当亲人朋友前来祭扫的时候,气球会停止上升,停留在当时的高度。如果没有人来祭扫,气球则会继续上升。气球上升的过程便象征着一个人被遗忘的过程,当某只气球被人彻底地遗忘,再也没有人前来祭扫的时候,这只气球便会被放飞,随着气流飘向高空。飘向天际的气球,会被全市所有人看到,这一景象表示这个逝者已被人遗忘,也就意味着逝者彻底死亡。同时也提醒看到此情此景的每一个人:在你生命里,是否也曾遗忘了某人。这是一个非常浪漫且有思想的概念设计。

这个项目利用垂直空间既解决了土地资源紧张问题,又改变了祭奠方式,还解决了传统行业存在的问题。整个项目的想法非常新颖,综上所述,这个项目是一个典型的创新项目设计。

5.1.3 创新项目落地案例

落地创新项目是指将创新的理念、技术或解决方案实际应用于现实生活或商业环境中,使其真正发挥价值和影响力的过程。现实生活中其实有很多创新项目落地的案例,比如美团外卖、腾讯会议、共享单车等。

这里主要介绍美团外卖。美团外卖是一家知名的在线外卖订餐平台,由美团公司运营。美团公司最初是一家团购网站,随后逐渐发展成一个综合性的本地生活服务平台,其中美团外卖是其重要的业务之一。美团外卖允许用户通过手机应用程序或网站选择附近的餐厅点餐,并进行在线支付,提供了便捷的用餐解决方案。美团外卖广泛覆盖中国各大城市,其美食品类包括中餐、西餐、快餐、甜点等。

除了外卖服务,美团外卖还提供一系列优惠活动、折扣券和会员权益,以吸引更多用户。此外,美团外卖还与许多餐厅建立合作关系,为商家提供了一个在线销售渠道,帮助他们扩大业务范围。

美团外卖作为一家在线外卖订餐平台,对传统餐饮行业产生了积极的影响,并为其提供了一些解决方案。

(1)数字化转型。传统餐饮企业在过去通常以实体店面为主,在营销、订单管理、数据分析等方面存在挑战。美团外卖通过提供在线平台,帮助传统餐饮企业进行数字化转型,让其能够更好地与消费者互动和交易。这使得传统餐饮企业能够更加便捷地接触到大量的潜在顾客,扩大了它们的市场覆盖面。

(2)增加曝光率。对于传统餐饮企业来说,吸引顾客的关键是提高曝光率。而美团外卖作为一个广受欢迎的外卖平台,拥有大量的活跃用户群体。通过加入美团外卖平台,传统餐饮企业的产品和服务得以展示给更多潜在顾客,从而增加了曝光率,提高了品牌认知度。

(3)提供配送服务。传统餐饮企业通常没有专门的配送服务。美团外卖为它们提供配送服务,使其无须自己组建配送团队,减轻了运营负担。这也为传统餐饮企业提供了一个外卖销售渠道,让它们能够更好地满足消费者的外卖需求。

(4)数据分析与优化。美团外卖通过大数据分析,为传统餐饮企业提供消费者的喜好和购买行为等数据。这些数据对于传统餐饮企业来说是宝贵的市场信息,能够帮助它们了解消费者需求,优化菜单,提高服务水平和运营效率。

(5)营销和促销。美团外卖常常推出各种优惠和促销活动,吸引更多用户在平台下单。

通过参与这些活动，传统餐饮企业可以吸引更多新顾客，同时也有机会与现有顾客建立更稳固的关系。

总的来说，美团外卖为传统餐饮行业实现数字化转型、提高曝光率、提供配送服务、进行数据分析与优化等提供了解决方案，帮助它们更好地应对市场竞争和消费者需求的变化。

5.2　创新项目设计流程

在进行创新项目设计时，需要学习、掌握正确的方式方法。下面，介绍两种常用的创新项目设计方法：斯坦福大学的设计思维和谷歌设计冲刺。它们都强调以用户为中心，通过迭代和协作的方式解决问题和创新产品。

5.2.1　斯坦福大学的设计思维

设计思维（Design Thinking）最早发源于设计界，是一套科学的提升创造力的训练方法，具有广泛的适用性，因而被各行各业借鉴。斯坦福大学设计学院把它归纳成一套科学方法论。设计思维引导人们以人的需求为中心，通过团队合作解决问题，实现创新，具体分为以下 5 步。

（1）同理心（Empathy）：收集对象的真实需求。

（2）定义（Define）：分析收集到的各种需求，提炼要解决的问题。

（3）头脑风暴（Ideate）：打开脑洞，创意点子越多越好。

（4）原型制作（Prototype）：把想法制作出来。

（5）测试（Test）：优化解决方案。

其具体的执行流程如下。

（1）理解：深入了解用户、问题和需求，通过观察、访谈和调研等方式获取用户反馈和洞察力。

（2）定义问题：将收集到的信息和洞察力整理成具体的问题，并明确要解决的核心问题。

（3）创意生成：以多样化的方式生成创意，利用头脑风暴、画图、模型制作等方法激发创新思维。

（4）原型制作：制作初步的产品原型，可以是简化的模型、故事板或数字原型，以便测试和反馈。

（5）测试和迭代：将原型展示给用户，并获取用户的反馈，根据反馈结果进行迭代和改进，不断优化产品。

（6）实施和推广：将经过多次迭代的产品应用于实际，并进行推广和营销，以在激烈的市场竞争中取得成功。

5.2.2　谷歌设计冲刺

谷歌设计冲刺（Google Design Sprint）与斯坦福大学的设计思维的最大区别在于对时间的管理方式。谷歌设计冲刺是一种迅速解决问题和推进创新的框架和流程。它是由谷歌团队开发的一种快速设计方法,旨在短时间内迭代和测试创意,以快速获得有关产品或服务的有价值的反馈。

设计冲刺的目标是通过设计、原型制作和与用户一起测试想法来应对关键的设计挑战。谷歌使用设计冲刺来回答问题,确定产品方向,制定跨团队战略,甚至建立团队文化。设计冲刺的优势是什么呢?

首先,设计冲刺可以节省时间。通过“冲刺”,团队可以将决策过程从几个月缩短为一周。其次,设计冲刺创造了将产品推向市场的有效路径。再次,设计冲刺优先考虑用户,把他们的需求放在最前面。最后,设计冲刺允许你在做出任何重要的决定之前快速模拟进入未来,测试你的产品并获得客户的反馈。

谷歌设计冲刺通常在5个工作日内完成,包括以下主要阶段。

(1)第一天是理解阶段。团队成员共同探讨问题的背景、目标和约束条件。通过收集相关信息和讨论,确立明确的目标和问题陈述。

(2)第二天是创意生成阶段。团队成员在一个开放的环境中进行头脑风暴和生成创意,通过不同的创新方法和技巧,集中思维,提出各种可能的解决方案。

(3)第三天是决策阶段。团队成员通过评估和讨论生成的创意,选择最优的解决方案。在这个阶段,团队会制订一个原型计划,并在接下来的几天内实施。

(4)第四天是原型制作阶段。团队成员会使用快速原型工具(如纸板、数字工具等)制作一个低成本、可展示的原型。该原型用于模拟用户体验和测试目的。

(5)第五天是测试和学习阶段。团队将原型展示给目标用户,并进行用户测试和收集反馈。通过观察和记录用户反应,团队可以了解原型的可行性、用户体验和潜在问题。

5.2.3 创新项目设计要求

在进行创新项目设计的过程中,要考量项目的设计要求,除了追求项目的创新性,也需要兼顾其他方面。

(1)创新性。创新项目设计应该以用户为中心,满足用户的需求和期望;挖掘用户洞察力、行为模式和痛点,将用户体验和用户价值作为设计的关键驱动力;提供新颖的解决方案、产品或服务。它应该能够在现有市场中引起差异化,并为用户带来新的价值和体验。

(2)可行性。创新项目设计需要在技术、经济和可持续发展等方面具备可行性。它应基于可行的技术能力、可获取的资源和可接受的成本,具备社会、环境和经济的可持续性发展特征,能够持续创造价值,具有良好的商业模式和可扩展性。

(3)团队协作。团队成员需要有共同的愿景和项目目标,理解和认同项目的重要性和意义。团队成员之间需要进行及时、明确、有效的沟通。沟通应该是双向的,鼓励积极的意见交流和倾听他人的观点。团队成员应该清楚地传达信息、分享知识和协调工作。团队成员的角色和责任应该明确,每个人都清楚自己的任务和职责。团队分工应该合理,根据团队成员的能力和专长分配任务,以最大限度地发挥团队的协同效能。

这些要求有助于确保创新项目设计的目标明确、可行性高、以用户为导向和可持续发展,以实现创新的成功实施和商业化。

5.2.4 创新项目设计步骤

创新项目设计不仅要有科学正确的方法和规范的要求，还要具备有序的流程，该流程通常包括以下几个方面。

1. 理解问题和需求

对问题或需求进行深入的研究和分析，了解用户的真实需求、市场趋势和竞争情况。通过市场调研、用户调查、观察和访谈等方法收集信息和洞察力。

2. 创意生成

通过创造性思维方法和工具，包括头脑风暴、思维导图、故事板等，提出各种可能的解决方案和创意。

3. 创意评估和筛选

对生成的创意进行评估和筛选，选择具有潜力和可行性的创意。可以使用评估矩阵、SWOT 分析、风险评估等方法来评估创意，并结合团队的意见和专业判断进行筛选。

4. 概念设计

将选定的创意转化为具体的概念设计，包括产品或服务的功能、特性、用户体验等方面的设计。可以通过原型制作、故事板、用户测试等方法来进行概念设计，并与用户和利益相关者进行讨论。

5. 技术研发和实施

在概念设计的基础上，进行技术研发和实施工作，包括软件开发、硬件设计、工程制造等，具体取决于项目的性质和需求。

6. 测试和验证

对开发的产品或服务进行测试和验证，确保其符合设计要求和用户需求。可以进行功能测试、性能测试、用户测试等，并根据测试结果进行改进和优化。

7. 实施和推广

将项目成果应用于实际，并进行推广和宣传，包括市场推广、销售渠道建立、用户培训等，以确保项目在激烈的市场竞争中取得成功。

8. 监控和反馈

监控项目的实施和应用效果，收集用户和市场反馈的信息。根据反馈信息，改进和优化项目，以不断提升其价值和效果。

创新项目设计是一个循环迭代的过程，需要团队合作和跨学科的合作。它强调以用户为中心，注重洞察用户需求，并不断尝试和改进，以创造出具有创新性和实用性的解决方案。

5.3 区块链应用决策树

5.3.1 如何判断一个场景是否需要区块链

区块链理论上能够应用于多种行业与领域，然而并非所有行业与领域都有应用区块链的必要。应用区块链的行业，需要多方参与，构建行业联盟，形成事实标准。使用区块链技术需要对行业需求进行全面评估,并确保区块链带来的价值超过其实施和维护所需的成本。那么如何判断一个场景是否需要区块链呢？区块链适用于多状态、多环节、需要多参与方协调完成、多方相互不信任且不存在可完美解问题的可信任第三方(Trusted Third Party, TTP)的场景。

5.3.2 区块链应用决策树

可以采用图5-2所示的流程图来判断一个场景是否需要区块链,该流程图也被称为区块链应用决策树。它是一个结构化的决策工具,旨在帮助决策者评估是否适合在特定场景中使用区块链技术。它将区块链应用的价值判断准则和判断结果转为图像,更加直观地反映一个场景是否需要区块链技术。

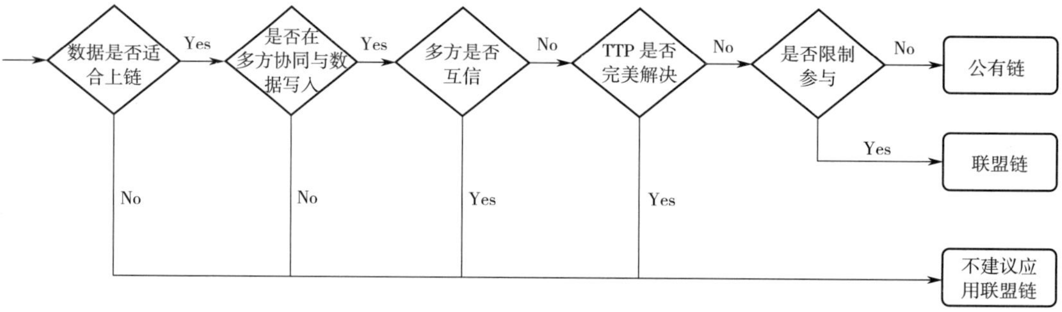

图5-2 区块链应用决策树

根据图5-2所示,判断场景是否需要区块链有五大准则,分别为判断数据是否适合上链,也就是判断数据的存储状态、判断是否存在多方协同/写入、判断多方是否互信、判断TTP能否完美解决、判断是否参与有限制。

5.3.3 区块链应用的价值判断准则

1. 准则一:数据是否适合上链

在考虑区块链与应用场景相结合时,首先需要思考一个问题:场景中需要保存的数据种类多样,到底什么样的数据适合用区块链存储？什么样的数据适合上链,什么数据不适合上链？

1)不适合上链的数据

从保密角度来说,不需要或不想共享的数据不适合上链。例如用户的私钥是用户绝对不想要分享的信息,如果上链则意味着被每一个区块链参与者记录并存储,即便是被加密也会有泄露的风险。因此个体需要严格保密的数据不适合上链。

从性能角度来说,过于繁杂的数据和更新过于频繁的数据也不适合上链。比如用户上传的一些二进制的介质、一般音视频、日志文件等。因为区块上存储的数据作为链的一部分被永久保存,并同步到每一个参与节点,用来保证数据的完整性。如果所有一般数据都存储上链,不仅没必要,还会严重影响同步性能,占用有限的存储空间。不仅如此,由于区块链需要密码学算法进行哈希和非对称加密运算,交易的最终数据也需要通过分布式共识机制进行排序才能最终落块,这就导致必须在安全性与性能之间作出取舍,因此过于频繁地写入操作也不适用于区块链。

2）适合上链的数据

简单来说，需要共享的、需要具备可信度的、需要具备可追溯性的、不希望被篡改的、独一无二的数据信息是适合上链的信息。交易就是一个典型的例子，这也是区块链广泛应用于加密货币，同时被定义为“分布式账本”的原因。其他案例包括保险行业的保单信息、能源领域的点对点电力交易、物流领域的物品防伪可追溯和医疗领域的患者数据共享等。

3）数据上链的实际案例——医疗数据共享平台

（1）应用背景。

由于医疗信息建设没有以个人为中心，患者无法安全掌握自身医疗数据。目前，区域卫生信息化平台的数据来源于医疗机构、公共卫生机构，数据的应用主要面向管理与统计监测，患者的医疗数据仍然是割裂的、不完整的。虽然提供了居民电子健康档案的查询服务，但由于区域卫生信息化平台中连接的医疗机构数量有限，机构上传数据具有选择性，患者仅仅在电子病历上也无法掌握自身医疗数据。

患者生产型数据（PGHD）没有一个有效的汇集方式，个体数据的时间、空间完整性严重欠缺。医疗数据的完整性是发挥价值的关键。只有掌握针对个体的完整的监测数据，才能预测疾病的发展趋势，并提供有效的干预方案。传统医疗信息局限于医疗范畴，院外的患者自我监测的数据、疾病状态数据等患者生产型数据并没有被纳入。目前这些患者记录型的数据要么分段记载在各种纸质文本的载体上，要么零碎分布在各种健康应用记录当中，或者存储在智能硬件设备中。

（2）基于区块链的解决方案。

区块链技术创新团队希望借助区块链建立新的医疗生态，实现医疗信息管理能力的跨越发展。他们的做法主要是推动建立新的医疗信息存储与共享平台，使系统之间实现以个人为中心的信息互操作性，解决患者的信任问题。

区块链分布式存储，提高了信息安全性；个人账本，实现了个体医疗数据汇集；非对称加密、公私钥设计，实现了医疗数据的授权使用。这一系列措施能够解决医疗数据利用价值不足的问题，实现医疗数据所有权的回归，在去信任化的网络中发挥医疗数据的价值。

最终形成的应用场景为中心化存储机构（以区域卫生信息平台为主）利用区块链技术实现以中心型产生的医疗数据为主的数据所有权的回归。而以个体为中心的新数据存储方式则是建立一套新的医疗数据（个体零散数据为主）存储流通体系。

（3）具体应用案例分析。

医疗数据的价值被广泛认可，但当前并没有一条成熟的医疗区块链，这吸引了众多团队进入该领域。表 5-1 为美国和英国针对医疗数据应用场景的区块链解决方案。

表 5-1　美国和英国针对医疗数据应用场景的区块链解决方案

案例	时间	国家	基本情况
MedRec	2018	美国	MedRec 是一个通过以太坊区块链管理医疗记录的系统。这个系统目前正在开发中，它让用户能够查阅人口普查级别的医疗记录，让医护人员及医学研究都受惠
Medicalchain	2017	英国	Medicalchain 使用区块链技术创建以用户为中心的电子健康记录，允许用户提供并让医疗专业人员获取个人健康数据。通过分布式账本实现数据审计的透明和安全

2. 准则二:是否存在多方协同与数据写入

如果说第一步是判断特定的数据是否适配区块链系统,那么第二步是判断数据的操作权是否在多方。区块链的一个重要特性是去中心化,所以准则二也可以理解为系统是否需要去中心化技术。为了更好地了解什么样的系统需要具备去中心化的特性,先来梳理一下中心化系统的弊端。

由于中心化系统权力往往集中在一处,数据中心常常拥有极高的数据存储能力和使用权力。跟人类社会权力集中的地方一样,这种权力集中的情况意味着容易滋生“腐败”,没有人能够保证数据中心在面对引诱时不会篡改数据,更何况篡改数据的难度比监督审查的难度低很多。数据的集中也意味着中心机构以外的人访问数据的难度较大,同时随着边际效益的降低,保管的数据越多对数据中心本身的性能和扩展性要求越高,这又反过来增加了数据使用的成本,给数据的有益扩散带来了阻碍。一个常见的案例就是跨省办案难,很大程度上是因为数据不能同步和资源调配成本过高。此外,中心化系统抗攻击能力差,一旦一个节点被黑客攻破,就是全盘皆输。为了保护信息安全,防护部门必定绞尽脑汁,不惜花费高额成本进行防护,但结果往往不尽如人意,如谷歌、脸书这样的互联网公司巨头,也时不时会曝出被黑客攻击造成用户资产受损的负面新闻。

这些数据中心化的弊端,都可以借助区块链天然的去中心化属性来消除。将中心化账本转化为去中心化账本,这样每个数据节点是对等的,都拥有完整的数据链。除非黑客同时攻陷大部分节点,否则不会影响数据的正确性,大大降低了数据中心的管理和防护压力。另外,分布式系统降低了数据访问的成本,提高了数据传播的效率。此外,各个节点之间也可以起到相互监督的作用,把权力从一个人手上转移出来,真正地实现数据自治。

例如准则一中提及的医疗数据共享平台的案例,如果只有一个写入者,那么无论拥有多少个共识节点都是没有意义的,因为单一控制节点可以随意写入、随意变更数据,本质上又变成了一个中心式的系统。因此,一个合理的区块链应用要求参与的各方都具备预先规定好的写入权限,并且相互制衡,从而达到去中心化和保证信息安全的目的。

如果应用场景中存在中心化系统以及多方数据的写入,并且由此产生了相应的弊端,那么此应用场景就可使用区块链技术。

应用案例:去中心化电能供应系统。

1)案例背景

目前,能源领域存在供给垄断现象。消费者缺少选择权导致电力价格过高,此类问题在国外尤其严重。传统模式下,公共电力公司作为中心化业务公司几乎掌握所有电力资源。面对电力公司所做的任意电力价格调整,普通消费者完全没有话语权。尽管目前已经涌现了诸多新能源发电手段,如太阳能电池板、风力涡轮机等,但是由于缺乏将这些能源供应到消费者生活中的媒介,这些能源往往会作为冗余能源储备低价卖给电力公司再由电力公司作为中心机构来分配。因此,电力的终端消费者在能源渠道的选择和价格的调整上没有真正的话语权。

2)解决方案

以上问题是由供应链中不同角色的身份地位差异、供需不均衡、信息不对等造成的。区块链技术,借助去中心化数据存储的方式,让区块链网络中所有的节点都存有数据,保证节点的地位对等，确保数据被所有节点共享，打破现有的信息壁垒。借助区块链技术，可在网络中节点没有取得相互信任的前提下达成共识，从而实现电力价格公开透明可控。

基于以上区块链优势，我国做了相应的尝试。2018 年 3 月，华为云与招商新能源合作，为深圳蛇口 3 个光伏电站开发了基于区块链 FusionSolar 的智能光伏管理系统。该系统提供了清洁能源发电数据溯源和点对点交易功能，通过区块链技术实现可信交易和价值转移，探索出清洁能源创新盈利模式。可以说，区块链技术是新能源点对点交易的信任基石。图 5-3 所示为 FusionSolar 户用智能光伏解决方案，图 5-4 为 FusionSolar 分布式发电用电系统智能网络。

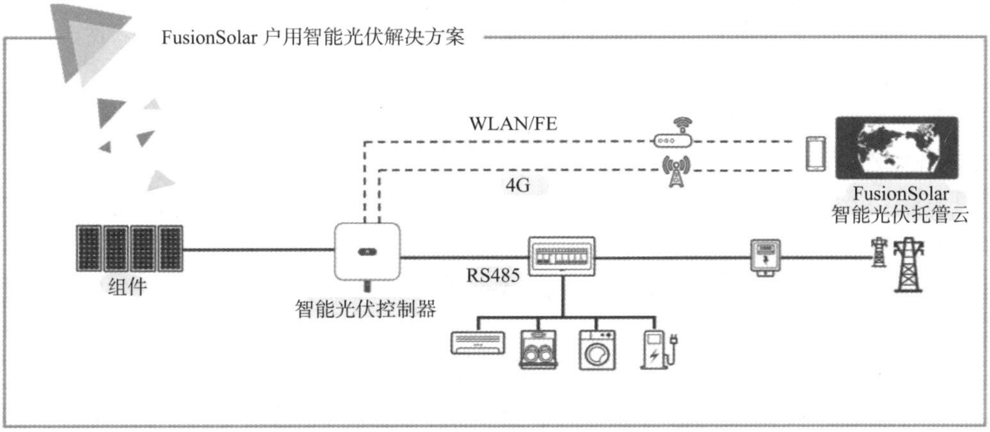

图 5-3　FusionSolar 户用智能光伏解决方案

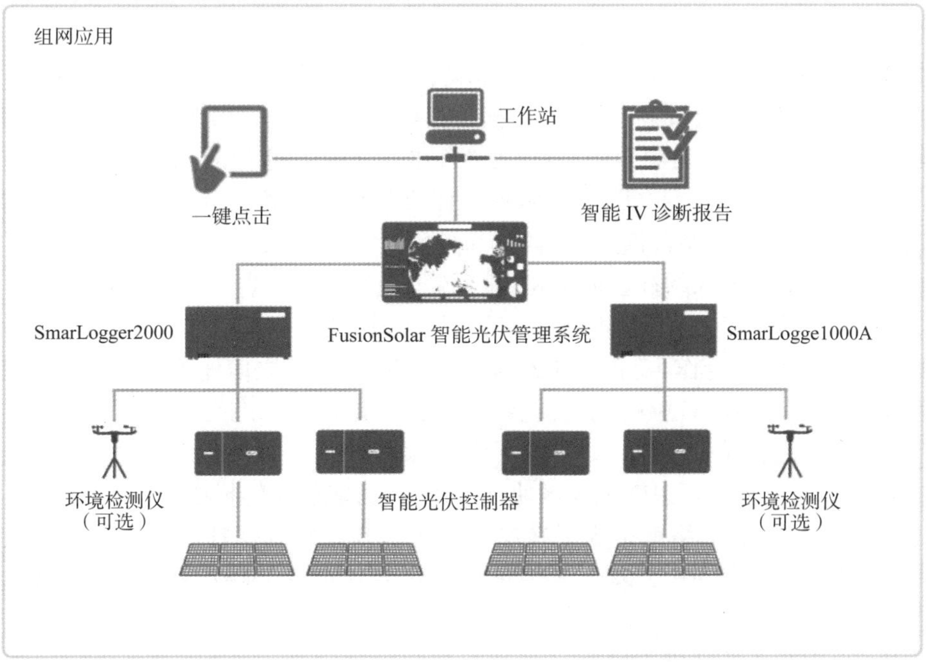

图 5-4　FusionSolar 分布式发电用电系统智能网络

3. 准则三:多方是否互信

随着互联网的大规模发展,TCP/IP 网络通信构建起一条条网状的信息“高速公路”。在这个高速公路网络上,信息能够快速生成和复制,并传播到世界上每一个被互联网覆盖的角落。这种传播方式非常高效且成本低廉,然而人们渐渐发现,有些信息是不能在这种方式下传播的。比如对于一些私密的个人信息,人们希望互联网做一个守口如瓶的守门人,严格保密,但是事实是,无用的隐私协定和猖獗的信息贩卖行为,让互联网用户在很多时候都感觉如同在网络世界“裸奔”,例如著名的“双花问题”(Double-Spending Problem,即双重支付,指在数字货币系统中,由于数据的可复制性,同一笔数字资产可能存在因不当操作被重复使用的情况),就是想要强调涉及价值传递时人们对数字世界本能的不信任。

如果说前一代互联网解决的是数据传递的问题,那么新一代采用区块链技术的互联网旨在解决价值传递和信任的问题。

1)基于区块链解决信任问题的方式

区块链技术具有诸多优势,具体如下。

(1)区块链利用密码学的哈希算法和数字签名来保证交易人的身份无法被冒充,交易内容无法被篡改。

(2)区块链的链式结构保证了分布式数据库里的历史数据无法被更改,并且透明、可追溯。

(3)区块链的共识算法解决了分布式系统达成一致性的问题。

区块链的这些特点给互联网带来一场基于信任机器的新科技革命,虚拟世界可以在区块链技术上建立前所未有的互信,从而构建无须信任的系统(Trustless System)。通过区块链技术,无须建立信任中介就可以进行价值转换。

2)对于解决多方互信问题的总结

如果多方确实足够信任,参与区块链(写块、读块)的多方是为了一个目标而协作,并且相信其他人都不会为了自己的利益而做出损害集体利益的事情,那么即使在物理上分散,他们在逻辑思维和行为上也是聚合的,也就是“力往一处使”,这种情况下区块链的信任传递特性已然失去了意义。然而事实上,大多数信任机制是不完美的,从社会学角度来看,最难建立的就是牢固的信任关系。读过《三体:黑暗森林》的读者或许会对“宇宙社会学”有非常深刻的印象,这个虚拟出来的社会体系和“猜疑链”就很好地解释了信任的脆弱性。

在现实的经济社会与生产活动中,大多数已存的信任机制都是在一定场景下进行的,比如团队内部的长期沟通合作,或者不同团体之间通过 TTP 建立信任关系。而这种信任的根基并不牢固, TTP 可能出现中心化机构会出现的一切问题(见准则二),而团体里的信任只能限定于特定的人数范围。因此,如果认真分析,就不难发现这些传统的建立在一定信任机制之上的场景和应用也都可以转换为区块链应用,并且能够从转换中受益。

基于区块链技术的网络就是为了在参与方无法实现相互信任的前提下实现数据的传递,如果应用场景中已存在多方基于某些准则互信,那么此业务场景可能就不需要借助区块链技术实现互信。

4. 准则四:TTP 是否能完美解决

TTP 是由计算机安全领域引入的概念,顾名思义就是一个具有公信力的组织或机构。

其实 TTP 离我们并不遥远，在现实生活中，比如每个村子几乎都有一个有威信的长者，负责处理一些难以调和的纠纷。

将此准则延伸至实际应用场景，如果在此应用场景中已存在 TTP 并且能完美解决应用场景中关于价值信任的问题，那么就不需要借助区块链技术了。

但是随着社会生产生活的复杂化和互联网的蓬勃发展，交易不再局限于某一场景，而是扩展到更广阔的人与物之间的交互中，这就需要更多的信任来填补这个物理"鸿沟"。

另外，建立这种信任的权威机构是非常复杂且昂贵的，尤其是在纯虚拟的网络环境中。例如银行的在线业务和应用（网上银行等）需要强大的资金和政府公信力为其背书，数字人民币的运行背后也依赖强大的国家信用支持。很多电商也需要强大的资金和公信力为其背书。人们选择使用这些机构的数字业务，是因为相信在使用过程中，这些机构能提供有效的监管，而在遭遇问题时（当然最好永远不会遭遇），他们会为人们提供公允的解决纠纷的决断。建立 TTP 机构常见的问题如下。

（1）昂贵的门槛费。

（2）复杂的接入程序。

（3）权力过于集中。

（4）信任危机。

5. 准则五：是否限制参与

是否限制参与这一指标主要是用来判定应用适用于公有链还是联盟链。由于私有链是私人控制的中心化的区块链，这里我们不做讨论。

事实上，初次接触区块链的人常常有一个误区，即区块链只有公有链一种形式。加之时常听说区块链是公开透明的，很多人不禁会疑惑，那么，一些诸如私密数据、商业机密、企业核心科技信息岂不是会被所有人看到，从而毫无数据安全可言了。对于这个误区，除了密码学原理以外，在实操上，大家必须意识到区块链不止一种，而且还有可能对各参与节点设置权限。

在公有链系统中，系统对节点的加入没有限制。以比特币系统为例，世界上的所有人都可以自由地加入（和退出）。这构建了一个公平的、世界性的交易体系，但也使得系统的治理非常复杂。为了利用区块链的特性，同时让系统治理不再复杂，采用许可认证的节点管理方式的联盟链应运而生。对于联盟链而言，系统的交互是在一系列经过认证的且具有特定身份标识成员之间进行的。

在实际应用场景中，可根据场景需要选用指定类型的区块链系统。如果开展业务时以企业间合作为主，价值的传递主要包括企业的隐私数据、核心科技、商业机密，那么在选用区块链技术时需要采用联盟链，通过授权的方式给加入的成员设置"门槛"，从而提高安全性。如果构建的区块链网络主要应用于客户端，用于吸引更多的用户加入，维持网络活力，那么就需要考虑使用公有链系统了。

正如本章开篇所言，上述准则是给读者提供一种简单易行的审视各类应用是否适用于区块链的基本方法，避免读者在进入一个陌生领域（尤其是很复杂的区块链领域）做分析时无从下手，举步维艰。

但需要指出的是，本书提到的判断准则是区块链适用性判断的充分不必要条件，也就是说，当满足这五项准则时能基本确定这是一个区块链应用（或区块链能够大展拳脚的场景），但不必完全满足。在实践中，应该根据产业和生活的实际需要，结合业务的自身特点和企业的实际情况进行灵活运用，这样才能发挥区块链的最大价值。

思考图 5-5 所示的两个场景是否适用区块链？

投票系统是否适用区块链？

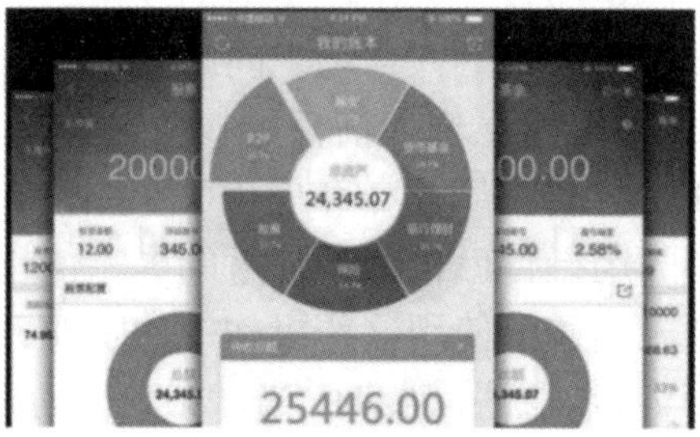

个人支出记账系统是否适用区块链？

图 5-5 两个场景是否适用区块链

5.4 区块链应用设计

5.4.1 区块链应用设计的重要考量

创新项目设计是一个让想法经历发散、筛选、聚合、细化的过程。根据上一节的学习，我们了解了一套区块链适用场景的简明判断准则。在确定了设计方向之后，这一节介绍聚合和细化的过程。接下来从数据设计、关系设计、共识设计和激励设计四个方面进行实践。

5.4.2 数据设计

正如我们在准则一中讨论的，基于目前的区块链技术，并不是上链的数据越多就越好。考虑到区块链现阶段的性能，区块链应用的前提是解决的问题本身已经互联网化，对应的数据也已标准化。通过对现有大部分领域的分析，区块链目前公认的天然适合的领域有金融、内容版权、医疗、慈善、能源。不难看出，这些领域都是在互联网上比较成熟，数据形式简单并符合共享性、安全性、可追溯性等要求的。

上述列出这些传统区块链适用领域并不是想要限制读者的思路，相反希望可以给区块链应用操作者以启发，从数据层面思考区块链应用的场景。在设计一个区块链应用时，首先应该把所有数据项都列出，从不同维度（重要性、隐私性、复杂性）分别评判它们是否适合上链。

5.4.3 关系设计

现有区块链种类包括公有链、私有链、联盟链。传统中心化系统采用的数据库操作包括创建、读取、更新和删除。那么，将区块链技术理解为去中心化系统中的特殊数据库，根据区块链种类的不同对于数据的操作也不尽相同，具体如下。

（1）公有链：所有数据都是公开的，人人都可以创建和读取。

（2）联盟链：只有通过了联盟链申请的成员才可以读取和写入数据，联盟链的成员可以通过协议指定特定的规则。

（3）私有链：具有较强完全中心化特点的区块链存储方式，只有所有者可以读写数据。

需要强调的是，在区块链中数据只有创建和查询两个功能，任何上链的数据都不能修改和删除。当针对指定应用场景选定区块链技术开始设计时，首先就要考虑区块链中数据的关系设计。以区块链在食品溯源方面的应用为例，从整体来看，需要实现任意由消费者购买的食品都可以向前追溯直到源头。落实到具体细节，即生产、加工、运输、仓库和销售的每个环节都需要进行相关信息的数据上链，最终实现所有上链信息公开。图 5-6 所示为食品溯源上链数据关系设计示例。

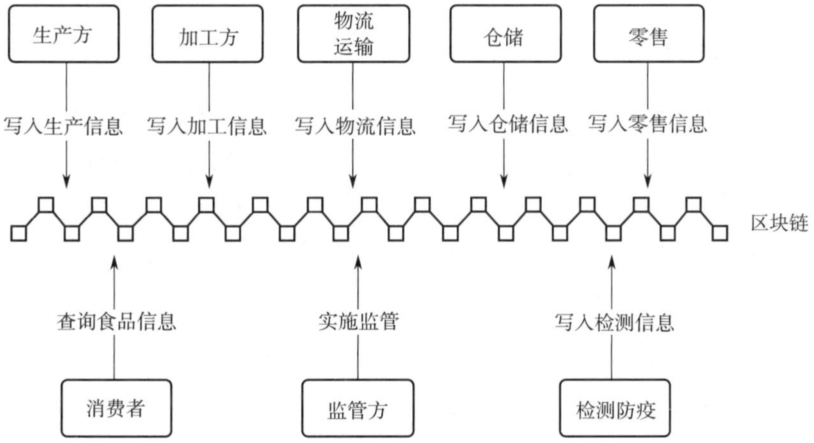

图 5-6　食品溯源上链数据关系设计示例

从图 5-6 中可以看出食品溯源数据上链的参与方包括生产方、加工方在内的 5 个角色。虽然数据公开让所有角色都可以看到，但是不同角色由于权限不同，在数据上链时只能进行相应角色的操作，如生产方只能上链生产信息、加工方只能上链加工信息。

5.4.4　共识设计

基于共识机制设计是去中心化系统设计的核心环节。针对不同的区块链系统，出于安全性、准入性以及节点规模要求考虑，可以采用不同的共识机制算法。对于开放场景下的无须许可链，例如比特币、以太坊等，采用 PoW 或 PoS 类算法是比较常见的选择。对于有准入限制的许可链或者联盟链来说，由于节点动态变化少，系统交易对吞吐量要求较高，因此常采用 PBFT 共识的演进版本实现区块链系统。

5.4.5　激励设计

区块链系统是一个典型的经济系统，其参与者可以通过贡献算力来获得经济激励。因为人都是有自利性的，即更倾向于采取有利于提高自身收益的行为。所以，设计一个有效的激励机制对任何区块链系统都特别重要。激励实际上是由共识机制实现的，这里要引入一个重要概念——激励相容性。

激励相容性可以有如下理解。有一个共识机制,矿工在实现个人收益最大化的同时,也能实现整个区块链系统的价值最大化,则称这个共识机制是激励相容的。

如果缺乏有效的激励手段,矿工可能只考虑自身的经济利益,进而采取一系列策略性挖矿行为,从而导致系统生态的稳定性和公平性受到影响。而如果共识算法是激励相容的,则在最好的情况下,所有矿工都将遵守共识协议进行诚实挖矿,从而获得与其自身算力相当的奖励。综上所述,一个好的激励设计是区块链生态系统维稳的核心,它可以在保证各参与方的经济利益的前提下,有效调动参与者的积极性,进而极大地提升分布式协作的效率。

5.5 区块链创新项目设计案例

5.5.1 电子发票案例

前面的章节介绍了创新项目设计的流程,本节以电子发票场景为例体验一个完整的项目设计过程。创新项目设计是指通过创造性思维和系统化的方法,为解决问题或满足需求而设计新的产品、服务或解决方案的过程。本次设计要解决的是传统电子发票存在的痛点和问题,并且需要了解相关企业还有哪些要求。针对现有的问题和需求设计项目方案,考虑方案设计是否适用于区块链,如果适用则进行区块链应用设计。

5.5.2 传统电子发票痛点

1. 数据孤岛问题,实时查询和管理困难

传统电子发票的管理通常是分散的,企业或个人需要自行收集、整理和存储发票信息,无法实现实时查询和管理。这不仅增加了管理成本,也不利于财务数据的监控和分析。

2. 烦琐的申请过程

传统电子发票通常需要企业或个人通过特定的渠道申请和开通,涉及的手续和文件较多,整个流程相对烦琐和耗时。

3. 发票伪造与篡改风险

由于传统电子发票的存储和传输方式安全性欠佳,发票易被伪造和篡改。不法分子能够借此篡改发票内容、金额等信息,实施欺诈行为。

4. 存储介质导致的发票易损问题

传统电子发票常以纸质或光盘等形式存储,此类存储方式致使发票易丢失或损坏。一旦出现发票丢失或损坏的情况,便会引发无法报销、无法核算成本等问题。

5. 不利于环保

传统电子发票通常需要打印和存储大量纸质发票,造成了资源浪费。这与现代社会倡导的可持续发展和节能减排的理念相矛盾。

5.5.3 利用区块链解决问题

为了解决这些痛点,许多地区已经推行基于区块链技术的电子发票系统。这些系统通过加密存储和传输发票信息,提供了更高的安全性和防伪能力,并且实现了实时查询和管理。同时,电子发票的电子化和数字化也更符合环保理念,减少了纸质发票的使用。针对传统电子发票存在的痛点,基于区块链技术提出的解决方案如下。

1. 数据共享和透明性

区块链是一种去中心化的分布式账本技术,可以在多个参与方之间实现数据共享和公开透明。每个参与方都可以获取相同的发票数据副本,消除了数据孤岛问题。任何数据的更改都需要经过共识机制的验证,确保数据的一致性和可信度。

2. 即时开票

区块链技术可以实时记录发票信息并将其保存在分布式账本中。一旦发票生成,它将被即时记录在区块链上,确保数据的准确性和可追溯性。这有助于防止虚开和漏开发票的情况发生。

3. 防止篡改

区块链的不可篡改性和可追溯性特点可以防止虚开和漏开发票的问题。一旦发票被记录在区块链上,其信息将被永久保存且无法篡改。这样可以有效减少虚假发票的存在,提高发票数据的准确性。

4. 数据安全和隐私保护

区块链采用加密算法对数据进行加密和验证,确保数据的安全性。参与方可以使用私钥来对数据进行签名和验证,保护发票数据的私密性和完整性。同时,区块链还可以使用权限控制机制,确保只有授权的参与方可以访问和处理发票数据,加强隐私保护。

5. 查询和验证的便利性

区块链上的发票数据可以实现实时查询和验证。参与方可以通过区块链网络快速检索和验证发票信息,无须依赖烦琐的查询流程和中介机构,提高了查询和验证的效率,并减少了错误和纠纷。

5.5.4　是否适用区块链

完成项目方案设计之后,需要判断场景是否适用于区块链,下面通过区块链项目决策树来判断场景是否适用区块链技术。

准则一:判断数据是否适合上链。

发票数据可能包含敏感商业信息,如交易金额、客户信息等。所以在将数据上链之前,需要对数据进行适当的加密和匿名化处理,以保护隐私。如果数据可以进行加密处理并符合区块链存储的要求,那么区块链电子发票场景是可行的。

准则二:是否存在多方协同与数据写入。

区块链电子发票场景通常涉及多个参与方,包括发票开具方、接收方及税务机关等。如果与发票相关的数据需要多方协同参与并共同写入区块链,那么区块链技术可以利用分布式共享账本的优势,确保数据的一致性和可信度。

准则三:多方是否互信。

区块链的不可篡改性和可追溯性特点使得发票数据能够被有效地记录和跟踪。上链的发票数据将被永久保存,确保数据的完整性和真实性,并提高防篡改的能力。

准则四:TTP 是否能完美解决问题。

TTP 在区块链电子发票场景中扮演着重要的角色，负责验证和记录发票数据。区块链充当 TTP 后，一旦发票生成，就被即时记录在区块链上，确保数据的准确性和可追溯性。这有助于防止虚开和漏开发票的情况发生。

准则五：是否限制参与。

考虑到区块链电子发票场景的特点，需要评估该场景是否存在对参与方的限制。区块链电子发票场景是需要限制参与的，只有电子发票场景涉及的参与方才能接入区块链系统，而不是对所有人开放。

通过综合评估以上准则，可以判断出区块链对电子发票场景的适用性和可行性，并且可以确定区块链电子发票场景需要联盟链来限制参与。

5.5.5 区块链应用设计

在进行应用设计时，要充分考量区块链电子发票场景涉及的参与方，不同的角色其重要程度和访问权限是不同的。发票开具方负责生成和签署电子发票，接收方负责接收和验证发票，税务机关负责监管整个发票交换过程。

数据设计是区块链电子发票应用的关键部分，通过对不同数据项的分析，判断其重要程度、是否需要隐私保护、是否适合上链等；确定如何存储和索引发票数据，以实现高效的数据检索和查询；还需要考虑数据结构、标识、加密、存储、验证、权限控制和备份等方面的问题，以确保系统的安全性和合规性。

5.5.6 腾讯区块链电子发票案例

腾讯区块链电子发票平台借助分布式记账、多方共识和非对称加密等技术，推出一套全新的电子发票标准。这套区块链电子发票有别于传统电子发票与简单的电子发票上链，它将“资金流”和“发票流”合二为一，将发票开具与线上支付相结合，打通了发票申领、开票、报销和报税全流程。税务机关在税务链上写入开票规则，将开票限制性条件上链，实时核准和管控开票；开票企业在链上申领发票，并写入交易订单信息和链上身份标识；纳税人在链上认领发票，并更新链上纳税人身份标识；报销企业验收发票，锁定链上发票状态，审核入账，更新链上发票状态，最后支付报销款。腾讯区块链电子发票业务流程如图 5-7 所示。

图 5-7 腾讯区块链电子发票业务流程

5.6 创新项目展示

5.6.1 项目展示形式

项目展示可以采用多种形式，具体选择的形式通常取决于项目的性质、目标受众以及可用资源。以下是一些常见的项目展示形式。

（1）演示文稿。演示文稿是一种常见的项目展示形式。可以使用软件工具（如 Microsoft PowerPoint、Keynote 等）创建幻灯片（包括文字、图表、图像和视频等多媒体元素），以清晰简洁的方式展示项目的概况、目标、进展和成果。

（2）展览会。对于某些项目，特别是与产品、技术或创新相关的项目，可以通过参加展览会的形式展示给相关行业专业人士、潜在投资者或合作伙伴。在展览会上，可以设置展台，展示实物样品、宣传资料等，与观众进行互动和交流。

（3）演讲或口头展示。通过演讲的方式展示项目是一种常见的形式。在研讨会或内部会议等场合，演讲者可以通过口头表达来介绍项目的背景、目标、策略和成果。演讲者可以通过制作幻灯片、讲述实例等方式增强演讲的效果。

（4）视频展示。制作项目展示视频是吸引人们注意力和传达信息的有效方式。制作的短视频或宣传片，以生动形象的方式展示了项目的亮点和关键信息。短视频或宣传片可以在网站、社交媒体平台、会议上播放，或分享给潜在利益相关者。

（5）实地参观。某些项目需要在实际环境中进行展示，包括参观工厂、实验室、建筑现场或其他项目所在地，以便观察项目的运作方式、设施和效果。实地参观可以提供更直观、实际的体验，并与项目负责人或相关人员进行交流。

项目展示应该根据目标受众的需求和兴趣进行选择，并确保清晰、简洁地传达项目的核心信息和价值。

5.6.2 项目展示 PPT 制作结构

下面主要介绍项目展示 PPT（幻灯片）的制作结构，帮助大家了解如何通过 PPT 文档全面清晰地展示项目。

（1）标题页。包含项目名称、公司或团队名称和日期等基本信息。此页应该简洁明了，吸引人们的注意力。

（2）项目背景。介绍项目的背景和目的，概述项目的起因、目标和重要性。可以提供相关数据、趋势分析或市场情况，引起观众的兴趣。

（3）行业痛点。说明项目所解决的行业问题或存在的痛点，突出问题的紧迫性和市场需求。

（4）技术挑战。介绍项目面临的技术挑战或难题，以及解决这些难题的关键技术。

（5）核心技术与产品。详细描述项目的核心技术和所提供的产品或解决方案。展示项目的核心策略、流程、步骤，以及所使用的工具和技术。此部分应突出项目的独特性和创新性。

（6）竞品分析。分析市场中的主要竞争对手，比较产品的特点、功能和优势。展示项目在竞争中的差异化，强调项目的市场机会和竞争优势。

（7）应用范例（如果有）。展示产品在市场上的成功应用案例，以增加观众的信心。

（8）创始团队。介绍项目的创始团队成员，包括关键成员的背景、专业能力和经验，突出团队的实力和能力。介绍项目的关键合作伙伴及其价值和支持。

（9）商业模式。阐述项目的商业模式，包括收入来源、客户群体、价值主张和盈利模式。强调项目的商业可行性和可持续性。如果适用，可以提供关于目标市场的分析和趋势，包括市场规模、增长预测、竞争情况、目标客户群体和市场需求等。

（10）社会效益。强调项目对社会的积极影响和可持续发展性。说明项目的社会效益或可持续发展目标。

5.6.3 商业计划书结构

商业计划书主要包括概述或执行摘要、公司（团队）介绍、项目描述、市场分析、竞争策略、商业模式、融资规划等部分。

（1）概述或执行摘要。商业计划书的开头要介绍整个计划的概述和要点。这部分应该包括项目的关键信息，如目标、市场机会、竞争优势和财务数据。执行摘要的目的是概括整个计划的要点并吸引读者的兴趣。

（2）公司（团队）介绍。介绍公司或团队的背景和组织结构，包括法律地位、所有权结构、管理团队成员的经验和背景等。这部分可以帮助读者了解公司或团队情况并建立信任。

（3）项目描述。详细描述项目，包括产品或服务的特点、功能、创新性和解决的问题或满足的需求。这部分应该清楚地说明项目是什么，并强调其独特性和市场潜力。

（4）市场分析。对目标市场进行深入分析，包括市场规模、增长趋势、竞争对手、目标客户群体、市场细分、市场需求和趋势等。这部分可以帮助读者了解项目的市场机会和竞争环境。

（5）竞争策略。描述竞争策略，即如何在竞争激烈的市场中脱颖而出。具体包括独特的卖点、竞争优势、定价策略、市场定位和营销策略等。

（6）商业模式。阐述商业模式，即如何创造价值、实现收入和利润。具体包括收入来源、成本结构、利润模式、销售渠道和供应链等。

（7）融资规划。描述融资策略和资金需求，即如何筹集资金用于支持项目的发展和运营，并提供有关融资来源和使用计划的信息。

在编写商业计划书时，要确保各部分之间逻辑清晰、内容准确，并重点突出项目的独特性和商业价值。具体的商业计划书结构可能会因不同行业、公司规模和目标受众而有所不同。

5.7　创新项目设计实训

5.7.1　适合区块链的领域或场景

通过前面课程的学习,我们掌握了区块链基础知识和区块链创新项目设计的方法。现在来分析适合区块链的领域和场景,发掘区块链技术在更多领域和场景中潜在的应用价值。

1. 金融

区块链在金融领域具有重要的应用潜力。它可以用于跨境支付,提供更快速、安全、低成本的国际转账服务,减少中介机构和交易时间。使用智能合约可以自动执行合同条款,减少对纸质文件和人工处理的需求。在资产管理方面,区块链可以提供透明、安全的资产管理平台,优化证券交易和资产转移的流程。此外,区块链还可以应用于借贷和保险领域,提供更高效、可信的借贷和保险服务。

2. 物流与供应链

区块链在物流和供应链领域具有潜在的应用价值。它可以提供实时的物流信息,提高物流的可视性和效率,减少信息不对称和纠纷。通过将物品的信息和交易记录存储在区块链上,可以实现供应链的可追溯性和透明度,确保产品的真实性、安全性及质量。区块链还可以简化供应链管理,提高供应链的可管理性和效率,减少中间环节和成本。

3. 政务服务

区块链在政务服务领域具有广泛的应用潜力。它可以用于建立透明、安全和不可篡改的选举和投票系统,提高选举结果的公正性和透明度。在公共资金管理方面,区块链可以实现公共资金的透明管理和跟踪,减少腐败和滥用的可能性。此外,区块链还可以用于身份验证和认证,确保政府服务的安全性和可靠性。

4. 版权与法律

区块链可以提供去中心化的版权管理平台,保护知识产权和版权。它可以记录版权信息和交易记录,提供不可篡改的证据,简化版权纠纷的解决过程。使用智能合约可以自动执行合同条款,提高合同的执行效率和准确性,防范争议风险。区块链还可以应用于法律合规和法律文书存储等领域,提供安全、可信的数据管理服务。

5. 农业与制造

区块链在农业和制造领域有着重要的应用价值。它可以用于溯源农产品和制造产品,确保产品的真实性、安全性及质量。农民、生产商和消费者可以通过区块链系统追踪产品的来源、生长条件、运输过程等信息,增加对产品的信任度和满意度。区块链还可以简化供应链管理流程,提高供应链的可视性和效率,减少中间环节和信息不对称的问题。

6. 教育与医疗

区块链可以应用于教育和医疗领域,提供安全、可信的数据管理服务和共享平台。在教育领域,区块链可以用于学历认证和学生档案管理,确保学历的真实性和可验证性。在医疗领域,区块链可以实现医疗记录的安全存储和共享,提高数据的可靠性和安全性。通过区块链技术,学生和患者可以更好地掌握自己的教育和医疗数据,方便与教育机构和医疗机构共享必要的信息。

总体而言,区块链在金融、物流与供应链、政务服务、版权与法律、农业与制造、教育与医疗等领域都有应用潜力。它可以提高透明度、安全性和效率,增加信任度和可靠性,并推动这些领域发展和变革。

5.7.2 供应链应用场景创新项目设计

1. 项目描述

对项目整体进行描述,包括项目如何解决传统问题、项目优化、项目新的创意等方面,并且借助绘图工具绘制项目业务流程图,梳理项目业务流程。

2. 决策判断

通过决策树判断该项目能否结合区块链进行设计。

(1)判断供应链项目中的数据类型和数据量。如果数据已实现结构化且适合以分布式账本的形式记录,并且不会因数据量过大而导致性能问题,那么区块链可作为合适的选择。

(2)判断供应链项目是否需要多个参与方之间的协同工作和数据写入。如果供应链涉及多个参与方,包括供应商、生产商、分销商等,并且需要实时更新和共享数据,那么区块链可以提供一种有效的解决方案。

(3)判断供应链项目中多方参与者之间的信任关系。如果供应链中的参与者之间信任度较低,且难以实现有效共享数据和协作,区块链可以提供一个去中心化和可信的环境,增强合作伙伴之间的信任。

(4)考虑传统解决方案中是否存在一个单一的 TTP,以及是否对 TTP 有依赖。如果区块链可以提供更安全、去中心化和不依赖 TTP 的解决方案,那么考虑应用区块链技术。

(5)判断供应链项目是否需要准入限制或控制数据的访问权限。如果有需要确保数据安全和许可控制的需求,联盟链可以提供可行的解决方案。

3. 角色分析

根据参与项目的不同角色,分析每个角色在场景中的痛点,然后汇总所有角色的痛点,分析场景存在的最主要的问题,调查场景参与角色的不同需求。

(1)确定参与项目的不同角色。

①供应商:提供产品或服务的商家。

②生产商:负责生产和加工产品的制造商。

③分销商:负责产品分销和物流的公司或个体。

④零售商:销售产品给消费者的商家。

(2)分析每个角色在场景中的痛点。

①供应商痛点:供应链透明度不足、订单和支付延迟、合同纠纷等问题。

②生产商痛点:原材料供应不可追溯、生产过程监管不完善、产品溯源难等问题。

③分销商痛点:库存管理困难、物流追踪不准确、交易不透明等问题。

④零售商痛点:产品真伪难辨、供应链风险管理困难、客户信任不足等问题。

4. 产品应用设计

根据不同角色设定不同的数据权限和管理权限。制定身份验证机制,确保每个参与者都在区块链网络中具有唯一身份，并确保身份的真实性和可信度。设计访问控制策略，确保不同角色只能访问与其相关的数据和功能，同时确保敏感信息的安全性。

设计合适的数据结构用于存储上链数据，确保数据的一致性和易于验证性。针对上链的数据，为每个数据记录提供唯一标识符，使其能够被溯源，并确保数据的真实性和完整性。对于敏感数据，考虑使用加密算法或权限控制来保护数据安全。

5. 项目分析

完成项目设计后，对整个项目设计进行分析，分析是否解决了传统场景中存在的问题，是否满足了用户需求，并对创新项目的商业价值或者社会价值进行分析。

进阶篇

第 1 章　密码学基础

【本章导学】

密码学是一门古老的学科，从人类社会有了战争便有了密码。在古代，由于密码学长期专门用于军事、政治和外交等领域的保密通信，因此与人们的日常生活没有多大关系。然而，随着计算机网络融入人们的生活和工作，出现了诸如电子商务、电子政务、网络金融、证券交易这些对信息安全要求很高的网络应用，由此密码学成为受到人们广泛关注的学科。密码学的应用从以军事需要为主扩展到满足人们一般通信的需要。所谓密码学，就是用基于数学方法的程序和保密的密钥对信息进行编码，把信息变成一段杂乱无章、难以理解的字符串，也就是把明文转变成密文。

密码学是研究如何对通信安全进行保密的学科，它包括两个分支：密码编码学和密码分析学。密码编码学主要研究如何对信息进行变换，以保证信息在信道的传递过程中不被敌人窃取、解读和利用，即加密的过程。密码分析学与密码编码学相反，它主要研究如何分析和破译密码，即解密的过程。

【学习目标】

✧ 熟悉区块链账户模式。
✧ 了解私钥、公钥、地址。
✧ 了解哈希算法的概念和应用。
✧ 了解数字签名的概念和作用。

1.1　区块链账户

1.1.1　区块链账户概述

区块链有自己独特的账户体系，但与我们平时接触的账户体系不同。区块链账户体系是一个非对称加密体系，每个账户都有一对公钥和私钥，公钥由私钥生成。区块链账户体系通过运用非对称加密技术，实现用户身份的唯一标识、数据来源识别以及数据传输加密等功能。通常可以将公钥比作银行账户，用于识别身份；而私钥则是账户的密码，为账户所有者提供对账户的控制权。

1.1.2　私钥、公钥和地址的关系

2009 年区块链诞生后，便出现了一套新的记账方法，基于新的账户体系，产生了新的概念范畴，包含分布式账本这种新的记账单位以及数字货币等。这种改变是具有颠覆性和革

命性的，由此诞生了全新的金融交易模式并进一步推动了经济交易模式层面的创新改革。

这种新型的区块链账户体系，是一种非对称加密体系，包括私钥、公钥、地址。

一个比特币钱包中包含一组密钥对：私钥和公钥。私钥(k)是一个数字，通常是随机选择的。基于私钥可以使用椭圆曲线算法这个单向加密函数来生成一个公钥(K)；基于公钥(K)，可以使用单向加密散列函数来生成一个比特币地址(A)。

1.2 私钥、公钥和地址

1.2.1 私钥

私钥就是一组随机获取的数字。私钥是用户控制区块链账户的根本，用来生成数字签名，数字签名能证明对应私钥的所有权。私钥必须严格保密，一旦泄露给第三方，就相当于失去了对区块链账户的控制权。如果私钥丢失，没有任何办法恢复。

生成私钥的方式通常是在 1 和 2 的 256 次方之间选择数字，这是区间内数字的数量比沙滩上的沙子还多。当随机选择生成了一个私钥后，几乎不可能有另一个人选中同一个私钥或者猜到。只要选择的过程是不可预测和不可重复的，那么通过什么方式获得这个数字并不重要，甚至可以通过连续扔 256 次硬币的方式来得到一组随机的二进制序列，再按照相应规则将其转化为符合要求的二进制私钥。

1.2.2 公钥

公钥是私钥通过加密算法运算得出的，并且与哈希函数类似。这个运算是不可逆的，即通过私钥可以推算出公钥，但是通过公钥无法反向计算得出私钥。

在以比特币为代表的区块链系统中，公钥是私钥通过椭圆曲线加密算法的乘法运算得出的。椭圆曲线加密算法于 1985 年由 Neal Koblitz 和 Victor S. Miller 分别独立提出，是基于椭圆曲线离散对数的公钥加密算法，其安全性本质是利用离散对数这一广泛承认的数学难题实现加密。

1.2.3 地址

比特币地址是由公钥通过单向加密散列函数生成的。散列算法是一种单向函数，它能接收任意长度的输入值并产生一个指纹或散列。加密散列函数又可以称为哈希函数，产生的指纹或散列也叫做哈希值。

当然，由公钥生成地址不单是做一个哈希运算这么简单。首先公钥进行 SHA-256(256 bit 长度的散列值)运算，接着进行 RIPEMD160(160 位加密哈希函数)运算，这是两种哈希算法，这个过程又叫作双重散列或者 HASH160 计算。通过上述运算得到一个 20 字节的公钥散列值，将这个值加上 0x00 版本号前缀后，再进行 Base58Check 编码，得到比特币地址，也就是 Base58Check 编码的公钥散列。这里进行 Base58Check 编码旨在使用 58 个字符和一个校验码来提高人工可读性、避免歧义，并防止在地址转录和输入中发生错误。

1.3 哈希算法

1.3.1 哈希算法概述

哈希算法是计算机科学中的一种重要算法，它可以将任意长度的数据映射成固定长度的哈希值，通常哈希值的长度比原始数据短得多。

哈希算法又叫摘要（Digest）算法，是将给定数据转化为固定长度的不规则值的函数，也可以称为哈希函数，又称散列、杂凑函数。它是一个单向函数，可以把任意长度的输入数据转化为固定长度的输出，这个输出被称为消息摘要，或者哈希值。例如：输入 abc 字符串，通过哈希函数计算之后，得到一个特定的十六进制的数字哈希值；输入 abcde 字符串，通过哈希函数计算之后，会得到另一个不同的十六进制的数字哈希值。数据的输出长度取决于哈希函数。例如 HASH-256 输出的为 64 位十六进制的数字。SHA-1 输出的哈希值固定为 20 个字节。

实际上哈希函数（哈希算法）通过在计算机内部进行一些数值计算，实现对原始数据是否被篡改的验证。

1.3.2 常用的哈希函数

MD5（Message-Digest Algorithm 5）：生成 128 位哈希值，已经被证明存在安全漏洞，现在已经不再推荐使用。

SHA-1（Secure Hash Algorithm 1）：生成 160 位哈希值，已经被证明存在安全漏洞，现在已经不再推荐使用。

SHA-2：包括 SHA-224、SHA-256、SHA-384、SHA-512、SHA-512/224 和 SHA-512/256 等算法，生成的哈希值长度为 224~512 位，目前被广泛使用。

SHA-3：新的哈希算法标准，包括 SHA3-224、SHA3-256、SHA3-384 和 SHA3-512 等算法，生成的哈希值长度为 224~512 位，被认为比 SHA-2 更安全。

除了以上列举的算法，还有一些其他的哈希算法，如 RIPEMD、Whirlpool、BLAKE 等。在选择哈希算法时，需要结合具体的应用场景和安全性要求。

1.3.3 区块链交易中的哈希函数

在区块链中，哈希值代表了区块当前的状态，并且它是无法被篡改的。每一笔交易包含很多信息，比如交易的数量、发送和接收地址、时间戳等，所有这些信息都被计算成哈希值，又叫作交易 ID。交易 ID 可以用来验证一笔交易是否达成，也就是交易的真实性。

区块链中的第一个区块叫作创世区块，区块中的交易信息被计算成一个哈希值，当第二个区块产生时，创世区块的哈希值会被添加进新区块的交易信息中，和新区块的交易信息一起被计算成一个新的哈希值，每次有新区块加入区块链时，都会重复这个过程，即总是将前一个区块的哈希值和当前区块交易结合产生新的哈希值。这样就产生了可靠且不可篡改的区块结构，通过这种方法，每个区块都通过哈希值链接到前一个区块，形成一条一直链接到创世区块的链。这使区块链信息变得安全、透明、不可篡改。

1.4 哈希算法的特征

1.4.1 固定长度的输出

哈希算法可以将不同位数的输入，经过哈希计算，生成相同位数的输出。比如：SHA-256 哈希算法输出的哈希值都是 256 位的，注意这里说的 256 位是指 256 位的二进制数；SHA-512 哈希算法输出的是 512 位二进制数。

1.4.2 单向函数

单向性（不可逆性）指通过哈希函数生成的哈希值无法反推导出原始值，数据的生成方向永远是从原始数据向哈希值，不可能通过哈希值反推导出原始数据。此特性能够有效保护数据，例如即使在之前的使用案例中网站的数据库被黑客攻破，信息泄露，但是由于密码通过哈希值保存，黑客无法获取真实密码，从而保证数据安全。

1.4.3 输出无规律

哈希算法的另一特征是输出无规律，输入数据发生任何改动，都会导致输出完全不同。攻击者无法逐步猜测输入，只能依赖暴力穷举来破解。以下是一个 MD4 哈希算法的实例，可以看到，即使输入是有规律的，输出也完全没有规律。

H("hello-1") = a4061f460e36af421133739c1c69f3e3；

H("hello-2") = 8bd8d7f8ea706d58da616d5a7e16b644；

H("hello-3") = 3f55e5b4276e7fb0517631ac03ae6ef6。

1.4.4 高效性

哈希算法的高效性是指算法能够在合理的时间内计算出哈希值。高效的哈希算法对于现代计算机系统至关重要，因为现代计算机系统在许多应用中都需要频繁地计算哈希值。随着计算机硬件和处理器的不断发展，许多现代的哈希算法已经被优化以满足高效计算的需求，同时保持着良好的碰撞抗性和安全性。

1.4.5 防碰撞特性

碰撞是指两个不同的输入产生了相同的哈希值。好的哈希算法应该具有较低的碰撞概率，即使输入数据发生一点变化，也应该产生不同的哈希值。例如，输入的信息是一部《红楼梦》（当然电脑识别出来就是 0 和 1），然后把红楼梦的第 100 页的第五句话中的一个逗号改成句号，输出的哈希值就完全不同了。这就是哈希函数一个非常重要的特性。

1.5　哈希碰撞

1.5.1　哈希碰撞概述

哈希碰撞是指在哈希函数的应用中出现两个不同的输入值产生了相同的哈希值的情况，如图 1-1 所示。哈希函数是一种将任意长度的输入数据映射为固定长度哈希值的算法。通常情况下，哈希函数的输出应该是唯一的，不同的输入应该得到不同的哈希值。然而，在实际应用中，由于哈希函数的输出空间通常比输入空间小，由于存在输入空间无穷大而输出空间有限的情况，哈希碰撞是不可避免的。

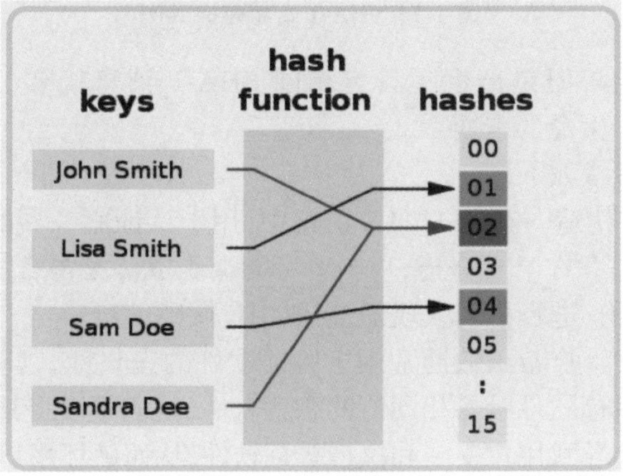

图 1-1　哈希碰撞

一般来说，输出集合越大，哈希碰撞发生的概率就越低。也就是说，如果输出的哈希值位数越多，越不容易发生哈希碰撞。

1.5.2　哈希碰撞案例

2017 年 2 月 23 日，荷兰阿姆斯特丹 CWI 研究所和 Google 公司的研究人员在谷歌安全博客上发布了世界上第一例公开的 SHA-1 哈希碰撞实例，如图 1-2 所示。

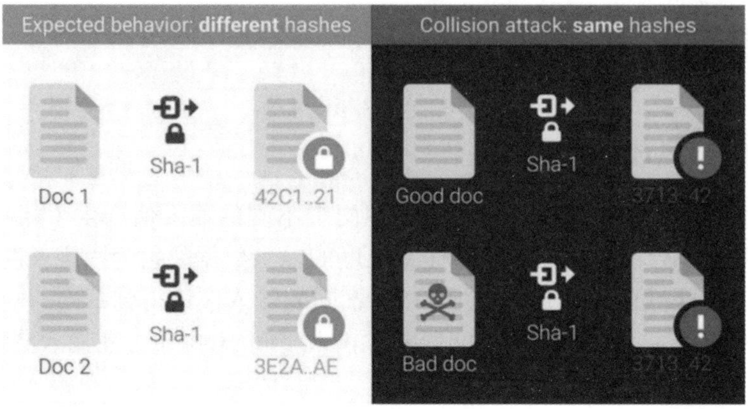

图 1-2 SHA-1 哈希碰撞实例

输入两个不同内容，但是产生了具有相同 SHA-1 消息摘要的 PDF 文件，这标志着 SHA-1 算法终于走向了生命的末期。

其他的一些案例参考如下。

（1）SSL/TLS 证书伪造。在 SSL/TLS 协议中，用于认证服务器的数字证书使用哈希算法进行身份签名。如果存在哈希碰撞，攻击者可能会生成一个与合法证书哈希值相同的恶意证书，伪造服务器身份，进行中间人攻击，窃取用户敏感信息。

（2）恶意软件篡改。哈希函数通常用于验证软件的完整性，以确保软件未被篡改。如果攻击者能够找到与目标软件哈希相同值的恶意软件，他们可以将其传播给用户，而用户无法区分真假。这可能会导致用户安装和执行恶意软件，从而破坏用户的计算机系统。

（3）密码破解。哈希函数通常用于存储用户密码的哈希值，而不是明文密码。如果攻击者能够找到与目标用户相同哈希值的密码，他们可以绕过身份验证，访问用户账户，并进行未经授权的操作。

（4）数据库攻击。哈希冲突也可能影响数据库系统的安全。例如，如果两个不同的输入产生相同的哈希值，并且数据库使用哈希作为索引键，那么攻击者可能通过发送特定的输入来导致哈希碰撞，从而绕过某些访问控制或触发数据查询的错误。

（5）DoS（拒绝服务）攻击。在某些情况下，缓存碰撞可能会导致缓存表等数据结构的性能下降，从而导致拒绝服务攻击。攻击者可以通过输入大量具有相同构造的哈希值，制造哈希冲突，使系统的处理速度变慢或无法正常工作。

这些案例表明，哈希碰撞可能导致严重的安全漏洞和攻击。因此，在设计和实现哈希函数时，必须选择强度和抗碰撞性较高的算法，并采取适当的安全措施来降低潜在的哈希碰撞带来的风险。

1.5.3 如何防止哈希碰撞

（1）使用更强大的哈希函数。选择具有更大输出空间和更好抗碰撞性的哈希函数。密码学中广泛使用的哈希函数如 SHA-256 、SHA-3 和 BLAKE2 等，相对于弱哈希函数（如 MD5 和 SHA-1），能提供更高的安全性和抗碰撞性。

(2)使用盐值(Salt)。盐值是附加到原始数据上的一个随机字符串,在密码存储和验证中,将随机生成的唯一盐值与密码一起进行存储。由于盐值的随机性,即使在不同用户之间使用相同的密码也会产生不同的哈希值,从而增加破解密码的难度。

(3)迭代哈希函数。通过多次迭代哈希函数来增加哈希计算的复杂性。例如使用哈希函数对输入进行几百或几千万次迭代,可以降低碰撞的发生概率,使攻击者更难找到碰撞。

(4)引入消息认证码(MAC)。在某些情况下可以使用消息认证码来保护数据完整性和防止冲突。消息认证码结合了密钥和哈希函数,可以生成固定长度的校验值,用于验证数据的完整性。

(5)定期更新哈希函数。随着密码学研究的发展和算力的提升,曾经安全的哈希函数可能会变得不安全。因此,定期更新哈希函数,采用更强大的算法和合适的哈希输出长度,以保持系统的安全性。

(6)实施输入验证。在接收输入数据之前进行严格的输入验证和过滤,以防止非法输入或特殊构造的输入导致哈希碰撞或其他安全问题。

通过选择更强大的哈希函数、使用盐值、迭代哈希函数、引入消息认证码、定期更新哈希函数以及实施输入验证等措施,可以提高哈希函数的安全性,降低哈希碰撞的风险。关注密码学领域的最新发展和建议,采取适当的措施来适应不断发展的安全需求也是至关重要的。

1.6　哈希算法的应用

1.6.1　为什么要使用哈希算法

通过对前面章节的学习,我们知道了采用某个哈希算法的判定因素是它的安全性。对于一个安全的哈希算法来说,如果输入的内容相同,输出一定相同。反之,如果输出的哈希值不同,输入一定不同。哈希算法在计算机科学和信息安全领域有许多重要的应用。

1. 数据完整性验证

哈希算法可以用于验证数据的完整性,确保数据在传输或存储过程中没有被篡改或损坏。计算数据的哈希值并与原始哈希值进行比较,如果两者一致,则数据完整性得到验证。

2. 数字签名

数字签名是一种用于认证和验证信息来源的技术。通过使用发送者的私钥对消息或文件的哈希值进行签名,可以确保该消息是由特定的发送者发送的,并且在传输过程中没有被篡改。

3. 散列存储

哈希算法可以用于散列存储,将数据映射到一个固定大小的存储空间中。这可以提高数据的访问效率,尤其适用于大量数据存储和查找场景。

4. 数据索引

在数据库和搜索引擎等应用中,哈希算法可用于快速查找和索引数据。通过将数据映射到哈希表中的特定位置,可以大大缩短查找时间。

5. 加密技术

哈希算法在加密技术中扮演重要角色。密码学中的许多协议和算法都使用哈希函数来保障数据的完整性以及辅助实现身份认证等功能。

总体而言,哈希算法在保障数据完整性、提高数据访问效率、保护数据安全等方面应用广泛,是计算机科学和信息安全领域中不可或缺的重要工具。

1.6.2 哈希算法的应用场景

(1)文件哈希。用户可以计算下载到本地的文件哈希,并将其和官网给出的哈希对比,如果一致,说明下载文件是完整且未被篡改的;如果不一致,则说明下载的文件很可能被篡改过。

(2)比特币系统中的哈希函数。比特币系统使用哈希算法来保证所有交易不可篡改。比特币系统对区块数据进行哈希运算,每个区块的区块头都会保存前一个区块的哈希,区块中交易的哈希值记录在区块中,如果交易被篡改,那么该区块的哈希值会改变,如果要通过节点间的验证,就要改变该区块之后的所有区块哈希值,这是不现实的。

(3)区块哈希。在比特币区块链浏览器中可以看到,区块浏览器中的区块有"高度"这一属性,区块哈希是区块的数字身份,通过区块哈希可以在区块链中迅速查询并且定位区块包含的具体信息,这在一定程度上保证了区块信息的可追溯和难以篡改。

(4)交易哈希。区块浏览器中的交易哈希是每笔交易自动生成的独一无二的哈希,是每笔交易的信息摘要。交易哈希是与每笔交易的发起人、接收人、交易金额和传递内容等相关的信息摘要。

1.7 SHA-256 算法

1.7.1 SHA-256 算法概述

SHA-256 是一种安全散列算法,也就是哈希函数,是一种从任何数据中创建非常小的"数字指纹"的方法。散列函数把消息或数据压缩成信息摘要,使得数据需要验证的量变小,并且使数据格式固定。

对于任意长度的消息,SHA-256 都会产生一个 256 位(bit)长的哈希值,称作消息摘要。信息摘要通常用一个长度为 64 个字符的十六进制字符串来表示。任何形式的数据和文件都可以计算哈希值,从而获得数据或文件的信息摘要。信息摘要的长度和格式取决于具体哈希算法的计算规定。比如对一张图片和一句话进行 SHA-256 运算,生成的哈希值都为 64 位的十六进制字符串,如图 1-3 所示。

图 1-3　SHA-256 哈希算法

在比特币中应用的哈希算法有 HASH256 和 HASH160，HASH256 是对数据进行两次 SHA-256 运算，HASH160 是先进行 SHA-256 计算，再进行 RipeMD160 计算。

1.7.2　哈希算法的组合

SHA-256 哈希算法一共可以产生多少种不同的哈希值呢？答案是 2 的 256 次方种可能，因为长度是 256 位，每一位都有 0 或 1 两种可能，所以共计有 2 的 256 次方种可能的哈希值组合。

1.7.3　SHA-256 算法的工作流程

SHA-256 哈希算法的工作流程如图 1-4 所示。

（1）数据填充。SHA-256 处理的输入数据被分成固定长度的数据块（512 位）。如果输入数据不是 512 的倍数，则需要对输入数据进行填充，使其达到 512 位。填充规则为在数据填充行时添加一个 1 位，后面依次添加多个 0 位，最后添加一个 64 位表示原始数据长度的值。

（2）初始化哈希值。SHA-256 算法使用 8 个 32 位的初始哈希值（常量）来计算。这些初始哈希值是通过对质数的平方根的前 32 位小数部分进行计算得到的。

（3）迭代压缩函数。SHA-256 使用 64 轮的迭代压缩函数来处理填充后的数据块。每个数据块被划分为 16 个 32 位的字，并按顺序处理。

（4）消息扩展。对每个数据块的 16 个字进行扩展，生成 64 个字。扩展过程包括进行位运算（如右循环移位等）操作，并基于上一轮迭代结果和初始哈希值进行计算。

（5）压缩。对扩展后的 64 个字进行 64 轮迭代压缩。每轮迭代都涉及多个步骤，包括选择函数、布尔函数和常量添加等。在每轮迭代中，当前的哈希值和数据块中的字根据这些步骤进行更新。

（6）输出。在处理完所有数据块后，最终的哈希值即为 SHA-256 的输出。它是一个 256 位（32 字节）的哈希值，通常以十六进制字符串的形式表示。

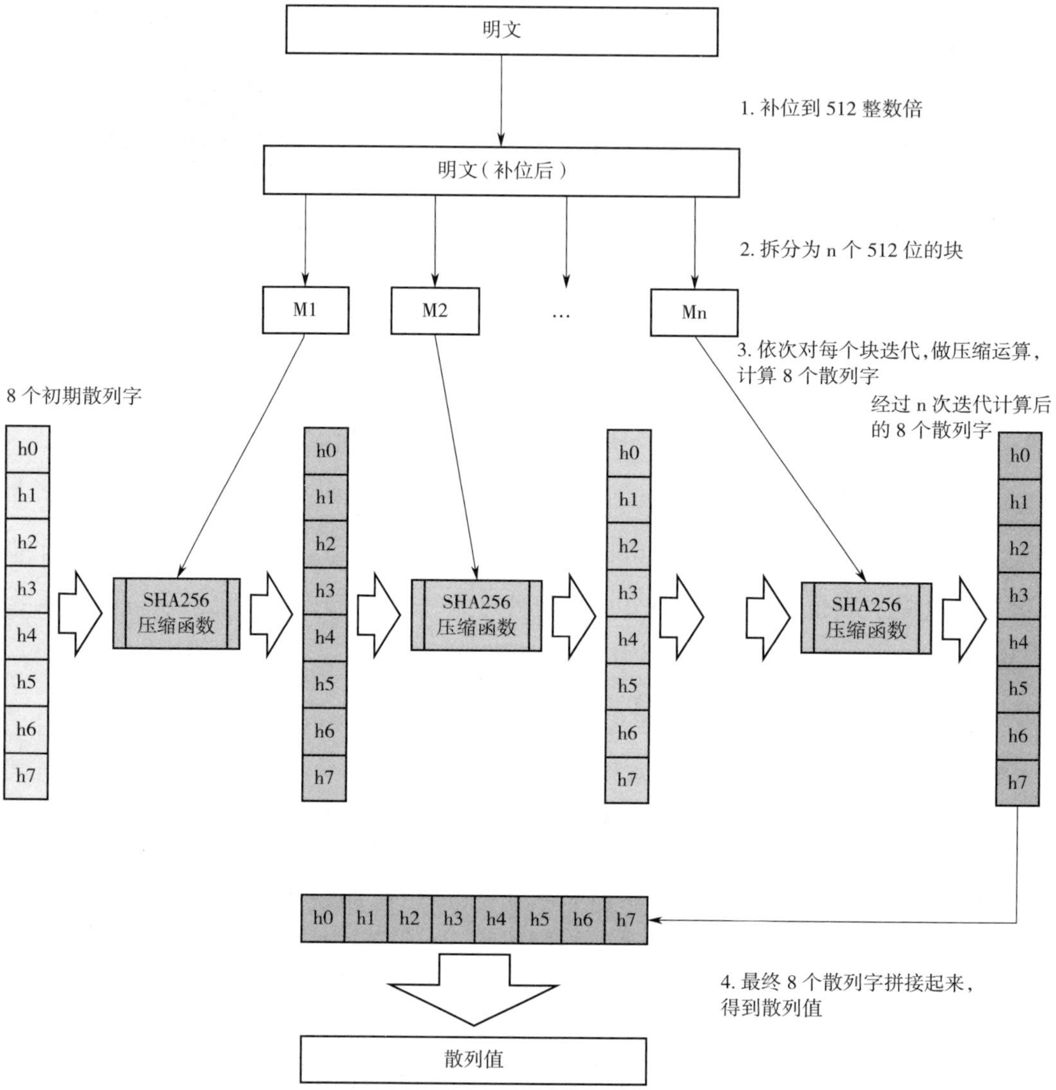

图 1-4 SHA-256 算法的工作流程

1.7.4 SHA-256 算法的特点

(1)安全性高。SHA-256 基于复杂的数学运算和位操作,并经过广泛的密码学分析和攻击测试,被认为是安全性较高的哈希函数。

(2)均匀性和唯一性。SHA-256 生成的哈希值在理论上均匀分布且具有极低的碰撞概率,即使输入数据产生微小变化也会导致输出的哈希值完全不同。

(3)固定长度输出。SHA-256 生成的哈希值始终是 256 位的固定长度,这有助于数据处理的一致性和方便验证。

(4)广泛应用。SHA-256 被广泛应用于密码学领域,包括数字签名、数据完整性验证、密码存储等。

总的来说，SHA-256 是一种安全、高效的哈希算法，被应用于许多安全和加密应用中。

1.8　数字签名

1.8.1　生活中的签名

在介绍数字签名之前，我们先来思考在生活中什么时候会用到签名？比如家长在学生的考试卷上签字确认成绩，当事人签订各类合同等。这个签名的作用是根据字迹验证签名者身份。在古代，使用火漆或者胶水给信件封口，以尽量防止信件内容被私自查看或篡改。在现代，重要文件、高考试卷等，通常都是密封的，在使用时才会当面拆封，这也是为了保证内容未泄露且未被篡改。签名在日常生活的许多方面都扮演着重要的角色，尤其在合同和法律文件中，签名具有法律效力，表示参与者同意合同的内容并承担相应的责任。签名是确认合同有效性和完整性的一种方式。签名被用作一种身份验证方式。在许多场合，个人需要在文件、表格、银行交易等上面签名以证明本人同意相关事项。签名是一种重要的书面确认和标识方式。

1.8.2　数字签名概述

与传统签名类似，数字签名是只有信息的发送者才能生成的他人无法伪造的一段字符串。数字签名是数字消息真实性、完整性的有效证明。

数字签名又称公钥数字签名，是基于公钥加密技术实现的鉴别数字信息来源及完整性的算法。数字签名可以保证信息的完整性和不可抵赖性。在许多区块链系统中，交易的合法性都通过数字签名技术来保证。

数字签名有两个重要步骤：签名和验证。其中，签名的密钥是不能公开的，而验证的密钥只有必要的验证方可知。通常来说，数字签名的验证方法都是公开的，这也意味着数字签名的验证方法及相应的公钥（验证的密钥）是公开的。如果采用了对称加密的方法，由于签名和验证使用同一密钥，这会导致无法将密钥合理分配给验证方，从而无法满足签名和验证的需求，这种情况是不可行的。非对称加密可以很好地解决这个问题，签名方只需要通过私钥加密信息，验证方可以利用公钥进行解密。

1.8.3　数字签名的行为

如果直接对原有数据进行加密，开销是十分巨大的。对此，通常采用对原有信息的哈希值进行加密的方式来进行签名。对于一个消息 M 及其哈希摘要 D，签名者通过自身的私钥 $K_{私}$生成对应的签名 $S = F(D, K_{私})$，那么验证者便可以通过对应的公钥 $K_{公}$解密 S，得到接收到的消息 M'的摘要 $D = F(S, K)$，将通过消息 M'产生的摘要 D 与 D 对比可以验证消息 M 的完整性和正确性。在哈希函数介绍中我们知道，哈希函数具有抗篡改能力，如果接收到的消息 M 被第三方篡改过了，那么重新计算得到的哈希值与原哈希值很难相等（除非产生了哈希碰撞）。同样，如果验证者已经接收到了签名 S，那么签名者也不能够再次修改数字信息，这体现了数字签名的不可抵赖性。

1.9 数字签名流程

1.9.1 数字签名简单流程

检验方通过检查数字签名 S 解密得到的摘要 D 和接收到的消息 M'的摘要 D'是否相同,便可以确定消息 M 的完整性和正确性。即使 M 被细微地修改为 M',根据哈希函数的特点,得到的摘要 D'也会完全不同。当然,签名的实际流程更为复杂,而且在一些实际应用场景中可能不采用传统的加解密过程,但都是通过接收到消息 M 的摘要 D、公钥 K,以及相对应的签名 S 来进行比对和验算的。简单的数字签名和检验流程如下图 1-5 所示。

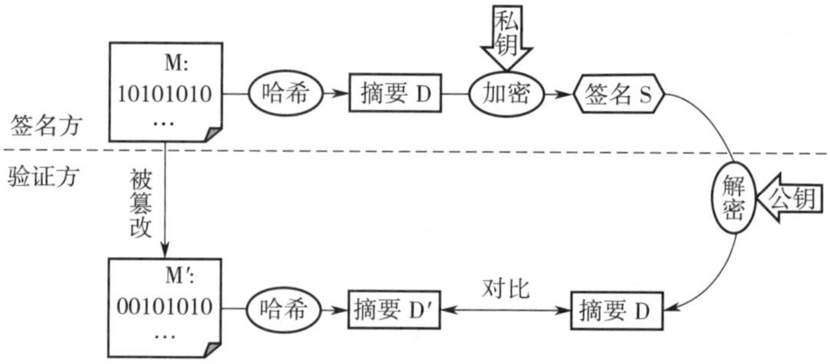

图 1-5 简单的数字签名和检验流程

这里举一个具体例子,发送者 Bob 向接收者 Alice 发起交易,数字签名和验证流程如图 1-6 所示。

(1)Bob 生成数字签名。

①利用 RSA 算法生成公钥、私钥。私钥由密钥持有者自主保存,公钥可对外公开。

②准备好待签名的文档。

③利用哈希算法生成待签名文档的摘要(文档摘要)。

④利用签名者的私钥、加密文档摘要,得到数字签名。

⑤将签名者的公钥、数字签名、文档传递给验签者。

(2)Alice 验证数字签名。

①获得签名者发过来的公钥、数字签名、文档。

②利用签名者的公钥解密数字签名,得到解密后的文档摘要。

③利用哈希算法生成文档的摘要。

④比对解密后的文档摘要与利用哈希算法生成的摘要。

⑤若两个摘要完全一致,则验证成功;否则验证失败。

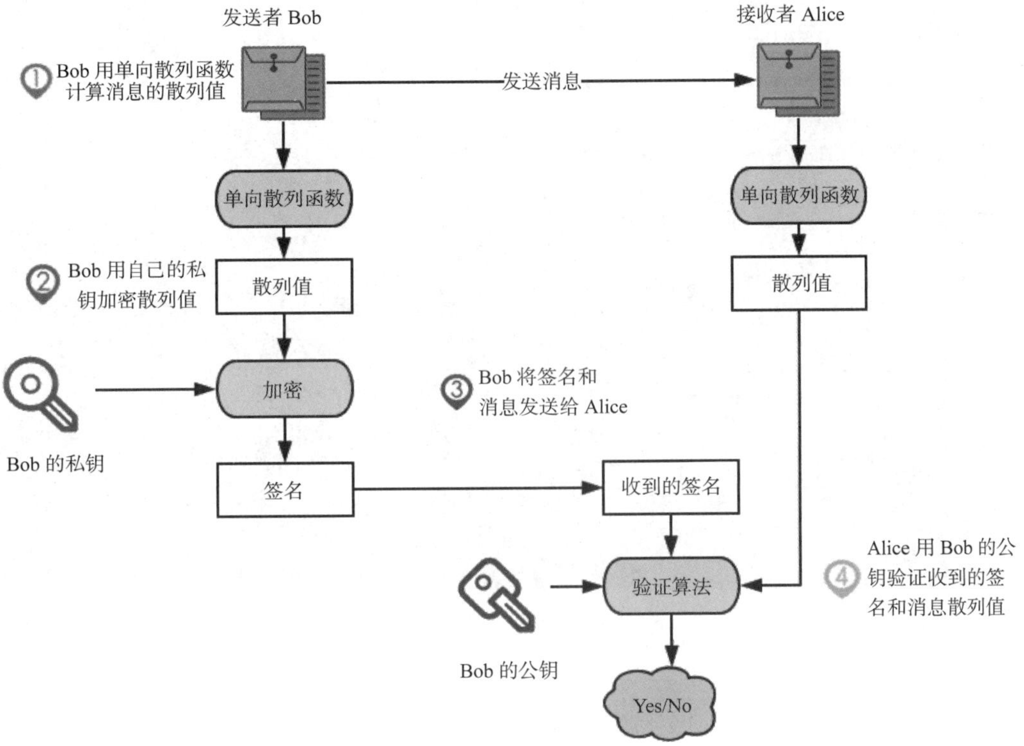

图 1-6　数字签名和验证流程

1.9.2　比特币系统中的数字签名流程

首先，验证节点对交易进行哈希函数处理，生成摘要。其次，利用发送方的公钥对交易中的数字签名进行解密操作，得到解密后的摘要。最后，将解密后的摘要与通过哈希函数生成的摘要进行比较。如果两个摘要相同，则说明交易的数字签名有效，即交易是有效的。数字签名使用流程如图 1-7 所示。

1. 交易创建

交易的发起者（发送方）创建一笔交易，包括输入和输出。输入指定了之前的输出交易（UTXO），证明了发送方可以使用这些输出。输出指定了接收方的地址和转账金额。

2. 交易哈希

发送方使用哈希函数对整个交易（包括输入和输出）生成一个交易哈希值。这个哈希值唯一标识了该笔交易。

3. 数字签名生成

发送方使用自己的私钥对交易哈希值进行签名。

首先，发送方对交易哈希值进行哈希函数处理，生成一个摘要。

其次，发送方使用私钥对摘要进行加密操作，生成数字签名。

数字签名是使用发送方私钥对交易哈希值摘要加密后得到的密文，它能够证明发送方对该交易的认可，并与发送方私钥相关联。

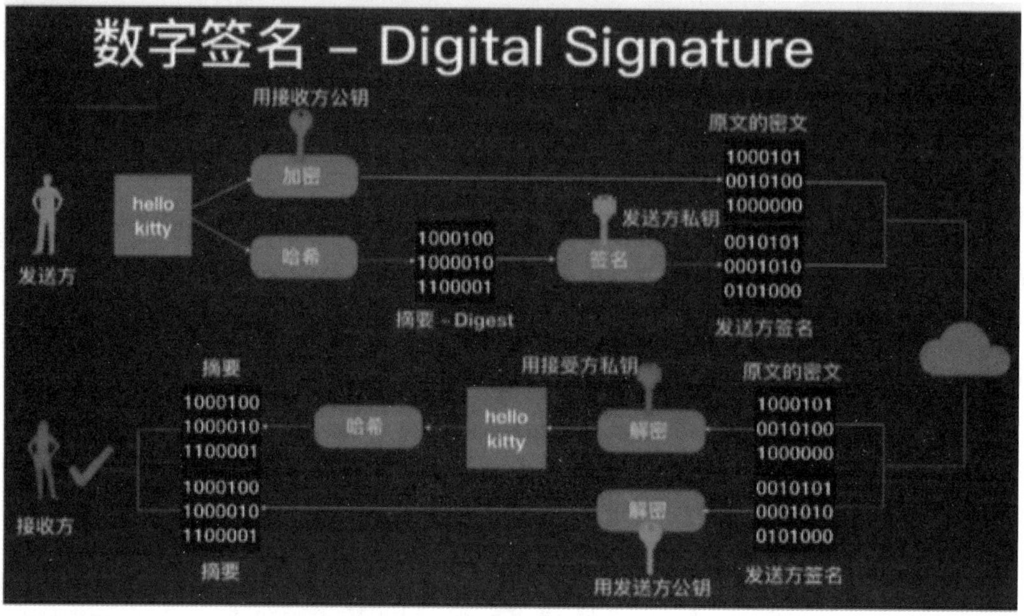

图 1-7　数字签名使用流程

4. 签名附加

发送方将数字签名附加到交易中,形成交易的数字签名。

5. 交易广播

发送方将带有数字签名的交易广播到比特币网络中。

6. 交易验证

比特币网络中的矿工节点收到交易后进行验证。

1.10　非对称加密算法

1.10.1　什么是非对称加密算法

非对称加密算法是一种加密技术,又称为公钥密码技术(PKI)。使用一对密钥来进行数据的加密和解密。这对密钥由两部分组成:公钥和私钥。其中,公钥对外公开;私钥必须严格保密,妥善保管,防止丢失。

1.10.2　数字签名算法与非对称加密算法的区别

密钥本质上是通过特定数学算法生成的一组数值。公钥用于加密,私钥用于解密;反过来私钥也可以用于加密,公钥用于解密,相当于用私钥进行签名操作,即若公钥能正常解密,则签名为真。

数字签名算法属于非对称加密算法的一种,另一类非对称加密算法主要用于信息的加密和解密(通常所说的非对称加密算法一般指这一类)。通常我们说非对称加密算法时指的是信息的加密和解密，并不是数字签名算法。它们的区别是，用于信息加密和解密的非对称加密算法通常是公钥加密、私钥解密；数字签名算法是用私钥签名，公钥验签。数字签名算法与非对称加密算法的区别见表 1-1。

表 1-1　数字签名算法与非对称加密算法的区别

算法	私钥	公钥
非对称加密算法	接收者解密时使用	发送者加密时使用
数字签名算法	签名者生成签名时使用	验证者验证签名时使用

在非对称加密算法中，私钥是在接收者解密时使用，公钥是在发送者加密时使用；在数字签名算法中，私钥是签名者生成签名时使用，公钥是验证者验证签名时使用。私钥是个人持有，公钥是只要有需要，任何人都可以拿到。

1.10.3　以太坊系统的非对称加密算法

以太坊系统使用的非对称加密算法是椭圆曲线数字签名算法（Elliptic Curve Digital Signature Algorithm，简称 ECDSA）。ECDSA 是一种基于椭圆曲线离散对数问题的非对称加密算法，用于生成和验证数字签名。

在以太坊系统中，ECDSA 被应用于以下方面。

（1）交易签名。发送方使用自己的私钥对交易进行签名，生成数字签名。接收方使用发送方的公钥验证交易的数字签名。

（2）账户验证。每个以太坊账户都与一个公钥关联。通过验证数字签名，可以确认账户的拥有者对账户操作的授权。

（3）智能合约验证。以太坊的智能合约也使用 ECDSA 进行验证。合约中的操作需要通过签名授权，确保具备相应权限的账户可以执行操作。

ECDSA 具有高度的安全性和高效性，并且在以太坊系统中得到广泛应用。它是以太坊网络中实现加密和身份验证的重要组成部分。

1.10.4　比特币系统的非对称加密算法

比特币系统使用了特定的椭圆形曲线参数（SECP256K1）来实现 ECDSA。

在比特币系统中，ECDSA 应用于以下方面。

（1）交易签名。发送比特币的用户使用自己的私钥对交易进行签名，生成数字签名。接收方可以使用发送方的公钥验证交易数字签名的有效性，进而确认交易的有效性和可执行性。

（2）地址生成。比特币系统中每个用户的公钥都通过特定算法映射生成一个唯一的比特币地址。用户通过特定的映射函数，基于自己的公钥等相关信息生成一个唯一的比特币地址，用于接收比特币。

（3）挖矿奖励。在比特币挖矿的过程中，矿工需要使用自己的私钥对包含挖矿奖励相关信息的新区块内容进行签名，以证明自己有权获得挖矿奖励。

1.11 数字签名的作用与应用场景

1.11.1 数字签名的作用

数字签名是一种重要的密码学工具，用于保证数据的唯一性、身份的真实性和信息的不可否认性。其作用如下。

(1)数据完整性保护。通过数字签名，可以保证数据在传输过程中不被篡改或损坏。接收方可以验证数字签名，如果签名有效，就可以确定数据的完整性，即数据在传输过程中没有被修改。

(2)认证和授权。数字签名用于验证数据的来源和生成者的身份。发送方可以使用私钥生成数字身份签名，证明该数据是由其生成并授权发送的。接收方可以使用公钥验证数字签名，确保发送方的合法身份合法，数据可靠。

(3)不可抵赖性。使用数字签名可以阻止数据生成者否认其生成的数据。因为数字签名是基于私钥生成的，私钥只有签名者知道，因此签名的真实性不可否认。这在法律和商业交易中极其重要，可以用于证明某些人或实体对相关数据或行为的责任。

(4)数字验证证书。数字签名用于生成和验证数字证书。数字证书是由认证机构颁发的电子文档，用于验证个人、组织或网站的身份。通过验证数字签名，可以确认证书的真实性和合法性，确保沟通双方的身份真实可信。

(5)电子合同和法律文件。数字签名在电子合同和法律文件领域被广泛应用。签署方可以使用数字签名来代替传统的纸质签名，以保证合同的真实性和有效性，并为合同参与方提供法律保护。

(6)加密货币和区块链。在加密货币领域，数字签名是用于确保交易的安全性和可验证性的重要因素。交易发起方使用私钥生成数字签名，以证明交易的有效性和授权性。通过验证数字签名，可以确认交易的合法性和真实性。

总之，数字签名是一种重要的安全机制，用于保证数据的完整性、身份的真实性和信息的不可否认性。它在数据传输、身份验证、法律合同、电子商务和加密货币等应用中发挥关键作用，为安全通信和可信交易提供基础保障。

1.11.2 数字签名的应用场景

数字签名的应用广泛，比如可以应用在安全信息公告上，为防止有人伪装该组织发布虚假信息，需要在公告尾部加入数字签名；还可应用于网站认证。当我们查看一个网页的证书时，能看到其公钥信息和签名。若网站未通过证，访问时就可能出现安全问题。以下是数字签名的一些常见的应用场景。

(1)电子文档和合同签署。数字签名可用于电子文档和合同签署。它可以保证文档的完整性，验证签署者的身份，并提供法律效力。

(2)软件和固件验证。数字签名可用于验证软件和固件的真实性，检测其是否存在缺陷。它可确保软件或固件不被篡改或恶意修改,同时验证软件供应商的身份。

(3)网络通信安全。数字签名用于保证网络通信安全。通过数字签名,接收方可以验证数据的来源,检查数据是否存在被篡改等问题。

(4)数字证书和身份验证。数字签名可用于生成和验证数字证书,以进行身份验证和安全通信。数字证书包含公钥和其他身份信息,可保证通信方身份的真实性和通信的安全性。

(5)在线支付和电子货币。数字签名在在线支付和电子货币系统中发挥重要作用。它用于验证交易的有效性和授权,并确保交易的安全性和不可抵赖性。

(6)文件和数据文档。数字签名可用于文件和数据文档,确保其完整性和不可篡改性。数字签名可证明文件的原始状态,并防止后续的未授权修改。

(7)数字版权保护。数字签名可用于保护数字内容的版权。通过数字签名,内容创作者可以证明其作品的版权,以禁止未经授权的复制或修改。

(8)智能合约和区块链。数字签名在智能合约和区块链系统中发挥关键作用。它用于验证交易和签名者身份的合法性,确保智能合约的可执行性和区块链交易的安全性。

第 2 章　区块链账本结构

【本章导学】

区块链是一种按照时间顺序将数据区块以顺序相连的方式组合而成的一种链式数据结构，是以密码学方式确保数据不可篡改和不可伪造的分布式账本数据库。

区块链中所谓的“账本”，其作用和现实生活中的账本有相同之处，即按照一定格式记录流水等交易信息。随着区块链的发展，记录的交易内容由各种转账交易扩展到各个领域的数据。其实，任何导致数据变动的行为都可以理解为交易。从这个角度来看，区块链记录的就是一系列有顺序的交易。

根据上面的定义，区块链可以理解为一种“分布式记账”的技术，其记录的就是一系列有顺序的交易。每个节点或者说记账人都会在本地维护一个由区块组成的链式结构，每个区块里面都包含了这些交易信息。节点和节点之间通过 P2P 网络进行通信，通过分布式共识机制对区块链上的内容达成共识。通俗的比喻就是，每个人在本地都有一个小账本，每个账本都由一系列账页组成，账页上记录着交易，大家通过 P2P 网络进行通信，并对账本上记录的内容达成共识。

本章围绕区块链的链式结构的含义、区块的组成、默克尔树概念进行讲解。

【学习目标】

✧ 熟悉区块的基本概念和内部结构。

✧ 掌握默克尔树的原理以及具体应用案例。

2.1　区块链的链式结构

2.1.1　区块链的定义

在比特币中，交易只有得到验证和执行才能正式被区块链系统确认，也就是这笔钱才算被“花”出去。由于比特币没有一个权威的中心机构，确认交易的重任便落在了参与比特币的所有节点上，所有节点必须对交易确认达成一致意见。如果交易很容易被确认，那么大家就会各自确认，一些冲突的交易就可能被同时确认，比如 Cathy 可以使用同一份 UTXO 同时向 Alice 和 Bob 转账。为此，比特币系统为确认交易的过程设立了一个门槛，这样一来交易便不能够被随便确认。然而，设立门槛带来了新的问题，如果每一个交易都要被单独确认的话，整个系统的开销会非常大。为此，比特币系统采取批量确认交易的方法，将一批没有冲突的交易打包成一个待确认的整体，这便是区块（Block）。节点将交易打包成区块之后，便开始竞争确认区块的权力，最先满足条件的节点将会代表整个区块链网络将区块里的交易加入区块链系统。

与此同时，区块还会包含上一个区块的哈希引用，用来表示对上一个区块确认结果的承认。这样一来，区块之间便形成了一个单向的哈希链表，也就是区块链（Blockchain）。

2.1.2　链式结构的定义

链式结构是一种数据结构，其中数据元素按照顺序依次连接形成链条。数据元素通常被称为节点（Node），并且每个节点都包含实际的数据和一个指向下一个节点的引用或指针。这种结构使得数据元素之间通过指针相互关联，形成一个线性的数据序列。

在链式结构中，通常有一个头节点（Head Node），它是链表的第一个节点，也是整个链表的入口。而最后一个节点通常被称为尾节点（Tail Node），其指针指向空（null）或者其他特定的标识，表示链表的结束。

2.1.3　链式结构的组成

在区块链中，每个节点都包含数据和一个指向下一个节点的引用（指针或链接）。节点可以包含自定义类型的数据，也可以包含其他任意类型的数据。链表由一系列节点组成，每个节点通过指针或链接与下一个节点连接起来，形成一个链式结构。链表的第一个节点称为头节点，最后一个节点称为尾节点。区块链中的链式结构的节点是区块，每个区块都包括一组交易数据，例如货币交易、智能合约执行结果等。数据可以根据具体的区块链应用而有所不同。

区块链的区块如图 2-1 所示，区块 1 中包含毕小宝支付给老王 8 000 元，老王给媳妇儿转账 5 000 元等；区块 2 包含 A 给 B 转账 × × × 元，A 给 C 转账 × × × 元。

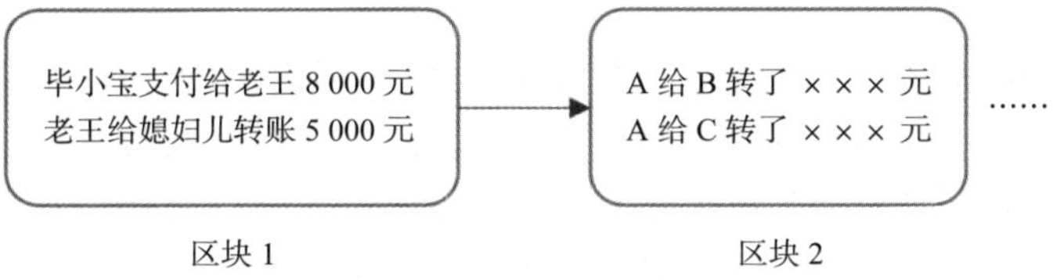

图 2-1　区块链的区块

链式结构的组成如下。

（1）节点（Node）。每个节点都是链式结构的基本单元，包含了存储的数据和指向下一个节点的指针或引用。节点可以是自定义的数据类型，包含一个或多个数据字段。

（2）数据（Data）。节点中存储的数据可以是任意类型的数据，如整数、字符串、对象等。每个节点都可以存储不同类型的数据。

（3）指针或引用（Pointer/Reference）。节点中包含指向下一个节点的指针或引用。通过这个指针或引用，可以找到下一个节点的位置。

（4）头节点（Head Node）。链式结构中的第一个节点为头节点，它是整个链式结构的起点。头节点没有前一个节点，只有一个指向下一个节点的指针。

（5）尾节点（Tail Node）。链式结构中的最后一个节点为尾节点，它的指针指向空值（null），表示链式结构的结束。

2.1.4 链式结构的分类

链式结构可以是单向链表、双向链表或循环链表等，具体区别如下。

（1）单向链表。在单向链表中，每个节点只包含一个指向下一个节点的引用。节点之间的连接是单向的，只能从头节点开始顺序遍历到尾节点。

（2）双向链表。在双向链表中，每个节点除了包含指向下一个节点的引用外，还包含指向前一个节点的引用。这样的双向连接允许从头节点和尾节点两个方向遍历链表。

（3）循环链表。循环链表是一种特殊的链表，其中尾节点的引用指向头节点，形成一个闭环。这样可以使链表变为循环结构，从而可以通过任意节点遍历整个链表。

（4）带头节点链表（Header Linked List）。带头节点链表是在链表的头部添加一个额外的空节点作为头节点，用于简化链表的操作。头节点不存储实际的数据，仅作为链表的起始位置，方便对链表进行插入、删除等操作。

（5）带尾节点链表（Tail Linked List）。带尾节点链表在链表的尾部添加一个额外的指针指向尾节点，用于快速访问链表的尾部。这样可以避免在每次执行插入操作时遍历整个链表找尾节点。

（6）跳表（Skip List）。跳表是一种特殊的链表结构，使用多层链表来加速查找操作。每个节点不仅连接到下一个节点，还连接到同一层或更高层的其他节点。跳表可以在有序链表中快速定位目标元素，提高查找效率。

这些是常见的链表结构分类，每种结构都具有不同的特点和适用场景。根据实际需求选择合适的链表结构可以提高数据结构的效率和功能性。

2.1.5 链式结构如何把区块链接起来

区块链的链式结构如图 2-2 所示。在区块链中，链式结构使用加密哈希算法将区块链接起来。每个区块都包含一个哈希值，这个哈希值是由区块的内容和前一个区块的哈希值计算得出的。每个区块都记录了前一个区块的哈希值，从而将区块串联在一起。通过一个数值（父哈希值）指向前一个区块，区块与区块连成一个链条，可以一直追溯到创始区块。这种链接结构确保了区块链的顺序性、完整性与安全性。

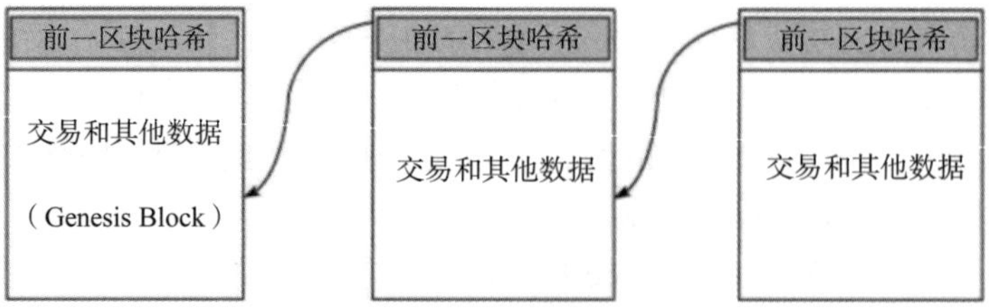

图 2-2 区块链的链式结构

2.2 区块链的区块标识符

2.2.1 什么是区块标识符

区块标识符是指在区块链中用于唯一标识一个区块的信息，通常是通过哈希算法生成的字符串或数字。区块标识符在区块链中起到了确认、查找和链接区块的作用，它可以帮助系统识别特定的区块，并确保区块链的安全性和完整性。

在区块链中，每个区块都有一个唯一的标识符，这个标识符通常是由区块的内容和前一个区块的标识符计算得出的。这个过程通过加密哈希算法实现，例如 SHA-256。当一个区块的内容或前一个区块的标识符发生改变时，它的标识符也会发生变化。

2.2.2 常见的区块标识符形式

（1）当前区块头哈希值。哈希值是最常用的区块标识符。它是通过对区块头进行哈希计算而得到的固定长度的字符串。哈希值通常使用加密哈希函数（如 SHA-256）生成，具有唯一性和不可逆性。因为对区块数据的任意更改都会导致哈希值不同，从而保证了区块的完整性和不可篡改性。 如图 2-3 所示，当前区块的哈希值为 256 位二进制数（转换为十六进制是 64 个字符）。

图 2-3 区块信息

（2）序列号（区块高度）。区块链系统可以为每个区块分配一个唯一的序列号。该序列号通常是一个递增的整数，可以作为区块的标识符，用于排序和检索区块。序列号在某些区块链系统中也用于确定区块的高度或深度。

区块高度是区块在区块链中的位置，后面添加的每个区块在区块链中都比前面的区块高出一个区块高度，第一个区块的高度为0，第二个区块的高度为1，区块高度不是唯一标识符，不存储在区块中，例如特殊情况下的分叉区块处于同一高度。如图2-3所示，当前区块的高度为640 114。

（3）指针。在某些区块链系统中，区块标识符可以是指向特定区块的指针。指针可以是直接的内存地址或其他引用形式，允许直接访问和定位到区块的位置。

2.2.3 区块标识符的应用

区块标识符在区块链中起着至关重要的作用，它提供了一种唯一且不可篡改的方式来识别和引用区块。通过区块标识符，用户可以在区块链网络中准确地定位和验证特定的区块，并在进行交易、共识和其他操作时正确地引用。

区块链浏览器是用于查看和浏览区块链数据的工具，区块标识符在其中扮演着重要的角色。用户可以输入特定的区块标识符，查看对应区块的详细信息，包括区块的哈希值、时间戳、交易记录等。区块标识符还可以用于查询和验证特定区块的信息。用户可以使用区块标识符来验证某个特定的区块是否存在、确认区块的完整性，或者检查特定的交易是否被包含在区块中。区块标识符在区块链交易追踪中发挥重要作用。通过区块标识符，用户可以跟踪特定交易的进程，并确定其所属的区块。这对于监测资金流动、验证交易状态和追溯交易历史非常有用。

2.3 区块链的区块结构

2.3.1 区块链的链式结构

在了解区块的组成结构之前我们先来回顾一下区块链的链式结构。区块链数据结构是一种有序的、后向连接的交易区块列表。区块是“后向”连接的，每个区块都有链接指向链条上的前序区块。区块链通常可想象为一个垂直堆栈，新的区块堆叠在其他区块的顶部，第一个区块是堆栈的基础。由此产生了一些新的名词，比如：“高度（height）”指本区块到第一个区块的距离；“顶部（top）”或“顶端（tip）”指最新加入的区块。

区块链中的每个区块的头部都由一个通过哈希算法生成的哈希值进行标识。每个区块头还包含一个“前序区块哈希”字段，对前序区块（父区块）进行引用。即每个区块在区块头中均存有父区块的哈希，将每个区块连接到其父区块的哈希序列形成了一条可以一直追溯到第一个区块（创世区块）的链条。

2.3.2 区块的组成结构

区块是区块链中的基本数据单元。它包含了一定数量的交易信息和元数据，以及用于连接其他区块的信息。其中区块头（Block Header）包含了关于区块本身信息的元数据。它包括以下字段。

（1）版本号（Version Number）。版本号标识区块使用的协议版本。

（2）区块父哈希（Parent Block Hash）。区块父哈希指向该区块的前一个区块的哈希值，通过该字段将区块链中的区块连接在一起。

（3）默克尔根（Merkle Root）。用于验证区块中包含的交易数据完整性的默克尔树根哈希值，通过对交易进行默克尔树计算得到。

（4）难度目标（Difficulty Target）。难度目标指定了挖矿节点必须满足的 PoW 难度条件。

（5）随机数。随机数通过不断尝试不同的值来满足难度目标条件。

（6）交易列表。区块中包含了一系列的交易记录，每笔交易记录代表一次价值增量或智能合约执行。交易列表可以包含多笔交易，每笔交易都有独特的属性，例如发送者地址、接收者地址、交易金额和智能合约执行数据。区块链针对交易数据的存储设计的数据结构为默克尔树。

区块链网络中的每个区块都有一个唯一的标识符，即区块哈希值（Block Hash）。区块哈希值通过对区块头和交易列表进行哈希运算得到。这种哈希的特性保证每个区块都是不可更改的，因为任何对区块的修改都会导致哈希值的改变。

2.3.3　以太坊数据结构

以太坊是一个基于交易的状态机，其区块链中的每个区块都对应一个状态，每产生一个区块，以太坊的状态就会转换。状态转换使得运行以太坊的所有节点保持数据的一致性。以太坊与其他区块链数据结构类似，也包括区块头和区块体，除此之外以太坊还包括叔块，通过叔块可以解决双重支付问题。

2.3.4　以太坊的区块结构

以太坊的区块是由区块头、交易列表和叔区块三部分组成的。其中区块头包含区块号、块哈希、父块哈希等信息，以太坊针对三种对象——状态（外部账户和合约账户）、交易、收据，设计了三棵 Merkle Patricia Tree（MPT）。其中 State Root、Transaction Root、Receipt Root 分别代表状态树、交易树和收据树的哈希。

除了创世块外，每个块都有父块，用父哈希连成一条区块链。MPT 是由 MerkleTree 与 Patricia Tree 结合而来的，这三种树可以帮助以太坊客户端实现一些简易的查询操作，如查询某个账户的余额、某笔交易是否被包含在区块中等。

2.4　区块的区块头

2.4.1　区块结构

区块结构由区块头和区块体组成，区块头存储了本区块的一些相关属性，区块体存储了本区块记录的一系列交易记录。下面以比特币的区块结构为例，详细了解区块头结构。

2.4.2 区块头结构

比特币的区块头是比特币区块中最重要的部分，它包含了关于当前区块的元数据信息，如父区块哈希值、版本、时间戳、难度、随机数、默克尔根等。其中区块头不包含当前区块的哈希值，当前区块的哈希值是接收区块后，自己在本地计算得出的。区块头数据如图 2-4 所示。

```
02000000 ........................... Block version: 2
b6ff0b1b1680a2862a30ca44d346d9e8
910d334beb48ca0c0000000000000000 ... Hash of previous block's header
9d10aa52ee949386ca9385695f04ede2
70dda20810decd12bc9b048aaab31471 ... Merkle root
24d95a54 ........................... Unix time: 1415239972
30c31b18 ........................... Target: 0x1bc330 * 256**(0x18-3)
fe9f0864 ........................... Nonce
```

图 2-4　区块头数据

（1）版本（Version）。如图 2-4 所示，当前区块的版本号为 2。这是一个用于标识区块的版本的数字。它允许比特币网络升级和改进，同时保持与旧版本的兼容性。通过版本号可以明确这笔交易参照的规则。不同版本的数据结构，需要不同的代码进行解析。当开发者决定大规模修改交易时，明智的做法是修改版本号，用于明确这次代码升级的规则是变化的。在比特币网络激活时，比特币网络需要冻结解析旧版本号的软件，要求它们升级到最新版本，才能解析新区块和新交易的数据结构。

（2）父区块哈希值（Previous Block Hash）。它指向前一个区块的哈希值。通过该字段，比特币的区块形成了一个链式结构，使得区块按顺序连接在一起。本区块不会存储自身的哈希值，只存储它的父区块的哈希值，自身的哈希值将会存储在子区块中，作为子区块的父哈希值。引入父区块哈希值能保证区块链的防篡改性，每个区块通过其父区块哈希值能一直追溯到创世区块。

（3）默克尔根哈希（Merkle Root Hash）。通过对区块中所有交易的哈希值进行哈希计算，形成一个默克尔树，并得到根哈希值。根哈希值用于验证区块中的交易数据的完整性。

（4）计时器（Timestamp）。它用于记录区块的创建时间，以 UNIX 时间格式表示，即自 1970 年 1 月 1 日以来经过的秒数。

（5）难度目标（Difficulty Target）。它表示矿工需要解决的 PoW 问题的难度级别。它是用十六进制表示的数值，用于控制比特币网络的挖矿难度。

（6）随机数。矿工为了满足问题的要求而不断调整随机数。矿工通过尝试使用不同的随机数来计算区块头的哈希值，直到找到一个满足难度目标的哈希值。

比特币的区块头由以上字段组成，每个字段的值都会不断影响区块头的哈希值。矿工需要通过调整随机数和尝试使用不同的值来找到一个满足比特币网络难度目标的区块头哈希值。一旦找到符合条件的区块头哈希值，该区块就被添加到比特币的区块链中，并被其他节点接受和验证。

比特币区块头的结构保证了比特币网络的安全性和去中心化特性。每个区块头的哈希值与前一个区块的哈希值相连接，形成了一条不可篡改的区块链，解决了比特币网络中双重支付问题，避免了其他恶意行为的攻击。

2.5　区块的区块体

2.5.1　比特币的区块体

通过前面的学习我们知道区块由区块头和区块体组成。区块头记录了区块的一些元数据信息，而区块体则存储了一系列的交易数据。

区块体的内容是该区块所包含的交易信息，从结构上看，区块体包括交易数量的相关记录以及具体交易数据。进一步细分，区块体共主要由三个部分组成：numTransactionsBytes、numTransactions、transactions。

（1）numTransactionsBytes：大小为 1 字节，记录了交易数量占用的字节数。

（2）numTransactions：大小为 0~8 字节，记录了区块内的交易数量。

（3）transactions：大小不确定，记录了区块内存的多个交易数据。

在区块体部分，numTransactions（记录区块内交易数量）是存储交易信息的重要字段，其采用压缩存储的方式，这样可以节省大量的存储空间。numTransactionsBytes 字段的存在是为了指示 numTransactions 在区块体中的存储部位，为读取交易数量做准备，因此，应最先读取 numTransactionsBytes 字段值，并根据该字段值的不同作出如下规定。

（1）如果 numTransactionsBytes 字段值小于 253，则交易数量为 numTransactionsBytes 字段值本身。

（2）如果 numTransactionsBytes 字段值等于 253，则交易数量为 numTransactionsBytes 字段值之后的 2 个字节。

（3）如果 numTransactionsBytes 字段值等于 254，则交易数量为 numTransactionsBytes 字段值之后的 4 个字节。

（4）如果 num Transactions Bytes 字段值等于 255，交易数量为 numTransactionsBytes 字段值之后的 8 个字节。

这种方式能够根据交易数量的范围，灵活地采用不同字节数来存储交易数量，从而节省存储空间。这对于区块链这种需要高效存储和传输大量数据的应用场景尤其重要。

2.5.2 交易数据的存储方式

区块体包括当前区块经过验证的、区块创建过程中生成的所有交易记录。这些记录通过默克尔树的哈希过程生成唯一的默克尔根并记入区块头。在比特币中，交易数据以特定的方式存储，以下是对比特币中交易数据存储方式的描述。

（1）交易结构。每个比特币交易由多个输入（Inputs）和多个输出（Outputs）组成。输入指明了要使用的比特币来源，而输出则指明了接收方的地址和发送的比特币数量。

（2）默克尔树。比特币使用默克尔树来存储交易数据。默克尔树是一种哈希树结构，它通过将交易哈希值两两分组并计算其组合哈希，逐级构建出一个哈希，称为默克尔根。这个默克尔根作为区块链的一部分存储在区块头中。

（3）区块链。交易数据被添加到比特币的区块链中。每个区块包含了一系列交易计算得出的默克尔根，每个区块通过自身的哈希值（由区块头的相关信息计算得出）按顺序链接到前一个区块的区块头中。这样，每个区块都包含了前一个区块的哈希值，形成了一个不可篡改的链式结构。

（4）UTXO 模型。比特币使用了未使用的交易输出（Unspent Transaction Outputs，UTXO）模型来跟踪比特币的所有权和交易历史。每个输出都有一个唯一的标识符和对应的金额，指明了该输出的所有者。当一个输出被输入时，它就会被标记为已使用，并生成新的未使用输出。

（5）存储方式。比特币的交易数据并非以常规的数据库方式存储，而是通过区块链的迭代方式存储在比特币网络的所有节点上。每个节点都保存了完整的区块链副本，并能验证和确认交易。

总之，在比特币中，交易数据通过默克尔树结构存储，并被添加到区块链中。区块链的分布式账本技术和 UTXO 模型确保了交易的安全性、不可篡改和去中心化特性。这种存储方式使得比特币交易具有高度的透明性和可追溯性。

2.5.3 默克尔哈希

区块头中的默克尔根，是通过对本区块所有交易的哈希值进行特定算法计算后得到的最终哈希值。默克尔哈希的计算过程是将一系列数据的哈希值，按照两两分组的方式，对每组哈希值进行哈希运算，得到新的哈希值，然后再对这些新哈希值重复上述分组和哈希运算的步骤，逐步汇总，最终得出一个代表所有数据哈希值的总哈希值，这就是默克尔哈希。

如图 2-5 所示，多笔交易的哈希值经过上述一系列计算过程，最终生成一个默克尔根，这个默克尔根实际上就是整个区块所有交易的默克尔哈希的具体体现，它能够简洁而有效地代表本区块内的所有交易信息，方便在区块链网络中进行验证和存储等操作。

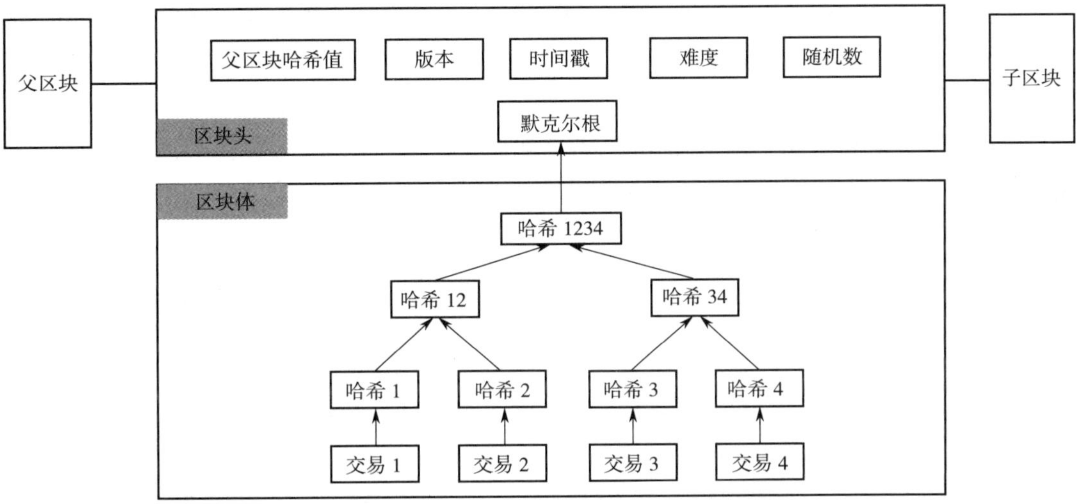

图 2-5　默克尔哈希

2.6　默克尔树的构成

2.6.1　默克尔树简介

默克尔树，也称为哈希树，是一种树状的高效数据结构，用于验证大量数据的完整性。它通过逐级计算哈希值，将大量的数据分层组织，并最终生成一个哈希值，用于代表整个数据集的状态，反映数据的完整性。

区块体中存储交易信息的数据结构就是默克尔树。默克尔树根哈希反映了所有的交易信息，修改任意一个交易数据都会造成根哈希的变化，从而交易数据被篡改，并且能够快速验证某笔交易属于这个区块（隶属证明）或者不属于这个区块（非隶属证明）。

默克尔树是一种二叉树，由一组叶节点、一组中间节点和一个根节点构成，如图 2-6 所示。相比于普通的二叉树，默克尔树采用了哈希指针代替普通指针。哈希指针的值是所指向节点数据的哈希值，这样如果某个节点的数据被篡改，其哈希值会改变，进而导致父节点以及后续节点的哈希值也发生变化，从而提高了篡改交易的难度。

默克尔树的最底层叶子节点存的是交易信息，对每一笔交易取哈希值得到 H_i（i 表示交易的序号）。将两个相邻交易的哈希值 H_i 和 H_{i+1} 拼接在一起，再对拼接后的结果取哈希值，得到的值作为这两个相邻叶子节点的父节点的哈希值。按照这样的方式依次迭代，最终得到默克尔树的根节点。

根节点是通过从最底层叶子节点开始，不断对相邻节点的哈希值进行迭代计算得到的，它包含了所有交易信息的哈希特征。任意一笔交易信息变化，都会层层传递导致根节点的哈希值发生变化。

对默克尔树的根节点取哈希值后，该哈希值存储在区块头的 Merkle Tree Hash 字段中，从而保证区块头包含所有的交易信息。任意一笔交易信息变化，都会层层传递，导致区块头中存储的相关哈希值发生变化。该区块头中哈希值的变化又会导致重新计算得到的区块头哈希值发生变化，这种变化会依次传递，导致该区块之后的每一个区块都发生相应变化，提高了篡改交易信息的难度。

验证一笔交易是否属于默克尔树时，若证明该交易属于默克尔树则称为隶属证明，若证明该交易不属于默克尔树则称为非隶属证明。

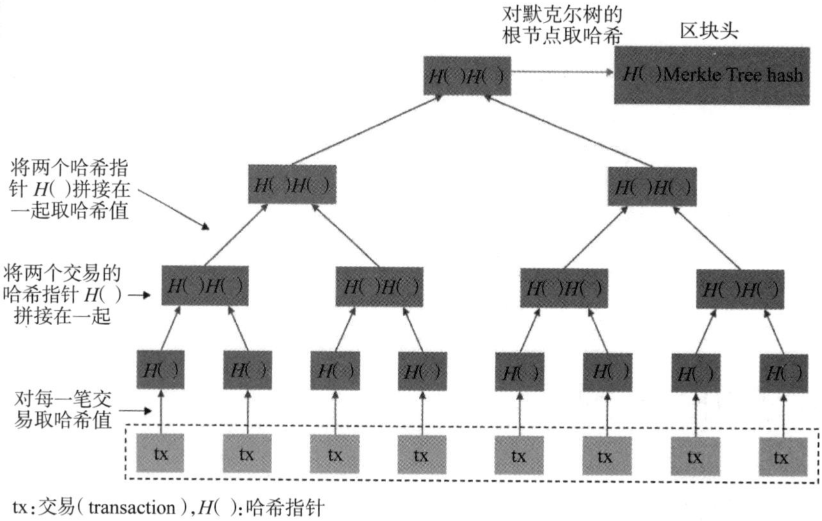

图 2-6 默克尔树

（1）隶属证明。

假设需要验证一笔待证交易存在 Merkle Tree hash 中，只需要提供部分节点信息，经过自底向上的哈希运算后，最终算出 Merkle Tree hash。将哈希运算结果与该区块头中的默克尔树作比较，如果相等则证明了待证交易确实在这个默克尔树中。

使用默克尔树做交易的隶属证明，假设包含 N 笔交易，默克尔树的高度为 $O(\log N)+1$，则验证一笔交易的时间复杂度为 $O(\log N)$。

（2）非隶属证明。

如何证明一笔交易不属于默克尔树？方法是使用排序默克尔树(Sorted Merkle Tree)，相比于默克尔树，Sorted Merkle Tree 中最底层的交易数据是有序排列的。先假设待证交易 X 在默克尔树中，根据有序排列的交易数据可以推算出排在待证交易之前的交易 A 和排在待证交易之后的交易 B，如果使用隶属证明中的方法证明了交易 A 和 B 都隶属于 Sorted Merkle Tree 且交易 A 和 B 是相邻着的(时间复杂度为 $O(\log N)$)，那么意味着在默克尔树中 A 和 B 之间是没有空间放下待证交易 X 的，从而证明了待证交易 X 不隶属于默克尔树。

2.6.2 默克尔树案例说明

假设一个区块有 4 个交易，对每个交易数据做差异哈希(dHash)运算，得到 4 个哈希值 a1、a2、a3 和 a4。哈希值也可以看作数据，所以可以把 a1 和 a2 拼起来，a3 和 a4 拼起来，再计算出两个哈希值 b1 和 b2。最后，把 b1 和 b2 这两个哈希值拼起来，计算出最终的哈希值,这个哈希就是默克尔哈希,如图 2-7 所示。

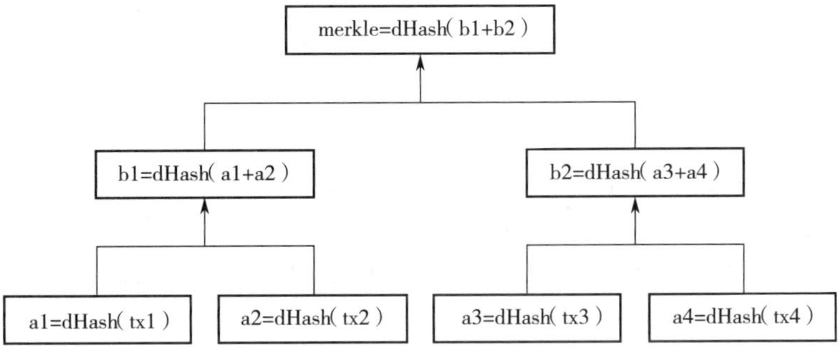

图 2-7　默克尔哈希

2.6.3　默克尔树常见问题

在默克尔树构成的某一层计算中,如果有单数,就把最后一份数据复制,最后计算出默克尔哈希。如图 2-8 所示,有 5 个交易,可以看到,a5 被复制了一份,以便计算出 b3,随后 b3 也被复制了一份,以便计算出 c2。总之,在每一层计算中,如果有单数,就把最后一份数据复制,最后一定能计算出默克尔哈希。

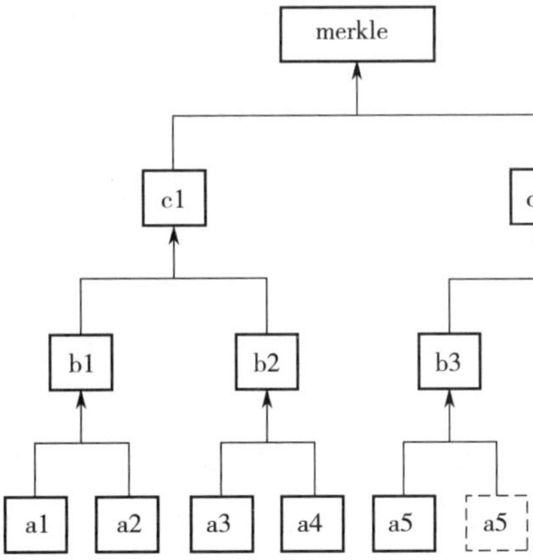

图 2-8　默克尔树形成过程

2.7　默克尔树的特点与应用场景

2.7.1　默克尔树的优点

默克尔树是一种数据结构,用于有效地验证大量数据的完整性。它在区块链和加密货币等领域应用广泛。以下是默克尔树的优点。

(1)数据完整性验证。默克尔树可以有效地验证大量数据的完整性,即判断数据是否被篡改。通过对数据块逐层进行哈希计算,根节点的哈希值就可以作为整个数据集的数字指纹。任何一个数据块发生改变,其哈希值都会不同,从而导致根节点的哈希值不同,进而表明数据已被篡改。

(2)高效性。由于每个非叶子节点的哈希值只取决于其子节点的哈希值,因此可以高效地验证大型数据集的完整性,只需计算整个数据集的根哈希值,而无须对整个数据集进行逐个比较。

(3)数据结构验证。默克尔树不仅可以验证数据的完整性,还可以验证数据结构的正确性。例如,在分布式系统中,可以使用默克尔树验证数据副本之间的一致性。

(4)可验证性。默克尔树的结构使得验证过程简单、快速。只需比较根节点的哈希值,即可确定数据的完整性和正确性。

(5)随机访问性。由于默克尔树的结构特点,默克尔树支持快速的随机访问。如果只需验证某个数据块是否属于数据集,可以仅计算涉及该数据块的路径上的哈希值,而无须计算整个树的哈希值。

总之,默克尔树是一种高效且安全的数据结构,适用于数据完整性验证和数据结构验证。其特点包括数据完整性验证、高效性、数据结构验证、可验证性、支持随机访问等。

2.7.2 默克尔树的缺点

尽管默克尔树在数据完整性验证等方面有很多优点,但也存在一些缺点和限制。尤其在需要频繁更新数据、需要高度并行验证,或对中间节点的修改也需要被检测的情况下,默克尔树可能并不是最优选择。

(1)哈希冲突。默克尔树使用哈希函数计算节点的哈希值,但哈希函数存在哈希冲突的可能性。如果发生冲突,即不同的数据块具有相同的哈希值,则可能导致数据完整性验证错误。

(2)效率低和存储开销大。构建和验证默克尔树需要计算大量的哈希值,这会产生大量的计算和存储开销。尤其在大规模数据集上,哈希计算和树的构建可能会耗费较多的时间和资源。

(3)动态更新困难。默克尔树被构建后,如果数据块发生修改或添加新的数据块,需要重新计算和更新整个树的结构。这对于大型数据集或频繁更新的情况可能不太实际,因为重新构建树的开销较大。

2.7.3 默克尔树的应用场景

默克尔树在许多领域都有广泛的应用,特别是在需要数据完整性验证、高效存储和验证数据的场景中。以下是默克尔树的应用场景。

(1)区块链和加密货币。默克尔树在区块链和加密货币领域被广泛用于验证区块内交易的完整性。每个区块的交易数据都会构建成默克尔树,根哈希值被包含在区块头中,以便验证者快速验证区块的有效性和交易数据的完整性。

(2)数字证书和 SSL/TLS 协议。在数字证书中,默克尔树用于验证证书链的完整性。在 SSL/TLS 协议中,服务器可以向客户端提供一个包含多个证书的证书链,默克尔树可确保每个证书的有效性和整个证书链的完整性。

（3）分布式文件系统。在分布式文件系统（如 IPFS）中，默克尔树用于管理和验证存储在不同节点上的文件块。这有助于检测文件是否被篡改和确保文件的完整性。

（4）比特币交易。在比特币交易中，每个交易的输入和输出都被存储在交易数据中，而默克尔树被用于验证交易数据的完整性。

（5）P2P 网络。在 P2P 网络中，例如 BitTorrent 协议，默克尔树用于验证下载文件的块的完整性。每个文件块都有一个哈希值，默克尔树用于验证下载文件的正确性。

（6）轻客户端验证。在移动设备等资源有限的环境中，默克尔树可以用于轻客户端验证，以验证区块链数据的完整性，而无须下载整个区块链。

（7）数据备份和校验。默克尔树可以用于数据备份和校验，确保备份数据的完整性，同时能够在需要时快速检测数据是否被篡改或损坏。

（8）防篡改日志。在系统日志中，默克尔树可以用于生成并验证防篡改的日志，以确保日志文件的完整性。

总的来说，默克尔树在各种需要验证数据完整性、高效存储和验证数据的场景中都具有重要作用。其在保障数据的完整性以及快速验证方面的能力使其在许多领域有广泛的应用。

第3章 共识算法

【本章导学】

在区块链系统这样的非中心化系统里面，并不存在中心权威节点。由于参与的各个节点自身状态和所处网络环境不尽相同，而交易信息的传递又需要时间，并且消息传递本身并不可靠，所以每个节点收到的需要记录的交易内容和顺序也难保持一致。此外，由于区块链中参与的节点身份难以控制，还可能出现恶意节点故意阻碍信息传递或者发送不一致的信息给不同节点，从而扰乱整个区块链系统记账的情况。因此，区块链系统的记账一致性问题，是一个非常关键的问题，关系着整个区块链系统的正确性和安全性。

区块链在某种程度上是一个分布式系统，每个节点都有一份完整的账本，区块链具有天然抵抗 DDoS 攻击的特性，并能够解决单点故障的问题。然而，区块链面临的一大难题是账本的更新。账本的更新需要保障分布式系统的一致性，即区块链中各个节点的账本在更新后能够保持一致。区块链的共识算法可以解决上述问题，其可以在去中心化且存在恶意节点的场景下维护区块链的全局账本。

【学习目标】

✧ 熟悉分布式共识的基础知识以及分布式共识的历史。
✧ 熟悉分布式共识的定义以及共识算法的分类。
✧ 掌握常用共识算法的原理、实现过程以及应用场景。
✧ 熟悉常见共识算法及其区别。

3.1 分布式与共识

可以把分布式共识分为“分布式”和“共识”两个方面进行理解。

3.1.1 分布式的定义

分布式的字面意思是分散的，与其相对的概念是中心化。在区块链领域，分布式的概念应用很广，但主要可以概括为每个节点有自主管理权（Self-Governance），且成员之间可以点对点地完成信息的交换或资产的交易。具有以上功能的系统被称为分布式系统。

在分布式系统中，计算任务和数据可以被分割成多个子任务或分片，并分发到不同的计算机或节点上进行并行处理。这种分布式的方式可以更高效地利用计算资源，并且具备更好的容错性，即使其中的某个节点出现故障，系统也可以继续运行。

分布式是指将计算任务或数据分散到多个计算机或节点上进行处理的计算模型或系统。在分布式系统中，多个计算机或节点通过网络相互连接，彼此协作完成任务或处理数据，以提高系统的性能、可靠性和可扩展性。

3.1.2　分布式的特点

分布式系统是由多个独立计算机或节点协同工作的系统，其通过网络通信来实现任务分配、资源共享和数据传输。分布式系统具有许多特点，以下是一些主要的特点。

（1）高可用性。高可用性的目标是确保系统的持续运行，即使其中的某个组件或节点出现故障或不可用，仍能够保持服务的正常运作。例如容错性、故障检测和恢复、负载均衡等，这些措施能够有效减少单个组件或节点故障对系统服务的影响，保证系统持续运行。

（2）高可靠性。高可靠性的目标是使系统具备对故障和错误的容忍能力，能够尽可能地避免系统的中断和数据的丢失，以及迅速恢复正常状态。例如容错和冗余、错误检测和恢复、数据备份和还原，这些手段可以增强系统对故障和错误的承受能力，降低系统中断和数据丢失的风险，并在出现问题时快速恢复。

（3）高扩展性。分布式系统可以通过增加更多的计算机或节点来提高和扩展系统的计算能力和存储容量。这意味着系统可以根据需求进行横向扩展，以适应处理更大规模数据和更高并发负载的需求。

（4）数据一致性。在分布式系统中，数据一致性是指在多个节点上存储和处理的数据副本保持同步和一致的状态。即使系统在面对并发操作、网络延迟、节点故障等情况下，仍能够保证数据的正确性和一致性。

（5）高安全性。分布式系统需要考虑数据的安全性和访问控制。由于数据和计算任务在多个计算机或节点之间传输和存储，需要采取安全措施，如加密通信、身份验证和访问权限管理，以保护系统免受潜在的安全威胁。

（6）高性能。高性能是指系统能够以高效率和低延迟处理大量的请求和任务，以提供快速响应的能力和实现高吞吐量。

（7）高稳定性。高稳定性是指系统在长时间运行和面对各种异常情况时，能够保持稳定的状态并持续提供可靠的服务。

3.1.3　区块链系统中的分布式

分布式系统是相对于中心化系统的一种统称，是由一组“通过网络进行通信，为了完成共同的任务而协调工作的”计算机节点组成的系统。

分布式系统通常通过维护多个副本来进行容错，共识算法的核心问题是维护多个副本的一致性，即在部分副本由于各种原因发生错误的情况下，整体集群仍能正常对外提供服务。

在分布式系统中，多个主机通过异步通信的方式组成网络集群。在这样的异步系统中，需要主机之间进行状态复制，以保证每个主机达成一致的状态。然而在异步系统中，可能出现突然无法通信的故障主机，可能出现网络拥塞和延迟，可能出现错误信息。在传统网络软件结构中，这几乎不是一个问题，因为有中心服务器存在，其他从库向主库看齐就行了。但区块链是一个分布式的网络结构，在这个结构中每个节点的地位都是对等的，一切都要“商量着来”。

在区块链中，分布式指的是将数据和计算任务分散在多个参与者（节点）之间，而不是集中在单一的中心化机构或服务器上。每个节点都有自主管理权，且成员之间可以点对点地完成信息的交换或资产的交易。

区块链是一种去中心化的分布式系统，其中参与者通过共识算法达成一致，并共同维护和验证系统的状态和交易。

3.1.4 共识的定义

举个生活中的例子，小明和小王出去聚会。

小明："小王，我们喝点什么吧？"

小王："喝咖啡怎么样？"

小明："好啊，那就来杯咖啡。"

在上面的场景中，小王提议喝一杯咖啡，小明表示同意，两人就"喝杯咖啡"这个问题达成共识，并根据这个结果采取行动。这就是生活中的共识。

共识问题实际上是社会科学和计算机科学领域共同关注的经典问题。最早可以追溯到1959年Edmund Eisenberg和David Gale发表的关于"有主观思想的个体"的"共识概率分布"社科研究。而计算机领域的里程碑式的共识研究是在1975年由纽约州立大学的E. A. Akkoyunlu、K. Ekanadham和R. V. Huber在论文中提出的"计算机通信两军问题"。该研究主要论证了在不可靠的通信链路上试图通过通信达成共识是不可能的。

在传统的集中式架构中，客户端发起请求，只需要一台服务器进行计算并直接响应结果即可。在分布式系统中，客户端发起请求，需要多个节点间形成一致性的结果后对客户端作出响应。那么这种形成一致性结果的过程就叫作节点间的共识。共识指的是多个节点对某个数据达成共识，多个节点对多个数据的顺序达成一致共识，能够保证数据的一致性。

3.1.5 区块链系统中的共识

区块链是典型的分布式系统。在区块链系统中，如何让每个节点通过一定的规则将各自的账本保持一致是非常关键的问题。这个问题的解决方案就是共识机制。分布式共识算法是为分布式系统而设计的，目的是让所有参与记账的节点所记信息保持一致。

3.1.6 分布式共识

分布式共识是指在分布式系统中，多个节点就某个共同的状态、数值或事务达成一致意见的过程。由于分布式系统中节点的分布性和异构性，不同节点之间可能存在通信故障、节点失效、网络延迟等问题，这会导致在系统中达成一致变得复杂而困难。因此，分布式共识的目标是通过协调和同步节点之间的操作，使得分布式系统能够就共同的事实、数据或状态达成共识。

3.2 分布式计算

前一小节我们学习了分布式与共识，了解到分布式共识是在多个节点均可独自操作或记录的情况下,使得所有节点针对某个状态达成一致的过程。分布式共识是分布式系统中的一个关键机制,它为分布式计算提供了重要的基础保障。而在分布式系统中,分布式计算涉及到多个方面,不仅仅是数据的存储和操作,还包括任务的分配、调度以及节点之间的通信等一系列复杂的过程,通过这些协同操作来实现高效的计算处理。本节我们就来详细了解一下分布式计算。

3.2.1　分布式计算的定义

为了理解为什么要进行分布式计算,首先需要理解传统的集中式计算和分布式计算的区别。下面从组织结构、资源管理、可扩展性、容错性、数据传输和通信等方面来分析两者的区别。

1. 组织结构

集中式计算模型中存在一个中心节点或服务器,负责接收和处理所有的计算请求;所有的计算资源和数据都集中在中心节点上。

分布式计算模型中存在多个计算节点,它们彼此之间相互协作,共同完成计算任务;计算资源和数据分散存储在不同的节点上。

2. 资源管理

在集中式计算模型中,中心节点负责分配和管理所有的计算资源;计算任务由中心节点决定分配给哪个节点执行。

在分布式计算模型中,计算任务和数据可以分散在不同的节点上,各个节点可以根据任务需求和资源可用性来执行任务。

3. 可扩展性

在集中式计算中,当计算负载增加时,只能通过增加中心节点的处理能力来扩展系统,存在单点故障和性能瓶颈的风险。

分布式计算可以通过增加节点的数量来实现系统的横向扩展,可以根据负载的增减情况,动态地添加或删除计算节点,提高和扩大系统的性能和容量。

4. 容错性

在集中式计算中,中心节点出现故障或失效会导致整个系统瘫痪,可能引发单点故障,影响系统的可用性和可靠性。

分布式计算中的节点可以相互协作和容错,当某个节点出现故障时,其他节点可以继续工作,确保系统的可用性和稳定性。

5. 数据传输和通信

在集中式计算中,计算任务和数据需要通过网络传输给中心节点进行处理,可能存在网络延迟和带宽限制的问题。

在分布式计算中,计算任务和数据可以在就近的节点上处理,减少了数据传输的开销和延迟。

总体而言,集中式计算强调集中控制和资源管理,适用于小规模和集中式的计算需求。而分布式计算强调分散计算和协作,适用于大规模和分布式的计算需求。分布式计算具有更高的可扩展性、容错性和灵活性,适用于处理复杂的计算任务和进行大规模的数据处理。

通过上面的分析可知,分布式计算是一种计算模型和计算范式,它通过将计算任务分发到多个计算节点上,使得多个节点可以并行计算和协作,以解决大量计算和数据处理问题。分布式计算的核心是把需要进行大量计算的工程数据分割成小块,由多台计算机分别计算,上传运算结果,并将结果统一合并得出数据结论。分布式计算需要组件之间彼此进行交互以实现一个共同的目标。

3.2.2 分布式计算的基本原理

分布式计算是通过多个计算机或节点协同工作来解决复杂问题的方法。它的基本原理包括以下方面。

(1)并行处理。分布式计算通过将任务分解成多个子任务,并在不同的计算节点上并行处理这些子任务,以加速整体计算过程。每个计算节点可以独立执行任务的一部分,从而提高计算速度和效率。

(2)协作通信。分布式计算中的各个计算节点之间需要相互通信和协作,以便共同完成任务。节点之间通过网络传输数据、交换信息、协调计算进度等,确保各个节点的计算结果能够整合在一起得出最终的结果。

(3)分布式存储。在分布式计算中,数据通常分布在不同的计算节点上。为了实现数据共享和访问,需要采用分布式存储系统,将数据分散存储在各个节点上,并提供数据复制和备份机制,确保数据的可靠性和可用性。

(4)负载均衡。为了充分利用所有计算节点的资源,分布式计算系统需要合理地分配任务和数据,确保各个节点的计算负载均衡,避免出现计算资源利用不充分或过载的情况。

(5)容错机制。分布式计算系统需要具备一定的容错性,即使在部分节点出现故障或失效的情况下,整个系统仍然能够继续正常运行,不会导致任务中断或数据丢失。

(6)一致性保证机制。在分布式计算中,涉及多个节点对共享数据进行修改和更新,因此需要采取一致性保证机制,确保在所有节点上对数据的修改都能够保持一致。

(7)分布式算法。分布式计算需要设计相应的算法来解决分布式环境下的问题。这些算法通常涉及节点之间的通信、数据同步、共识达成等问题。

3.2.3 分布式计算模型

分布式计算模型是一种用于描述和分析分布式计算问题的抽象框架,它定义了节点之间的交互方式、任务分配机制和通信模式。不同的分布式计算模型适用于不同的问题和应用场景。以下是一些常见的分布式计算模型。

1. 客户端-服务器模型

客户端-服务器模型是最常见的分布式计算模型之一。在这个模型中,客户端发送请求给服务器,服务器处理请求并返回结果给客户端。客户端负责发起请求和接收结果,而服务器负责处理请求并提供所需的计算或服务。

2. 对等网络(P2P)模型

对等网络模型是一种去中心化的分布式计算模型。在这个模型中,所有参与者(节点)都可以相互通信和协作,彼此之间没有明确的客户端和服务器的区别。每个节点既可以提供服务也可以请求服务，节点之间共享资源和任务。

3. 云计算模型

云计算模型通过网络“云”提供计算资源、存储和服务。云计算模型提供了按需的、可扩展的和弹性的资源分配，用户可以根据需要灵活地使用和管理计算资源。云计算模型通常分为三个层次：基础设施即服务（IaaS）、平台即服务（PaaS）和软件即服务（SaaS）。

4. 边缘计算模型

边缘计算模型将计算和数据处理推到离用户和数据源更近的边缘设备或边缘节点上。这个模型可以减少数据传输的延迟和带宽消耗，并提供实时的数据处理和响应能力。边缘计算模型适用于物联网、传感器网络和移动计算等场景。

5. 大数据处理模型

大数据处理模型是为了高效地处理大规模数据集而设计的分布式计算模型。这些模型通常采用并行计算的方法，将大规模数据分割成多个子任务并在分布式计算节点上并行处理。常见的大数据处理模型包括 Hadoop、Spark 和 Flink 等。

这些分布式计算模型提供了不同的组织和管理分布式计算系统的方式，用户可根据具体的应用需求和场景，选择合适的模型来实现高效的分布式计算。

3.2.4 分布式计算的应用领域

分布式计算在许多领域都有广泛的应用，它可以解决大规模、复杂的问题，提供高性能和高可用性的计算环境。

1. 区块链

分布式计算用于共识算法、区块链网络维护、智能合约执行、分布式存储、挖矿和区块生成、交易验证和安全性。

2. 共识算法

区块链中的共识算法用于解决分布式环境下节点之间的一致性问题。共识算法通过分布式计算来达成共识，确保不同节点对交易的验证和确认是一致的。常见的共识算法包括 PoW 和 PoS 等。

3. 区块链网络维护

区块链网络是由许多分布式节点组成的，节点之间需要通信、交换数据、同步账本等操作来维护整个区块链的运行。分布式计算在区块链网络中起到关键作用，确保节点之间的数据同步、交易验证和区块链的一致性。

4. 智能合约执行

智能合约是在区块链上执行的自动化合约，其中包含了一些代码逻辑和条件。分布式计算用于执行智能合约的代码，确保合约在不同的节点上得到相同的结果，并且执行过程是可验证的和不可篡改的。

5. 分布式存储

区块链中的分布式存储是指将数据分散存储在多个节点上，以提高数据的可靠性和可用性。分布式计算用于管理和维护分布式存储，确保数据可备份、复制及保持一致性。

6. 挖矿和区块生成

在某些区块链中,挖矿是指通过分布式计算来解决数学难题以生成新的区块。挖矿节点通过计算哈希值和验证交易等操作参与区块链的分布式计算,以竞争生成新的区块并获得奖励。

7. 交易验证和安全性

区块链中的交易需要经过节点的验证和确认,确保交易的合法性和一致性。分布式计算用于交易验证,不同的节点对交易进行独立验证,并共同决定是否将交易纳入区块链。

8. 云计算

云计算是分布式计算应用最广泛的领域之一。云计算提供按需的计算和存储资源,以服务的形式通过网络提供给用户。用户可以通过云计算平台快速获取和管理计算资源,提高资源利用率和灵活性。

9. 大数据处理和分析

大数据处理是指处理和分析海量数据集的技术和方法。分布式计算在大数据处理中起到关键作用,其通过将数据分割成多个子任务,在分布式计算节点上并行处理,提高数据处理和分析的速度和效率。Hadoop、Spark 和 Flink 等分布式计算框架被广泛用于大数据处理和分析。

10. 分布式数据库

分布式数据库是将数据分布存储在多个节点上的数据库系统。分布式数据库通过数据分片、复制和一致性机制来提供高可用性、容错性和扩展性。分布式数据库能够处理大规模数据、支持并发访问和提供高性能的数据存取。

11. 边缘计算

边缘计算是将计算和数据处理推向离数据源和终端用户更近的边缘设备或边缘节点的计算模型。分布式计算在边缘计算中发挥重要作用,其通过在边缘设备上进行分布式计算,具有实时数据处理、减少网络传输延迟等优势。边缘计算被广泛应用于物联网、传感器网络和移动计算等领域。

12. 分布式人工智能和机器学习

分布式计算在人工智能和机器学习中有重要应用。分布式计算可以并行处理大规模的训练数据集,加快模型训练和优化的速度。TensorFlow、PyTorch 和 Apache Mahout 等框架支持分布式计算,用于完成分布式人工智能和机器学习任务。

分布式计算可以应用于各种需要处理大量数据、高性能计算、资源共享和协同的领域。随着技术的不断发展,分布式计算在越来越多的领域发挥重要作用。

3.3 分布式系统

3.3.1 分布式系统的定义

分布式系统是指由多个独立计算机或计算节点组成的系统,这些计算机或计算节点通过网络进行通信和协作,共同完成特定的任务或提供特定的服务。换言之,分布式系统是由一组“通过网络进行通信，为了完成共同的任务而协调工作的”计算机节点组成的系统。它是相对于中心化系统的一种统称。

3.3.2　分布式系统的特点

分布式系统是由多个相互连接的计算机或节点组成的系统，这些节点通过网络通信来共同完成任务。分布式系统具有多种特点，这些特点决定了分布式系统与单一计算机系统或集中式系统的区别。

1. 优点

（1）高性能。分布式系统能够利用多台计算机或计算节点的并行处理能力，实现任务的分布式并行计算，从而提高系统的整体性能和处理能力。

（2）可扩展性。分布式系统具备良好的可扩展性，可以根据需求增加或减少计算节点，以适应不同规模和负载的需求。这使得系统能够应对业务的增长和变化。

（3）高可用性。分布式系统通过将任务和数据分布在多个节点上，提供更高的可用性。即使某个节点发生故障或中断，系统仍然可以继续运行，提供服务。

（4）容错性。分布式系统具备容错能力，能够在节点故障或通信中断等异常情况下继续正常运行。通过冗余备份、错误检测和恢复机制等技术，系统能够保持可靠性和稳定性。

（5）数据局部性。分布式系统将数据分布在多个节点上，使得数据在就近的节点上进行处理和访问，减少了数据传输的延迟和网络拥塞，提高了数据访问的效率。

2. 缺点

（1）复杂性。分布式系统具有更高的复杂性，包括节点之间的通信和协调、数据一致性的处理、并发控制等。这使得分布式系统的设计、开发和维护更加困难。

（2）网络通信成本增加。分布式系统依靠网络进行节点间的通信，网络通信成本可能比单机系统更高。节点之间的消息传递和数据同步可能增加额外的延迟和开销。

（3）数据一致性问题。由于节点间的通信延迟和网络不可靠性，分布式系统中的数据一致性成为一个挑战。确保数据在分布式环境中的一致性和正确性需要使用复杂的一致性协议和算法。

（4）资源管理和调度。在分布式系统中，对计算资源和任务进行有效的管理和调度是一个挑战。用户需要考虑负载均衡、资源分配、任务调度等问题，以充分利用系统的资源和提高系统的利用率。

（5）安全性和隐私保护。分布式系统面临安全性和隐私保护的挑战。节点间的通信需要进行安全加密和认证，确保数据的机密性和完整性。同时，分布式系统需要考虑对用户隐私的保护和数据访问的权限控制。

分布式系统具有多种特点，这些特点使其能够满足大规模、高并发、高可用性的需求，但也带来了一系列的挑战，如数据一致性、资源管理和调度、安全性、隐私保护等问题。

3.3.3　分布式系统的体系结构

分布式系统的体系结构是指系统中不同组件和节点之间的关系和组织方式。分布式系统的体系结构可以影响系统的性能、可伸缩性、可靠性和易用性。

(1)客户端-服务器体系结构。在这种体系结构中,有一个或多个服务器提供服务,而客户端向服务器请求服务或资源。服务器负责处理客户端请求,并返回所需的数据或结果。这种体系结构适用于许多应用,如 Web 应用、数据库服务等。

(2)对等网络体系结构。在对等网络体系结构中,所有节点都具有相同的地位,每个节点既是客户端又是服务器。节点之间可以直接交换数据和信息,形成一个去中心化的网络。这种体系结构适用于 P2P 文件共享、区块链等场景。

(3)三层架构。三层架构将系统划分为用户界面层、业务逻辑层和数据存储层。用户界面层与用户交互,业务逻辑层处理业务逻辑,数据存储层负责管理数据。这种架构使得系统的各个层可以独立扩展和演化。

这些体系结构在不同的分布式系统应用场景中有不同的适用性。选择合适的体系结构可以帮助用户设计和实现高效、可靠的分布式系统。

3.3.4 分布式系统设计问题

设计分布式系统时可能会遇到许多挑战和问题,需要综合考虑系统的性能、可伸缩性、可靠性、一致性等。

(1)数据一致性。由于系统的分布性,数据在不同节点之间的复制和更新可能存在延迟和不一致性。确保数据的一致性成为一个重要问题,需要采用合适的一致性模型和协议来处理数据一致性。

(2)故障处理和容错性。分布式系统中的节点可能会发生故障,如网络故障、节点宕机等。设计容错性机制,包括故障检测、故障恢复和容错协议,以确保系统的可用性和可靠性。

(3)数据分区和负载均衡。在分布式系统中,数据通常会被分区存储在不同的节点上。如何合理地进行数据分区,并确保负载均衡,使得系统能够高效地处理请求和存储数据,是一个重要的设计问题。

(4)网络通信和传输效率。分布式系统中节点之间的通信是关键环节,直接影响系统的性能和效率。设计高效的网络通信协议和传输机制,可以减少通信开销,提高数据传输的效率。

(5)一致性和性能的权衡。在分布式系统中,一致性和性能常常是相互制约的。对一致性要求过高可能会对系统的性能产生负面影响,这就需要在一致性和性能之间作出权衡,选择适合应用需求的一致性级别。

(6)安全和隐私保护。分布式系统存在安全和隐私风险,如数据泄露、身份认证等。设计合适的安全机制,包括身份验证、数据加密、访问控制等,可以确保系统的安全性和用户的隐私保护。

(7)扩展性和可伸缩性。分布式系统应具备良好的扩展性和可伸缩性,以应对不断增长的用户和数据量。设计水平扩展和垂直扩展的策略,能够提高系统的扩展性和可伸缩性。

(8)吞吐量和延迟。分布式系统需要关注处理大规模数据和高并发请求的能力。提高系统的吞吐量和减少请求的延迟,可以提高系统的性能和用户体验。

这些问题只是分布式系统设计中的一部分,根据具体的应用场景和需求,可能会涉及更多的问题。综合考虑这些问题,进行合理的系统设计和架构选择,可以开发出稳定、高效、可靠的分布式系统。

3.4　分布式账本

3.4.1　账本的概念

账本是记录经济交易、资金流动和财务状况的重要工具。它可以是实体的物理记录，也可以是数字化的电子记录。在商业、财务和会计领域，账本具有关键作用，用于追踪和管理资金、资源和交易。区块链中的账本记录信息包括交易记录、区块 ID、父区块哈希等，如图 3-1 所示。

图 3-1　区块链中的账本记录信息

3.4.2　账本的作用

账本在各种领域中扮演着重要的角色，它的作用如下。

（1）记录和存储数据。账本用于记录和存储各种交易、事件或数据的发生和状态变化。它提供了一个可靠的数据源，为数据的记录和跟踪数据提供可靠依据。

（2）保持数据一致性和可信性。通过共享账本数据，并经过共识机制的验证，所有参与方都对数据的一致性和可信性达成共识。账本的数据是经过多方确认和验证的，这使得数据更加可靠和可信。

（3）追溯和审计数据来源。账本记录了交易或事件的详细信息，包括时间戳、参与方和交易细节等。这使得人们可以追溯和审计数据的来源、变更和状态，以确保数据的合规性和可追溯性。

（4）具有去中心化和抗攻击能力。分布式账本具有去中心化的特点，即数据存储在多个节点上，并且没有单一的中央控制点。这提供了更高的安全性和抗攻击能力，因为账本数据在多个节点上被复制和共享，数据难以被篡改或破坏。

（5）提高了公正性和透明度。账本的共享性和透明性使得参与方可以查看和验证账本中的数据。这减少了对第三方的依赖，进而提高了交易的公正性和透明度。

（6）促进数据的共享和协作。通过分布式账本，不同的参与方可以访问相同的数据，促进数据的共享和协作。这为多方之间的合作提供了更好的数据基础，提高了信息交流和合作的效率。

（7）提供自动化交易和智能合约。分布式账本可以与智能合约技术结合，实现自动化的交易和合约执行。智能合约是一种自动化的、可编程的合约，它基于事先定义的规则和条件自动执行交易，减少了人为干预和中间环节。

综上所述，账本在确保数据的一致性、可追溯性和安全性方面起着关键作用。它提供了一个可信的数据记录和存储机制，为各种系统和应用提供了可靠的数据基础。

3.4.3 中心化账本和分布式账本

中心化账本的交易数据被集中存储在一个中心机构或实体数据库中。该中心机构负责维护和管理所有交易记录，用户需要通过这个中心机构来访问和验证交易信息。典型的中心化账本包括传统的银行账户、金融机构的账户系统等。分布式账本是一种基于分布式技术的方法，交易数据分散存储在多个节点上，而不是集中在一个中心机构。这种技术主要应用于区块链中。在区块链中，由于交易信息会被实时记录，且每个人的电脑上都保留着一份相同的账本，每个人都能知晓交易导致的财富结构变化情况。任何人若想修改数据，就需要修改大部分节点计算机中的记录，这几乎是不可能实现的，从而有效保证了数据的安全性。

3.4.4 分布式账本的概念

分布式账本又称共享账本，是一种能在网络成员之间共享和同步的数据库。分布式账本记录网络参与者之间的交易，比如资产或数据的交换。分布式账本不存在中央管理员或集中的数据库，其通过 P2P 网络和共识机制确保了跨节点的数据复制，降低了因调解不同账本所产生的时间和费用成本。区块链系统就是分布式账本的一种。

3.4.5 分布式账本技术的系统框架

分布式账本技术的系统框架可以根据具体的技术和应用场景而有所不同。其主要结构分为三层。

（1）协议层：由一系列软件组成，它们定义了系统运行规则。

（2）网络层：互相连接的参与者以及执行协议的进程。

（3）数据层：流经系统，且携带的信息与系统向用户展现的设计与功能有特定关联。

每一个层由一个或多个用于支撑分布式技术系统的组件组成。组件是一个系统功能必需的相关进程的逻辑集合。进程是一系列参与者实施的行为，其目的在于实现一个或一系列特殊目标从而使组件成功运作。

协议层包括初始组件和变更组件。初始组件用于系统组件间依赖性建立、代码块创建、规则启动；变更组件用于协议治理、协议变更。

网络层包括通信组件、交易处理区块、验证组件。通信组件负责网络访问、数据广播、交易启动;交易处理区块负责记录提议、制定冲突解决规则和设定交易处理的奖励机制;验证组件负责交易验证、记录验证、交易完结。

数据层包括操作组件和分账本组件。操作组件负责数据输入、编程可执行交易、记录执行轨迹;分账本组件负责数据指向。

3.5　分布式一致性

3.5.1　一致性的概念

分布式一致性(Distributed Consistency)是指分布式系统在状态上达成一致。简单来说,就是不同的人对一件事情产生了共识。大家或许不理解一致(Consistency)与共识(Consensus)的差别。一般认为,共识研究侧重于分布式系统达成共识的算法和过程,一致性研究则更侧重于系统最终达成共识的稳定状态。不过,因为一致性的结果是共识算法的目标,两者是不可分割的,所以在很多文献和应用场景中,两个概念也并没有被严格区分,而是可互换的。

3.5.2　一致性的问题

一致性问题是分布式系统最为基础且重要的问题。在分布式系统的架构中,一致性起着关键支撑作用。如果分布式系统能够实现“一致”,对外便可以呈现为一个独立的、高效稳定的、可扩展的“虚拟机节点”,其性能和稳定性相较于物理节点有显著提升。从系统的整体运行和应用需求来看,这种呈现状态是分布式系统期望达成的核心目标之一。

在分布式系统的实际运行中,账本作为记录系统状态和交易等关键信息的载体,其一致性至关重要。若分布式系统存在两个不一致的账本,那么在数据记录、交易验证以及系统状态更新等方面会产生混乱,可能导致数据错误、交易失败等一系列问题,严重影响系统的正常运行和可靠性。由此可见,一致性问题对于分布式系统而言,是保障其有效运作和稳定发展的关键所在,具有极其重要的意义。

3.5.3　问题与挑战

看似强大的计算机系统,实际上很多地方都比人类世界要脆弱得多,特别是在由多个计算机(节点)组成的分布式系统中,以下几方面很容易出现问题,这些问题会极大地降低整个系统的可用性。

首先,节点之间的网络通信是不可靠的。网络可能会出现延迟、丢包、中断等情况,这会导致节点之间信息传递不及时或不准确,进而影响系统中数据的一致性和完整性,使得系统无法正常运行。其次,节点的处理时间无法保障。不同节点的处理能力和负载情况各不相同,可能会导致任务处理速度不一致,从而影响整个系统的运行效率,甚至可能出现任务积压,使系统陷入瘫痪。再者,节点可以是恶意的。恶意节点可能会故意篡改数据、破坏系统规则,干扰系统的正常运行,给系统带来严重的安全隐患。最后,同步调用虽然可以简化设计,但会严重降低分布式系统的可扩展性。随着系统规模的扩大,同步调用会导致系统的性能瓶颈,限制系统的发展。

3.5.4 一致性的要求

根据以往的设计要求,分布式系统达成一致性的过程,应该满足以下条件。

(1)可终止性(Termination):一致性的结果在有限时间内能完成。

(2)约同性(Agreement):不同节点最终完成决策的结果是相同的。

(3)合法性(Validity):决策的结果必须是在系统中正常参与的某个节点所提出的提案。

可终止性、约同性和合法性对应以下 3 个分布式系统的要求:活性(Liveness),系统的可用性;安全性(Safety),任何给出的结果必定是达成共识的;正确性(Correctness),正确性的共识机制。

3.5.5 不同一致性的要求

实现绝对理想的严格一致性的代价很大,除非系统不发生任何故障,而且所有节点直接的通信无须任何时间,这时整个系统其实就等同于一台计算机了。实际上,强一致性往往会造成较弱的处理性能和较差的可扩展性。

1. 强一致性(Strong Consistency)

在强一致性模型下,系统保证在任何时间点,任何节点都能够看到相同的数据状态。这意味着任何更新或写操作都会立即反映在所有节点上,读操作也总会返回最新的写入结果。强一致性会增加开销和延迟,因为需要等待数据在所有节点上达到一致状态。常见的强一致性模型包括关系型数据库的 ACID(原子性、一致性、隔离性、持久性)事务和一些分布式数据库系统。

2. 弱一致性(Weak Consistency)

在弱一致性模型下,系统允许不同节点之间存在一段时间的数据不一致。写操作可能不会立即传播到所有节点,因此读操作可能会在不同节点上返回不同的结果。弱一致性通常可以提高系统的性能和可用性,但需要应用层来处理不一致性。一些缓存系统和分布式存储系统采用了弱一致性模型。

3. 最终一致性(Eventual Consistency)

最终一致性是一种弱一致性模型,它保证在一段时间后,系统中的所有节点都会达到一致的状态。这意味着在一段时间内,节点之间可能存在数据不一致,但随着时间的推移,系统会自动收敛到一致状态。最终一致性适用于分布式系统中不需要实时一致性的场景,如社交媒体的点赞数。

4. 因果一致性(Causal Consistency)

因果一致性是介于强一致性和最终一致性之间的一种模型。它保证了因果关系的一致性,即如果一个事件在时间上导致了另一个事件,那么后续的事件在所有节点上都会保持一致。这个模型在分布式系统中可以提供一些实用的保证,同时节省了强一致性开销。

这些一致性级别的选择取决于应用需求、性能要求和能容忍的数据不一致程度。在分布式系统中,选择适当的一致性模型需要仔细权衡性能、可用性和数据的实时性。不同的系统和场景可能会选择不同的一致性级别。

3.5.6　不同一致性的关系

在分布式系统中，不同的一致性级别之间存在一种层次关系，通常可以从强到弱排列，如图 3-2 所示。

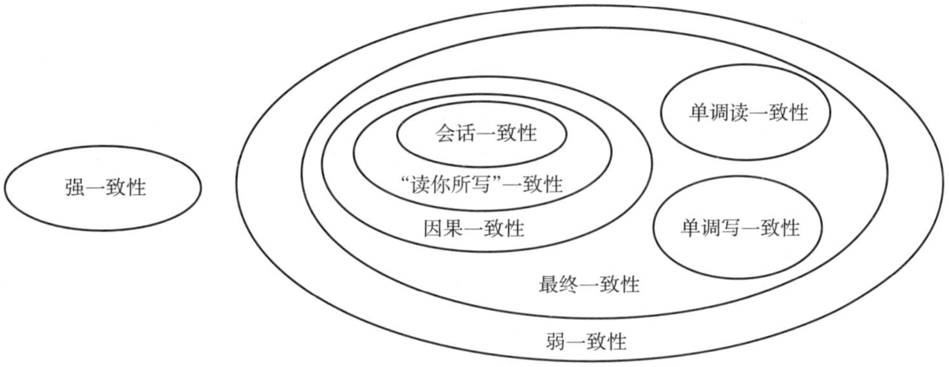

图 3-2　不同一致性的关系

（1）强一致性。强一致性是最高级别的一致性，要求在任何时间点，任何节点都能够看到相同的数据状态。在强一致性模型下，写操作在所有节点上都是同步执行的，而且读操作总是返回最新的写入结果。

（2）因果一致性。因果一致性介于强一致性和最终一致性之间。它关注事件之间的因果关系，保证了因果相关的事件在所有节点上保持一致。虽然因果一致性降低了一些强一致性的要求，但仍然提供了一定程度的一致性保证。

（3）最终一致性。最终一致性是一种弱一致性模型，它保证在一段时间后，系统中的所有节点都会达到一致的状态。虽然在一段时间内可能存在数据不一致，但系统会自动收敛到一致状态，适用于不需要实时一致性的场景。

（4）弱一致性。弱一致性是最宽松的一致性模型，允许系统中的节点在一段时间内存在数据不一致。写操作可能不会立即传播到所有节点，因此读操作可能会返回不同的结果。

需要注意的是，这些一致性级别之间的关系并不是绝对的，具体的实现和定义可能会因分布式系统的设计和实现而有所不同。不同的系统可能会对一致性级别进行不同的权衡，以满足特定的业务需求。

3.6　分布式计算的共识问题

3.6.1　分布式计算的共识问题的定义

分布式计算的共识问题是指在分布式系统中，在节点之间存在通信延迟、节点故障或网络分区等情况下，节点对共享状态或数据的一致性达成共识的过程。共识问题的目标是使分布式系统中的节点能够就某个值或决策达成一致的共识。在分布式系统中，共识问题是一个具有挑战性的问题，因为节点之间可能存在通信故障、节点崩溃或恶意攻击等不确定性情况。

3.6.2 分布式计算共识问题的经典场景

1980年,分布式计算共识问题主要研究在一组可能存在故障节点、通过点对点消息通信的独立处理器网络中,如何针对一个特定事件达成一致共识。此时莱斯利·兰伯特(Leslie Lamport)提出了著名的Paxos算法。

20世纪90年代,拜占庭将军问题引起了广泛关注,该问题考虑了节点之间存在故障和恶意行为的情况。这促进了分布式共识算法的研究和发展,以解决更复杂的共识问题。BFT存在算法和拜占庭一致性算法用于解决具有拜占庭故障的分布式系统中的共识问题。

21世纪初,随着区块链技术的发展,共识问题再次成为关注的焦点。比特币的PoW共识机制被引入,通过挖矿的方式解决了分布式系统中节点之间的共识问题。此后,其他共识算法如PoS、DPoS、BFT等也被提出,并在各种区块链平台中得到应用。

随着分布式计算和区块链的广泛应用,共识问题的研究和发展仍在进行中。许多新的共识算法被提出,以应对更复杂的场景和挑战,例如快速共识算法、拜占庭容错共识的优化算法、可扩展性共识算法等。同时,跨链技术和联邦学习等新的研究方向也在探索如何在分布式系统中达成共识。

3.6.3 Paxos算法

莱斯利·兰伯特提出的Paxos算法,是解决分布式系统中共识问题的一种方法。

在提出Paxos算法之前,分布式共识的问题一直被认为是一个困难且复杂的问题。兰伯特通过引入Paxos算法,提供了一种理论框架和算法来解决分布式系统中的共识问题。Paxos算法的设计目标是确保在异步网络环境下,即使存在故障节点和不可靠通信,系统仍能达成一致的决议。

Paxos算法涉及三种角色:提议者(Proposer)、接受者(Acceptor)和学习者(Learner)。它们各自承担不同的职责和行为,共同协作以达成共识。

1. 提议者(Proposer)

(1)提出提案。提议者负责生成新的提案,并将其发送给接受者。提案可以包含一个值或一个决策。

(2)发起准备请求。在准备阶段,提议者向接受者发送准备请求,请求接受者回应已经接受的最大提案编号。

(3)处理回应。提议者等待来自接受者的回应。如果提议者收到足够数量的回应,则它可以进入学习阶段,并将最终的决议通知学习者。

(4)处理超时。如果提议者在合理的时间内未收到足够数量的回应,则它可能会重新发起准备请求或尝试选择一个新的提案编号。

2. 接受者(Acceptor)

(1)接受准备请求。接受者收到提议者的准备请求后,检查自己是否已经接受了更大编号的提案。如果没有,则回应提议者,并发送自己接受的最大提案编号。

（2）接受承诺消息。当接受者收到提议者的承诺请求时，如果它尚未回应其他更大编号的准备请求，则接受该提案，并发送承诺消息给提议者。

（3）处理学习请求。接受者可能会收到学习者发送的学习请求，以学习最终的决议。它将回应学习请求并将决议信息传递给学习者。

3. 学习者（Learner）

（1）学习最终的决议。学习者从接受者处接收学习请求，并学习最终的决议。一旦学习者收到足够数量的决议，就认为共识已达成。

（2）处理学习回应。学习者可以向其他节点发送学习请求，并等待它们的回应。一旦学习者收到足够数量的回应，就确认共识已经达成。

这三种角色在 Paxos 算法中相互协作，以达成共识。提议者提出提案并协调整个过程，接受者接受提案并发送回应，学习者学习最终的决议。通过消息交换和多轮投票，它们共同解决共识问题。

3.6.4 Paxos 算法的基本阶段

Paxos 算法涉及三个基本阶段：准备阶段（Prepare Phase）、承诺阶段（Promise Phase）和学习阶段（Learn Phase）。

1. 准备阶段（Prepare Phase）

提议者向一组接受者发送准备请求（Prepare Request）。准备请求中包含一个提案编号，用于标识提案的唯一性。接受者收到准备请求后，检查自己是否已经回应了更大提案编号的准备请求。如果接受者尚未回应更大提案编号的准备请求，则回应提议者一个承诺（Promise），包括接受者已接受的最大提案编号和相应的提案（如果有）。Paxos 准备阶段如图 3-3 所示。

2. 承诺阶段（Promise Phase）

如图 3-4 所示，提议者收到足够数量的承诺后，检查这些承诺中的最大提案编号。如果有提案，则提议者选择具有最大提案编号的提案作为自己的提案。提议者发送提案给一组接受者，其中包括自己的提案编号和提案内容。接受者收到提案后，检查自己是否已经回应了更大编号的提案。如果接受者尚未回应更大编号的提案，则接受提案，并回应提议者一个接受消息，包括接受者已接受的提案编号和提案内容。Paxos 承诺阶段如图 3-4 所示。

3. 学习阶段（Learn Phase）

提议者收到足够数量的接受消息后，可以确定已经达成共识。提议者将最终决议通知给一组学习者（Learners），包括最终决议的提案编号和内容。学习者收到学习请求后，学习最终决议，并确认共识已达成。

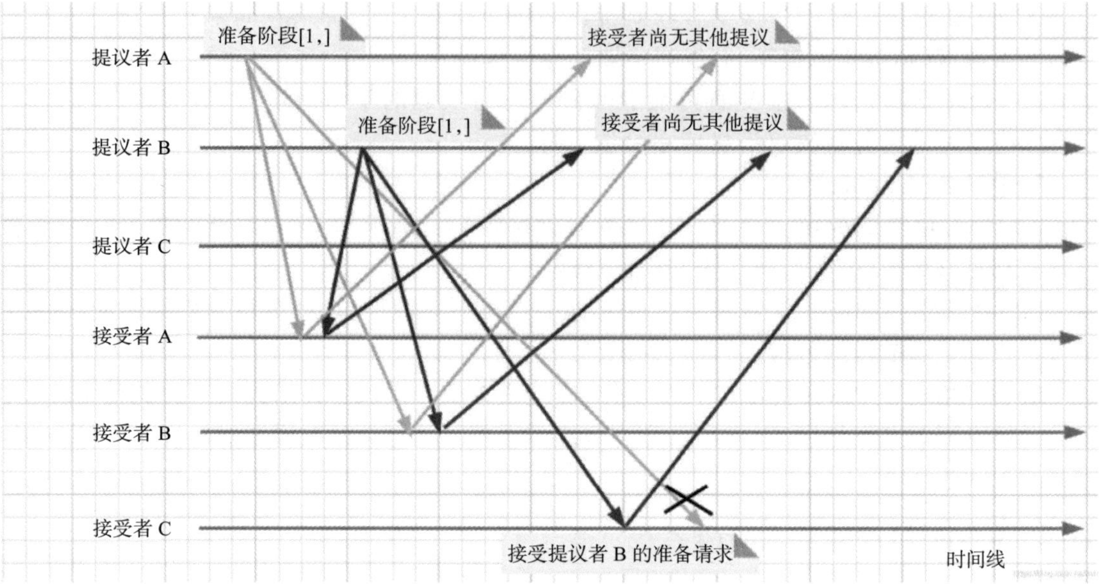

图 3-3 Paxos 准备阶段

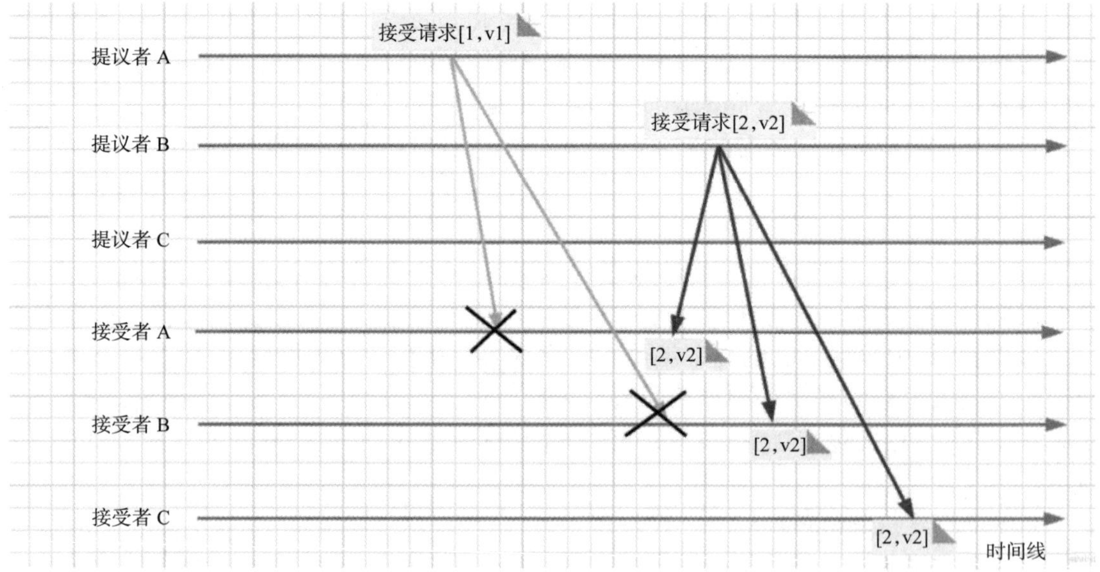

图 3-4 Paxos 承诺阶段

在 Paxos 算法中,节点之间的消息交换是通过点对点通信实现的。提议者发送准备请求和提案给接受者,接受者回应承诺和接受消息给提议者,最终决议通过提议者发送给学习者。这些消息的交换是通过网络传输完成的,即通过消息的传递和投票来达成共识。

3.7　计算机的两军问题

3.7.1　计算机两军问题的定义

1975 年，纽约州立大学石溪分校的阿克云卢（E. A. Akkoyunlu）、埃卡纳德汉姆（K. Ekanadham）和胡贝尔（R. V. Huber）首次提出了计算机领域的两军问题。两军问题表明，在不可靠的通信链路上，试图通过通信达成一致是存在缺陷和困难的。两军问题是计算机领域的一个思想实验，开启了计算机科学界对用代码实现信任体系的研究。

3.7.2　两军问题的描述

假设两个将军 A1 和 A2 决定攻打同一个敌人 B，任一方都没有敌人强大，所以只有共同进攻才有胜算。敌军正好位于两个将军之间，意味着信使可能会被敌军抓住。两军问题指的就是在这样的条件下两个将军如何就是否进攻达成共识。

两军问题是一个关于两个节点通信的简化模型，如图 3-5 所示。A1（发送消息）—B（消息管道）—A2（接收消息），这个问题没有乍看起来那么简单。将军 A1 给将军 A2 送信说明天进攻。信使出发后，A1 并没有办法确认信使是不是真的把信送到了。这样 A1 就不会贸然地进攻，因为他怕到时候进攻的只有自己。要想让 A1 放心，A2 需要收到信之后给 A1 一个确认信息，说“我已经收到了明天进攻的信息了”。信使在给 A1 送信路上也可能被抓，这样 A2 会倾向于不进攻，因为他知道 A1 如果收不到他的确认信息是不会发动进攻的。按这个逻辑顺推下来，不管双方试图确认多少次，都不能最终确认跟彼此达成了共识。

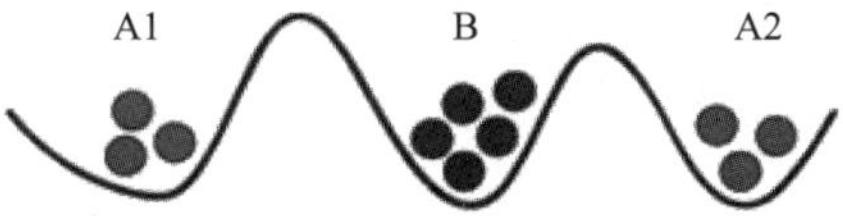

图 3-5　两军问题

3.7.3　共识问题的挑战

两军问题是计算机科学领域的一个思想实验。其主要揭示了在连接不可靠的情况下，协同行动有多么难。连接不可靠指的是：网络上的两个节点直接通信随时都有可能失败。两军问题无解，导致去中心化网络上的通信本身就不会绝对安全。

3.7.4　解决方案

莱斯利·兰伯特针对拜占庭将军问题提出的解决方案如下。

莱斯利·兰伯特提出了一种解决拜占庭将军问题的算法。在这个解决方案中，各位将军之间通过特定的信息传递机制互相发送消息来达成共识。每个将军发送一条包含自己的建议的消息给其他将军，并收到来自多数其他将军的回复。通过收集并仔细比较来自其他将军的回复消息,各将军能够基于一定的决策规则来决定是否采取行动,进而在整个将军群体中达成共识。

3.8 拜占庭将军问题

3.8.1 故事背景

拜占庭将军问题也称拜占庭容错,是在1982年由图灵奖得主莱斯利·兰伯特为具象描述分布式系统研究提出的一个著名的虚拟问题。

拜占庭位于土耳其的伊斯坦布尔,是东罗马帝国的首都。由于当时拜占庭帝国国土辽阔,为了达到防御目的,每个军队都分隔很远,将军与将军之间只能靠信差传递消息。在战争时期,拜占庭军队内所有将军和副官必须达成一致的共识,在有赢的机会时才去攻打敌人的阵营。但是,军队内可能存有叛徒和敌军的间谍,左右将军们的决定并扰乱整体军队的秩序。在达成共识时,结果并不代表大多数人的意见。这时候,在已知有成员叛变的情况下,其余忠诚的将军在不受叛徒影响的情况下如何达成一致的协议,拜占庭问题就此形成。

3.8.2 拜占庭将军问题的定义

拜占庭将军问题是一个协议问题,拜占庭帝国军队的将军们必须一致决定是否攻击某一支敌军。问题是这些将军在地理上是分隔开来的,并且将军中存在叛徒。叛徒可以任意行动以达到以下目的:欺骗某些将军采取进攻行动;促成一个不是所有将军都同意的决定,如当将军们不希望进攻时促成进攻行动;或者迷惑某些将军,使他们无法作出正确决定。如果叛徒达到了其中一个目的,则任何攻击行动的结果都注定是失败的,只有完全达成一致才能获得胜利。图3-6所示为拜占庭将军问题。

图3-6 拜占庭问题

3.8.3　拜占庭将军问题与区块链

拜占庭假设是对现实世界的一种模型化描述,拜占庭将军问题延伸到互联网,首先,其内涵可概括为:在互联网大背景下,当需要与不熟悉的对方进行价值交换活动时,人们如何才能防止不会被其中的恶意破坏者欺骗、迷惑从而作出错误的决策。其次,拜占庭将军问题延伸到技术领域中来,其内涵可概括为:在缺少可信任的中央节点和可信任的通道的情况下,分布在网络中的各个节点应如何达成共识。

现如今,拜占庭将军问题仍是公认的最难问题之一。科学家们认为,在存在随机消息丢失的不可靠信道上试图通过消息传递的方式达到一致性是不可能的。

拜占庭将军问题最终想解决的是互联网交易、合作过程中的 4 个问题:分别为信息发送的身份追溯、信息的私密性、不可伪造的签名和发送信息的规则。

可以说,拜占庭将军问题是区块链技术想要解决的核心思想问题,直接影响区块链系统共识算法的设计思路和实现方式,因而在区块链技术体系中具有重要意义。

3.8.4　拜占庭将军问题算法

在拜占庭容错(BFT)机制下,忠诚的将军必须按照算法要求采取行动,叛徒可以任意行动。拜占庭容错算法有如下要求。

(1)一致性。所有忠诚的将军必须按照相同的行动计划作出决策。

(2)正确性。少数叛徒不能使得忠诚的将军采纳错误的行动计划。

为了更直观地理解拜占庭容错算法的工作原理,我们可以进行如下形象化表示:

v_i:第 i 个将军发送的命令;

$v_1, v_2, v_3, \ldots, v_n$:行动计划,$n$ 为将军数量;

majority$[v_1, v_2, v_3, \ldots, v_n]$:决策函数,少数服从多数。

如果没有叛徒,则每位将军收到 v_i 的命令集合相同,可以就相同的行动达成共识。

如果存在叛徒,则叛徒发送假消息,每位将军收到的 v_i 命令信息不同,此时需要根据决策函数 majority[v1,v3,v3,...,v_n]遵守少数服从多数原则。

如图 3-7 所示,在 3 个将军中,将军 B 为叛徒,其会分别向将军 A、C 发送撤退命令,那么将军 A 和将军 C 分别收到进攻、撤退的命令,无法判断谁是叛徒。这种情况说明当叛徒数量不超过 1/3 时,存在有效的 BFT,反之,如果叛徒过多,超过 1/3,则无法保证一定能实现一致的效果。

莱斯利·兰伯特等人在 1980 年发表的论文"Polynomial Algorithms for Byzantine Agreement"最早提出了拜占庭容错(BFT)相关的概念和算法,之后进行了大量的改进工作,长期以来,拜占庭问题的解决方案都存在复杂度过高的问题,直到 PBFT 的提出。

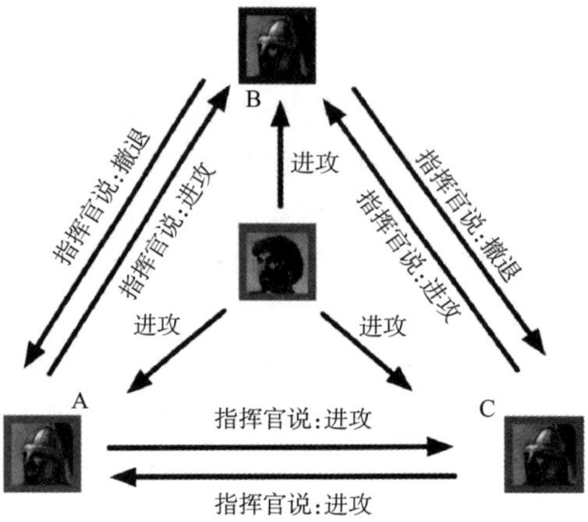

图 3-7 拜占庭将军问题

3.8.5 拜占庭将军问题的解决方案

实用拜占庭容错算法(PBFT)其实就是对全网消息的顺序进行共识,从而确定一个全局的序。在恶意节点数量不超过总数的 1/3,且处于一个比较弱的同步假设的情形下,该算法能够同时保障安全性(Safety)和活性(Liveness)。PBFT 首次将 BFT 的复杂度降低到多项式级,其应用于联盟链场景而不应用公有链场景。

PBFT 的主要缺点:① PBFT 在网络不稳定的情况下延迟很高;②基于投票机制,而投票集合是有限的,无法满足少数服从多数的原则;③通信复杂度过高,可拓展性比较低,一般的系统在达到 100 左右的节点个数时,性能下降非常快。

3.9 分布式共识的基本原理 FLP、CAP

3.9.1 FLP 不可能原理

1985 年,由 Fischer、Lynch 和 Patterson 三位科学家发表的论文“Impossibility of Distributed Consensus with One Faulty Process”指出:在网络可靠,但允许节点失效(即便只有一个)的最小化异步模型系统中,不存在一个可以解决一致性问题的确定性共识算法(No completely asynchronous consensus protocol can tolerate even a single unannounced process death)。以上结论被称为 FLP(Fischer Lynch Paterson)不可能原理。该原理被认为是分布式系统中重要的原理之一。

此原理告诉人们,不要浪费时间为异步分布式系统设计在任意场景下都能实现共识的算法。

3.9.2　CAP 原理

1. CAP 原理的由来

CAP 原理最早于 2000 年由 Eric Brewer 在 ACM 组织的一个研讨会上提出，后来 Lynch 等人进行了证明。该原理被认为是分布式系统领域的重要原理之一。

2. CAP 的定义

CAP 原理中的字母"C"代表一致性（Consistency）。这里的一致性指的是强一致性。强一致性意味着，当系统的更新操作成功并返回客户端后，所有节点在同一时间的数据完全一致。

CAP 原理中的字母"A"代表可用性（Availability），指的是分布式系统可以在正常响应时间内提供相应的服务。

CAP 原理中的字母"P"代表分区容忍性（Partition tolerance）。分布式系统在遇到某节点或网络分区故障时，仍然能够对外提供保持一致性和可用性的服务。分区是指在各分布式系统里，节点组成的网络本来应该是连通的，然而可能因为一些故障，有些节点之间不连通了，整个网络被分成了几个区域，数据就散布在了这些不连通的区域中。

分区容错性是指，当一个数据项只在一个节点中保存，那么分区出现后，和这个节点不连通的部分就访问不到这个数据了，这时分区是无法容忍的。提高分区容忍性的办法就是将一个数据项复制到多个节点上，那么出现分区之后，这一个数据项就可能分布到各个区域，容忍性就提高了。

CAP 原理实际上是指一个分布式系统最多只能同时满足一致性、可用性和分区容忍性这三项中的两项，如图 3-8 所示。

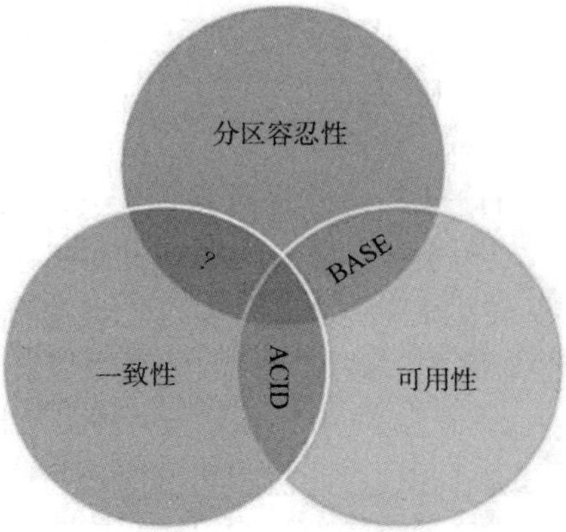

图 3-8　CAP 理论三要素

依据 CAP 原理，如果无法同时满足一致性、可用性和分区容错性，那么要舍弃哪个呢？对于多数大型互联网应用场景，主机众多、部署分散，而且现在的集群规模越来越大，所以节点故障、网络故障是常态，而且要保证服务可用性达到 N 个 9（99.99…%），即保证 P 和 A，舍弃 C（退而求其次保证最终一致性）。虽然某些地方会影响客户体验，但没达到影响用户流程的严重程度。例如对于涉及钱财这种不能有一丝让步的场景，必须保证 C。网络发生故障时宁可停止服务,这是保证 C 和 A,舍弃 P。还有一种是保证 C 和 P,舍弃 A。例如网络出现故障时,系统设置为只读不写状态,这样可以保证数据的一致性。孰优孰劣,没有定论,只能根据场景定夺,适合的才是最好的。

3.10 共识过程

3.10.1 节点

为了更好地理解共识过程模型,先介绍一下节点的分类和每一大类的负责事项,图 3-9 所示为节点分类。

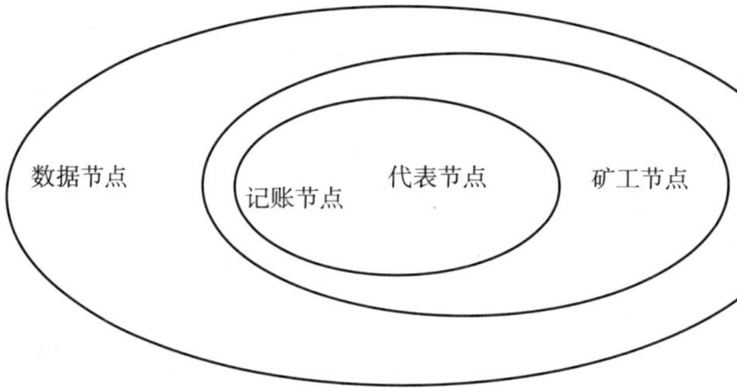

图 3-9 节点分类

1. 数据节点(Data Node)

它们是负责存储和维护区块链数据的节点。它们保存完整的区块链副本,并提供数据查询和传输功能。数据节点通常是全节点,即具有完整数据副本的节点。它们在投票过程中不直接参与,但对数据的安全性和可靠性起着关键作用。

2. 矿工节点

矿工节点对普通节点生成的数据、交易进行验证、打包、更新、上链。矿工节点是执行 PoW 或其他共识算法的节点。它们通过解决问题或完成一定的工作量来创建新的区块。矿工节点的目标是获得记账权或奖励,因此它们参与区块的生成和添加过程。矿工节点负责计算和保障区块链的安全性与维护一致性。

3. 代表节点

矿工节点选取出的代表,参加共识过程并竞争记账权。代表节点是在投票算法中,通过选举或委派方式产生的节点。它们代表整个网络中的一部分节点,参与区块生成和验证。代表节点的数量相对较少,用于减少共识过程中的计算量和通信量。代表节点通常是验证节点或拥有相等权益的节点。

4. 记账节点

记账节点是指通过共识过程选取出的节点。记账节点是负责交易和更新账本的节点。它们验证交易的有效性、执行智能合约的规则,将交易写入区块链的记录账本中。记账节点在共识过程中起着关键作用,确保数据的准确性和一致性。记账节点通常是验证节点或拥有一定权限的节点。

3.10.2 共识过程

虽然根据共识算法的不同分类，共识过程也存在差别，但是大致都可以分为 4 个具体步骤：选主（Leader Election）、造块（Block Generation）、验证（Data Validation）和上链（Chain Updation）。

1. 选主

选主是共识过程的核心，通过投票选择出块节点，出块节点需要通过某种方式证明自己具备某种能力，从而获得记账的权力，即从全体矿工节点集 M 中选出记账节点 A 的过程。可以使用公式 $f(M) \to A$ 来表示选主过程，其中函数 f 代表共识算法的具体实现方式。一般来说，$|A| = 1$，即最终选择唯一的矿工节点来记账。选主过程可以通过随机选择、轮流或基于权益等方式进行。节点的选择是动态的，通常在一定的时间间隔内进行一次选择。

2. 造块

第一阶段选出的记账节点根据特定的策略将当前时间段内全体节点 P 生成的交易或者数据打包到一个区块中。然后将生成的新区块广播给全体矿工节点 M 或其代表节点 D。这些交易或者数据通常根据区块容量、交易费用、交易等待时间等多种因素综合排序后，依序打包进新区块。造块策略是区块链系统性能的关键因素，也是贪婪交易打包、自私挖矿等矿工策略性行为的集中体现。

3. 验证

矿工节点 M 或者代表节点 D 收到广播的新区块后，将分别对区块内封装的交易或者数据的正确性和合理性进行验证。如果新区块获得大多数验证或代表节点的认可，则该区块将作为下一区块更新到区块链中。新生成的区块需要被其他节点验证。验证节点负责验证区块中包含的交易的有效性、执行智能合约的规则、PoW 等。验证节点确保区块中的数据是有效、完整且符合协议规则的。

4. 上链

记账节点将新区块添加到主链，形成一条从创世区块到最新区块的完整链条使主链更长。如果主链存在多个分叉链，则需根据共识算法规定的主链判别标准选择其中一条恰当的分支作为主链。一旦区块通过验证，就会被添加到区块链中，成为区块链的一部分。上链的过程包括将新的区块添加到现有的区块链中，并更新区块链的状态和高度等信息。这保证了区块链的连续性和一致性。

3.11 共识算法的定义与分类

3.11.1 共识算法的定义

区块链用代码和算法在虚拟世界里建立一个很稳固的信用系统。要理解这个信用系统，就需要掌握区块链的共识机制。

区块链通过全民记账的方式来解决信任问题，但是所有节点都参与记录数据，那么最终以谁的记录为准呢？或者说，怎样保证所有节点记录的都是一份相同的正确数据呢？这就是一个如何达成共识的问题。

在区块链这样的非中心化系统里，并不存在中心权威节点，由于参与的各个节点自身状态和所处网络环境不尽相同，而交易信息的传递又需要时间，并且消息传递本身并不可靠，所以每个节点收到的需要记录的交易内容和顺序也难保持一致。此外，由于区块链中参与的节点身份难以控制，还可能出现恶意节点故意阻碍信息传递或者发送不一致的信息给不同节点，从而扰乱整个区块链系统的记账一致性的情况。因此，区块链系统的记账一致性问题，是一个非常关键的问题，关系着整个区块链系统的正确性和安全性。

在区块链系统中，如何让每个节点通过一定的规则将各自的记账内容保持一致是一个很关键的问题，这个问题的解决方案就是共识算法。

3.11.2 PoW 共识算法

比特币的 PoW 共识机制为解决拜占庭问题提供了新思路。在恶意节点算力不超过系统总算力 1/2 的情况下，PoW 能够有效应对拜占庭将军问题。PoW 的容错值为 1/2，相比 BFT 共识机制 1/3 的容错值更高。这主要是因为 BFT 共识机制通过投票方式解决拜占庭将军问题，而 PoW 则是采用争夺记账权的方式，并非基于合作投票。

PoW 是一种抵御阻断服务攻击的有效机制。它要求用户在获取服务前进行适当复杂的计算，以此证明对服务的真实需求。如图 3-10 所示，在比特币 PoW 流程中，矿工通过执行 PoW 竞争区块链上的记账权，算力占优的诚实矿工能够率先完成所需的工作量计算。矿工基于自身打包的区块执行 PoW。在此过程中，相互独立的矿工并行遍历区块头的随机值字段 Nonce。每次遍历都对区块头进行两轮 SHA-256 哈希运算（SHA-256 属于 SHA2 系列），将区块头映射到 32B 的二进制空间中。之所以设计两轮哈希运算，主要是为了防范哈希算法 SHA-256 潜在的延展性攻击。哈希算法的单向性及映射结果的均匀性，使得矿工无法从工作量目标值反向推导出合法随机值，只能通过不断填充随机值字段对哈希函数进行碰撞。只有当区块头经过两轮哈希运算后得到的值小于工作量目标值时，矿工才算完成 PoW。在 PoW 流程中，矿工的哈希速率越快，碰撞次数就越多，完成所需工作量的概率也就越大。可见，矿工是依据哈希速率来竞争比特币记账权的。

若某矿工率先完成 PoW，便将该区块广播到区块链网络。区块链网络中的其他矿工把接收到的区块作为候选区块进行验证，具体包括验证随机数是否满足 PoW 的要求。若验证通过，就将该区块插入本地数据库，然后进入下一轮共识；若验证未通过，则继续执行 PoW。按照最长的区块链被认可为全局账本的原则，算力占优的诚实矿工始终基于最长链进行共识，并不断延伸最长链，这使得恶意矿工很难构造出更长的区块链，进而无法影响全局账本。比特币选择最长链作为全局账本，原因在于最长链承载了最多次数的 PoW。

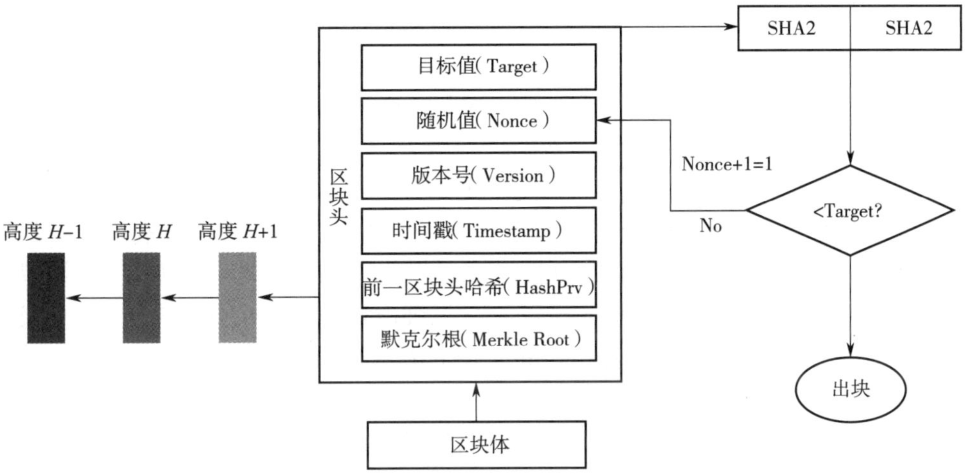

图 3-10　比特币 PoW 流程

比特币网络的难度约束主要是为了保证网络的出块速度以及算力竞争程度的可控性。基于哈希函数具有的性质,不同的输入经哈希运算后得到的结果会均匀地分布在值域空间,而通过控制哈希运算后得到的值的大小(前缀 0 的个数)可以控制一次哈希运算后就能满足难度要求的概率。同时,因为网络算力大小会出现波动,所以为了控制出块速度的稳定性,当网络算力大(全网每秒的哈希运算次数多)时,需要提升全网难度。当网络算力小时,需要降低全网难度。

3.11.3　PoS 共识算法

公有区块链采用的共识机制主要有 PoW 和 PoS 两种。PoW 是最简洁且运行时间最长的区块链共识机制。然而, PoW 存在能源消耗巨大的问题。根据 2018 年的数据,若将比特币网络视作一个国家,其电力消耗在世界排名中能位列第 21 位,这直观地体现了 PoW 巨大的能源消耗。PoW 的矿工凭借算力竞争区块链的记账权,算力越大,区块链系统越安全,原因在于恶意矿工很难控制超过一半的全网算力来对区块链实施攻击。算力竞争正是能源消耗的根源,不过从比特币自身角度而言,这样的能源消耗具有维护去中心化账本系统安全的价值。从更细致的层面分析,在当前主流的 PoW 机制里,算力竞争通过求解哈希函数来实现,而哈希函数的求解过程本身并不具备实际的生产性意义。因为这种求解仅仅是为了满足 PoW 机制下的记账权竞争规则,并不产生直接的社会经济效益,所以从这一角度来看,大量用于求解哈希函数的电力确实存在浪费现象。实际上,基于算力竞争来获取记账权并非唯一的可行方式。公有链的共识机制可以更广泛地理解为:以某种稀缺资源作为竞争记账权的基础,这种稀缺资源所带来的获取难度,构成了对恶意攻击的有效门槛。

PoS 中的稀缺资源为权益,权益的表现形式大多为公有区块链上的加密货币,包括持币量和币龄等。很明显权益满足稀缺资源的定义,而通过权益争夺记账权就没有能源消耗的问题了。简单来说就是拥有的权益越大,话语权就越大,区块奖励也会按照权益的大小来分配。目前,区块链行业出现利用 PoS 替代 PoW 的趋势。不考虑一些仍有争议的 PoS 与 PoW 的优劣势对比,如二者中哪个更加安全、更加去中心化等,从技术上看, PoS 相对于

PoW 在公有区块链上主要面临长程攻击（Long Range Attack）和无利害关系（Nothing at Stake）两个挑战。

无论是 PoW 还是 PoS，若攻击者拥有足够多的算力或权益，则他可以对区块链进行攻击。然而，在 PoS 中，存在一种比较隐蔽的攻击方式，称为长程攻击。长程攻击，是指区块链矿工或验证者在退回抵押的权益后，从历史上的某个区块开始重写后续区块，由于矿工或验证者已经没有保证金，系统不能对该攻击者进行惩罚。这样的攻击具有现实可行性。攻击者只要获得一些账户在历史上某时刻控制了超过 51%权益的账户的私钥，就可以完成攻击。而采用 PoS 的公有区块链的早期投资人在二级市场把持有的代币套现后，会很乐意将账户私钥卖给攻击者，因此攻击者获得这些私钥的成本是很低的。

PoW 则不会出现这个问题，矿工很容易根据区块链的长度分辨出主链，因为 PoW 是客观的，不依赖区块链本身。不同于 PoW，攻击者基于 PoS 实施长程攻击后很容易制造出一条难以分辨的分叉链，比如可能比当前主链要长得多。配合女巫攻击，新加入的矿工节点难以分辨出主链。因此，新参与者需要咨询受信任节点以安全地冷启动，该方式称为主观依赖（Weak Subjectivity）。当前该问题只能缓解而不能彻底解决，可以称为 PoS 的达摩克利斯之剑。

无利害关系也是由 PoS 不够客观造成的。在区块链中，由于网络延迟等出现分叉是很常见的情况。若出现两个分叉，PoW 的矿工有 3 种策略，如图 3-11（b）~图 3-11（d）所示。其中，p 表示某分叉成为主链的概率，EV 表示矿工的期望收益。为了谋取最大的期望收益，矿工的最优策略是选择某个大概率分叉投入算力，具体的方式通常为基于自己最先收到的区块的分叉投入算力。这样，分叉就会慢慢收敛，系统的账本就会保持一致。

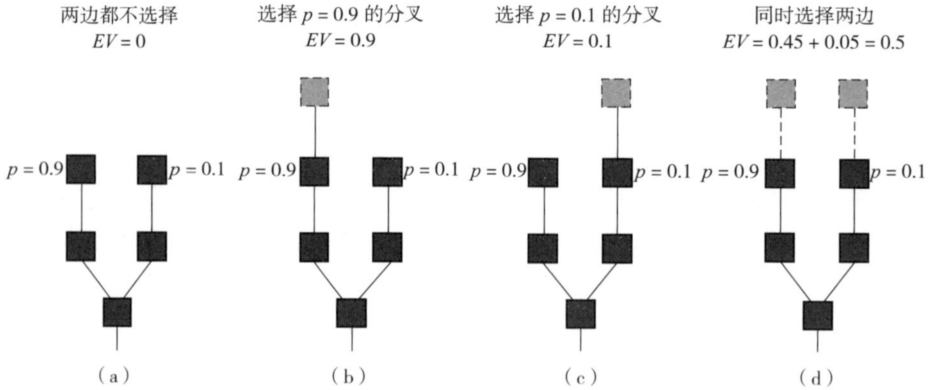

图 3-11 PoW 矿工策略与收益

在 PoW 中，一个矿工若想同时在多个分叉上挖矿，就必须将自己的算力分散在多个分叉上，并且所有分叉上分配的算力总和不超过矿工拥有的总算力。例如，矿工选择图 3-11（d），即他选择在两个分叉上投入算力进行挖矿，此时他将自身的算力平分在两个分叉上，期望收益 $EV = 0.9 \times 0.5 + 0.1 \times 0.5 = 0.5$。因此，对于多数矿工而言，将自己的全部算力投入协议指定的链上是最优的选择。

相对于 PoW 矿工的每份算力只能选择一个分叉进行投入，PoS 矿工的每份权益可以同时投在所有分叉上。在所有分叉上投入算力并不会损害 PoS 矿工的权益,因为其选择分叉时并不需要投入算力,而只需将自己的权益标记为选择某个分叉。这样无论哪条链被确认为主链，PoS 矿工都能获得收益。因此,追求挖矿收益最大化的矿工会同时选择两边,即图 3-12(d)所示的情况(期望收益 $EV = 0.9 \times 1 + 0.1 \times 1 = 1.0$),因而导致 PoS 区块链长时间维持分叉的状态。

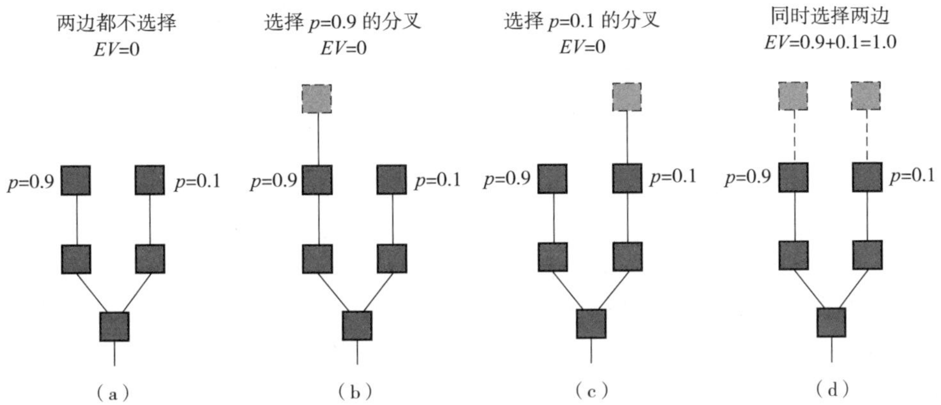

图 3-12　PoS 矿工策略与收益

3.11.4　DPoS 共识算法

与前面介绍的 PoS 类似，DPoS 同样基于权益来争夺区块链的记账权,获取区块的奖励。PoS 本质上是一种“全民投票”的选举机制,权益证明人基于自身拥有的权益争取成为区块的创建者。但是,随着权益证明人的增多,“全民投票”的效率将大幅度降低,达成共识所需的时间也将会延长。DPoS 则提供了一个解决此问题的思路。DPoS 在成千上万个 PoS 节点中,通过某种机制(如持有代币的数量)选举出若干(奇数个)代表节点,进而在这几个代表节点之间投票选举(在一些实现中甚至会在这些节点间以令牌环的方式进行轮询,进一步减少投票开销)出新区块的创建者,这样可避免在网络中的全部节点之间进行选择。DPoS 能够大幅度提升选举效率。在几十到上百个节点之间进行一致性投票,一般可以在秒级完成并达成共识,因此 DPoS 机制可以将事务确认时间提升到秒级,通过减少投票节点的数量或采用令牌环机制甚至可以将事务确认时间提升到毫秒级。

3.11.5　PBFT 类共识算法

PBFT 算法是由 Miguel Castro 和 Barbara Liskov 于 1999 年在第三节操作系统设计与实现研讨会上提出的。

PBFT 算法解决了之前 BFT 算法容错率较低的问题,它可以在作恶节点少于三分之一的情况下,保证系统的正确性(避免分叉)。因此它降低了算法复杂度,与原始的 BFT 算法相比,算法复杂度从指数级降低到了多项式级,使 BFT 算法可以实际应用于分布式系统。

PBFT 算法的正常运行有 5 个步骤:请求(Request)、预准备(Pre-prepare)、准备(Prepare)、确认(Commit)和回复(Reply),图 3-13 展示了 PBFT 算法这 5 个步骤的运行流程。

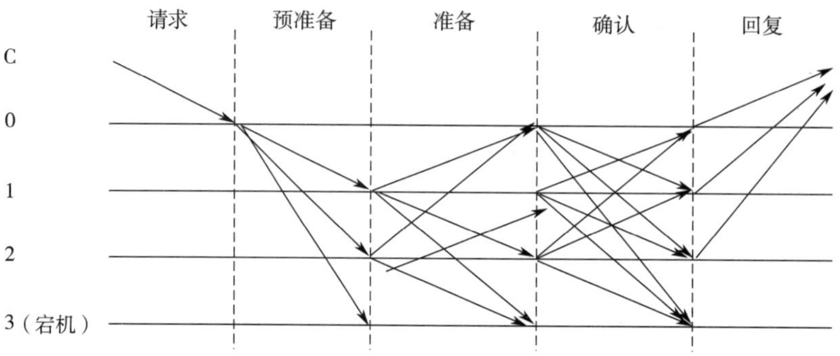

图 3-13 PBFT 算法的典型案例

步骤 1:请求。请求端 C 向主节点 0 发送请求信息<REQUEST, o , t , c> ,其中 o 为操作,t 为时间戳,c 为客户端编号。在示例中,客户端 C 发送请求到主节点 0。

步骤 2:预准备。主节点 0 向所有副本节点广播预准备消息<PRE-PREPARE, v, n, d, m>,这一步的目的是让每个节点都获取原始消息。其中, v 为视图编号, n 是主节点为该请求分配的编号,d 是原始信息摘要,m 是客户端发送的原始请求信息。在示例中,为主节点 0 收到 C 的请求后进行广播,扩散至备份节点 1、2、3。

步骤 3:准备。副本节点 i 收到并验证通过预准备信息后,立即进入准备阶段并向其他节点广播准备消息<PREPARE, v, n, d, i> ,其中,v、n、d 与预准备阶段相同;主节点和所有备份节点在收到准备消息后验证其有效性,如果验证通过则将消息写进日志(Blog)。

在示例中,副本节点 1、2、3 收到消息后,记录并再次广播。路径为副本节点 1 →主节点 0、副本节点 2、副本节点 3,副本节点 2 →主节点 0、副本节点 1、副本节点 3,而副本节点 3 因为宕机无法完成广播。

步骤 4:确认。每个节点 i 收取发自其他节点的准备消息,并在 PREPARED<m, v, n, i> 为真时,结束准备阶段。当 PREPARED<m, v, n, i>为真时,节点 i 将确认消息<COMMIT, v, n, $D(m)$, i> 向除了自己以外的其他节点广播,其中, $D(m)$为 m 的信息摘要。所有副本节点在收到确认消息后,验证其有效性并写入日志。

在示例中,若主节点 0 和副本节点 1、2、3 在准备阶段收到超过一定数量的相同请求,则进入确认阶段,记录并广播确认请求。

步骤 5:回复。每个节点 i 收取发自其他节点的确认消息,并在 COMMITED-local(m, v, n, i)为真时,结束确认阶段。当 COMMITED-local(m, v, n, i)为真时,系统将按序号依次执行请求。执行结束后,副本向客户端发送回复信息<REPLY, v, t, c, i, r> ,其中 v 为视图编号, t 为时间戳, c 为客户端编号, i 为副本编号, r 为操作结果。客户端 c 等待来自 f+1 个不同副本的相同响应,这些消息需要具备验证签名、相同的时间戳 t 和操作结果 r,才能被视为正确有效(因为失效的副本节点不超过 f 个)。

在示例中,若主节点 0 和副本节点 1、2、3 在确认阶段,判断确认为真,或者说收到一定数量的相同请求,则向客户端 C 进行回复。

解释说明:在准备和确认中,节点需要在 2f+1 个状态复制机的沟通内就要作出决定,这时刚好可以保证一致性。考虑最坏的情况:假设收到的有 f 个是正常节点发过来的,也有 f

个是恶意节点发过来的，那么，第 $2f+1$ 个只可能是正常节点发过来的，因为我们限制了最多只有 f 个恶意节点。由此可知，“大多数”正常节点是可以让系统工作下去的。所以 $2f+1$ 这个参数和 $n>3f+1$ 的要求是逻辑自洽的。

3.12 常见共识算法对比

3.12.1 从不同角度进行对比分析

对 PoW 共识算法、PoS 共识算法、DPoS 共识算法、PBFT 类共识算法进行对比总结。

1. 从应用代表角度分析

PoW：主要应用于比特币系统。

PoS：主要应用于以太坊和点点币。

DPoS：主要应用于比特股（Bitshares）。

PBFT：主要应用于 Fabric。

2. 从设计思想角度分析

PoW：算力为王。

PoS：权益为王。

DPoS：民主集中制。

PBFT：基于状态机复制的一致性算法。

3. 从记账权角度分析

PoW：通过节点的算力争夺记账权。

PoS：具有最高权益（币龄）的节点获得记账权。

DPoS：选举前 N 个节点作为代表轮流获得记账权。

PBFT：主节点排序请求，多数从节点响应结果为最终结果。

4. 从优点角度分析

PoW：工作原理简单，容易实现，安全性好，攻击难度大。

PoS：减少计算资源的消耗；在一定程度上提高了区块生成效率。

DPoS：吞吐量高；解决 PoW 浪费资源等问题，弥补 PoS 中拥有记账权益的参与者未必希望参与记账的缺点。

PBFT：无须代币进行奖励；缩短共识时间；提高共识效率；吞吐量高。

5. 从缺点角度分析

PoW：能源消耗巨大；运行效率低；交易确认时间长使其相对不适合小额交易的商业应用。

PoS：协议复制，网络要求高；与中心化系统比性能仍有差距；产生屯币现象，对于新加入节点不友好。

DPoS：由于提前知道出块节点的身份，容易造成合谋攻击；DPoS 算法中心化程度更强。

PBFT：若 1/3 以上的网络节点宕机则系统无法进行；共识过程中，确认流程多，对宽带要求高；节点数量固定。

3.12.2 分析应用场景

PoW 共识算法、PoS 共识算法、DPoS 共识算法、PBFT 类共识算法都是不同类型的共识算法，用于在区块链和分布式系统中确保数据的一致性和安全性。它们在不同的应用场景中有不同的适用性。

1. PoW 共识算法

应用场景：最初用于比特币等区块链系统，适用于对能源消耗不太敏感的场景，如加密货币挖矿，以及对去中心化程度要求较高的场景。

优点：安全性较高，攻击成本高，去中心化程度高。

缺点：能源消耗大，算力集中度可能导致 51%攻击，交易确认速度较慢。

2. PoS 共识算法

应用场景：适用于环境资源相对敏感，不希望大量能源被消耗的场景；也适用于拥有较多代币的持有者更具信任的场景。

优点：能源效率高，无须大量算力，能够提高交易确认速度，减少能源浪费。

缺点：可能导致富者越富，存在“财富集中”的问题。

3. DPoS 共识算法

应用场景：适用于需要快速确认交易的场景，如大规模商业应用和社交媒体平台，适合对节点具有一定信任度的情况。

优点：交易速度快，能源效率较高，具备一定程度的去中心化。

缺点：可能存在一定程度的中心化，因为代表节点是由少数人选出的。

4. PBFT 类共识算法

应用场景：适用于需要高性能和实时性的场景，如金融领域的区块链应用；对于节点数量相对较少但需要高度可靠性的情况较为合适。

优点：事务确认速度快和性能高，适用于对时间敏感的应用。

缺点：相对于其他共识算法，节点数量受限，对拜占庭故障容忍性有一定要求。

第 4 章　区块链网络

【本章导学】

区块链系统与传统中心化系统在数据通信方面存在较大区别。传统中心化系统中节点的数据通信大多是以 C/S 架构实现的。区块链系统由于节点地位相同,通信以去中心化的方式实现,与传统技术相比在网络拓扑方面有较大不同。另外,由于区块链具有不同分类,每个分类基于的应用场景不同,所以所采用的网络拓扑通信方式也会不同。本章将围绕区块链 P2P 通信方式展开讲述。

【学习目标】

✧ 了解 P2P 网络的基本概念和特性。
✧ 了解区块链节点的类型和功能。
✧ 理解数据传播协议、数据验证协议的概念。
✧ 了解区块链网络分叉的原理与分叉类型。

4.1　P2P 网络的概念

4.1.1　中心化网络

传统的网络结构一般都是中心化网络,比如最常见的 C/S 网络结构,它是由一台服务器连接多个客户端组成的。目前,人们所使用的大部分网络结构都是这个结构,比如生活中最常用的软件——微信,它有一个中央服务器,所有用户产生的数据都保存在中央服务器上,用户在自己的手机上只能看见自己的聊天数据,看不见别人的,但是在微信的中央服务器上就能看到所有人的聊天数据。用户属于客户端,没有权限访问中央服务器。

那么 C/S 网络结构如何处理用户的数据交互呢?比如我们在微信上发一条朋友圈时,首先这个数据会上传至微信的中央服务器,然后服务器再分发给各个客户端,这样你的朋友就能在朋友圈看到你发的信息了。这就是传统中央服务器-客户端模式的网络结构的工作方式。

4.1.2　中心化网络的弊端

中心化网络有一个缺点,就是一旦中央服务器出现问题,比如被黑客攻击、出现宕机故障等,整个系统就无法正常运行。比如,之前某女明星在微博上公布了自己婚讯,引起了很大的关注,微博的服务器无法支持这么大的流量,中央服务器出现了故障。这时普通用户就无法正常使用微博了。微信也如此,如果哪一天微信服务器出现故障,用户信息就存在被泄露的风险。在大数据时代,我们使用的软件大部分采用中心服务器的模式,一旦信息泄露,个人安全就会受到威胁。这也是中心化网络非常大的弊端。

4.1.3 P2P 网络的定义

区块链为一种“分布式记账”技术,记录一系列有顺序的交易。在区块链网络中,并不存在一个中心节点用于校验并记录交易信息,校验和记录工作由网络中的所有节点共同完成。当一个节点需要发起转账交易时,需要指明转账目的地址、转账金额,还需要对该交易进行签名。

由于不存在中心服务器,该交易会随机发送到网络中的邻近节点,邻近节点收到交易信息后,对交易的签名进行校验,确认身份合法后,再校验余额是否充足等。验证完成后,邻近节点则将该信息转发至自己的邻近节点。如此反复,直至网络中所有节点都收到该交易。矿工获得记账权后,将该交易打包至区块,然后广播到整个网络。广播的过程同交易的广播过程,依然采用一传十、十传百的方式完成。收到区块的节点完成区块内容的校验后,将区块保存到本地,即交易生效。图 4-1 所示为传统中心网络与 P2P 网络比较。

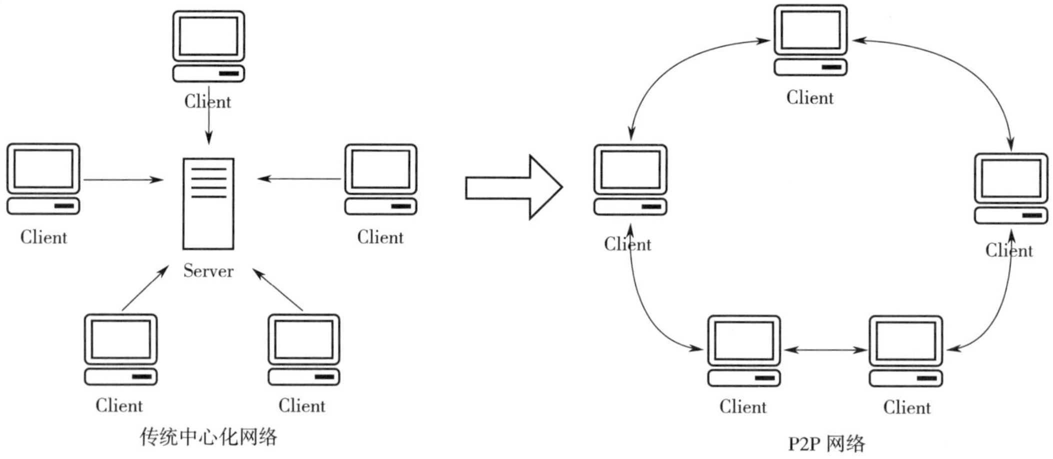

图 4-1 传统中心化网络与 P2P 网络比较

不同于有中心服务器的中心化网络系统,P2P 网络是一种消除了中心化服务节点,将所有的网络参与者视为对等节点(Peer),并在他们之间进行任务和工作负载分配的网络。P2P 网络结构打破了传统的中心服务器架构,去除了中心服务器,是一种依靠用户群共同维护的网络结构。

4.1.4 P2P 网络的常见拓扑结构

P2P 网络发展过程中出现了许多拓扑形式,也不断完善其网络拓扑结构。

1. 中心化拓扑

中心化拓扑的 P2P 网络是第一代 P2P 网络,由一台中心索引服务器和多个客户端节点构成,并非纯粹的 P2P 网络。与其他架构的中心服务器不同的是,中心化拓扑的中心索引服务器用于保存接入节点的地址信息，向其他节点提供地址索引服务，而其他架构的中心服务器会提供所有服务。

例如：Napster 音乐共享软件。Napster 系统的中心索引服务器会登记接入节点的信息，当一个用户需要查找某个音乐文件时，首先需要通过中心索引服务器对音乐文件进行检索，得到拥有该音乐文件的其他用户的信息，其次依据检索结果直接连接到资源拥有者，实现文件传输和共享。Napster 网络拓扑结构如图 4-2 所示。

特点：实现了文件查询和文件传输的分离，且维护简单；但是一旦中心索引服务器发生故障，就会导致整个网络无法正常工作。

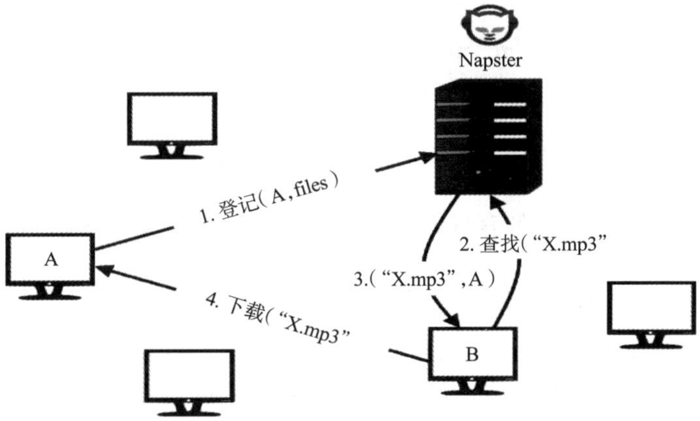

图 4-2　Napster 网络拓扑结构

2. 全分布式非结构化拓扑

全分布式非结构化拓扑没有使用中心索引服务器，其节点拥有真正的对等关系，通过与邻近节点通信接入网络。其采取随机图的组织形式，利用基于完全随机图的洪泛（Flooding）进行数据广播，即节点会将接收到的消息向邻近节点转发，直到所有节点都接收到了这个消息或消息传播的深度到达一定的限制。一般地，会通过设置消息的存活时间（TTL）来控制消息传播的深度。

首先，节点会根据资源关键字向邻近节点发送查询请求，查询资源 1，如果邻近节点拥有这种资源，则会与发起查询请求的节点建立连接，进行资源的传输，否则，这个邻居节点会继续向自己的邻近扩散这个查询请求，直到找到这种资源。全分布式非结构化拓扑如图 4-3 所示。

特点：一方面可能会出现广播风暴，另一方面能够实现快速的消息传播和资源查找。

3. 全分布式结构化拓扑

全分布式结构化拓扑采用分布式散列表（Distributed Hash Tables，简称 DHT）来实现整个网络的寻址和存储，从而实现对地址的结构化管理，解决全分布式非结构化拓扑中节点信息只能通过洪泛的方式查找、无法精确定位的问题。分布式散列表将存储在网络中的所有资源信息的散列表划分成很多不连续的小块，分散地存储在多个节点上。

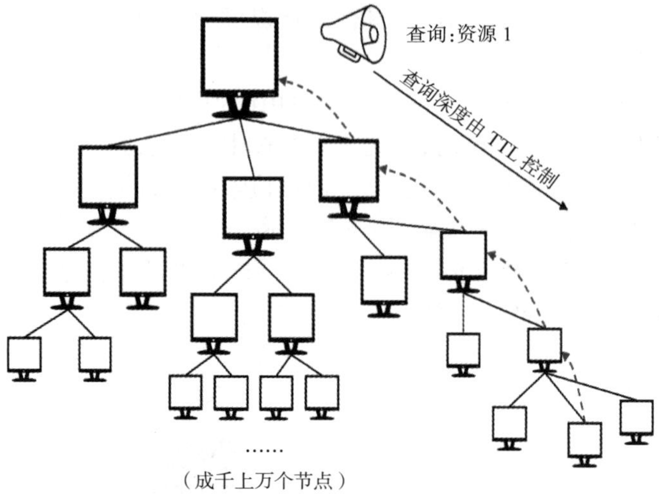

图 4-3 全分布式非结构化拓扑

特点：维护机制较为复杂；具有良好的健壮性、可扩展性和动态适应性。以太坊采取这种拓扑方式。

4. 半分布式拓扑

半分布式拓扑综合了中心化和全分布式非结构化拓扑的优点，它将网络中性能较高的机器作为超级节点，每个超级节点都存储着系统中其他部分节点的文件信息和这些节点的地址，执行文件索引等工作。超级节点之间形成一个高速的转发层，并与接入的普通节点形成一个自治的簇，簇内采用中心拓扑的 P2P 网络。

在半分布式拓扑上查找资源，会先在普通节点所在的簇内进行，如果簇内的超级节点查询到该资源在与超级节点相邻的叶子节点上，超级节点会将查询请求转发给对应的节点；否则，超级节点间会进行有限的洪泛，通过其他超级节点继续对这个文件进行查询。半分布式拓扑如图 4-4 所示。

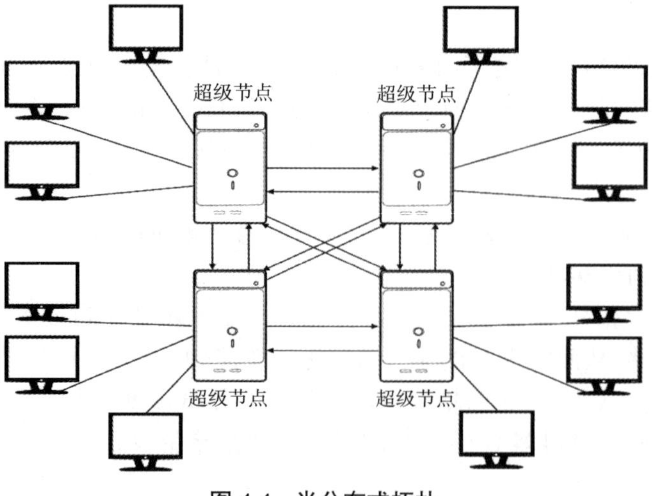

图 4-4 半分布式拓扑

特点:降低了网络拥塞的隐患,并在性能和可扩展性上具有一定的优势;对超级节点的依赖性较大。

4.2 P2P 网络的特点

P2P 网络中每个节点都可以同时作为客户端和服务器,直接与其他节点进行通信和数据交换,而不需要中央服务器的参与。这降低了因中心服务器存在而带来的一些风险,而 P2P 网络也有自身的特点。

4.2.1 P2P 网络的优势

(1)非中心化。P2P 网络是非中心化的,网络中的资源和服务分散在所有节点上,信息的传输和服务的实现都直接在节点之间进行,无须中间环节和服务器的介入。

(2)可扩展性。P2P 网络通常都是以自组织的方式建立起来的,并允许节点自由地加入和离开。理论上,P2P 网络的可扩展性可以认为是无限的。例如,在传统的通过中心化服务器下载的方式中,当下载用户增加之后,下载速度会变得越来越慢,而 P2P 网络正好相反,加入的用户越多,P2P 网络中提供的资源就越多,下载的速度反而越快。

(3)健壮性。P2P 网络服务是分散在各个节点之间的,部分节点或网络遭到破坏对其他部分的影响很小。P2P 网络一般在部分节点失效时能够自动调整,保持其他节点的连通性。

4.2.2 P2P 网络的劣势

(1)性能波动。由于 P2P 网络是由大量不同的节点组成的,这些节点的性能和可用性可能存在差异。这导致资源共享时,网络的性能可能会有所波动。一些节点可能更忙或更不可靠,从而降低了整个网络的性能和可靠性。

(2)安全性风险。由于节点之间直接通信,缺乏中央控制和认证机构的保护,P2P 网络面临安全性风险。这使得 P2P 网络容易受到恶意软件、网络攻击和信息泄露等威胁。恶意节点可以传播恶意软件、篡改或窃取数据,并且这些行为很难追溯和阻止。

(3)资源不均衡。在 P2P 网络中,某些节点可能拥有更多的资源(例如带宽、存储容量),而其他节点则相对较少。这可能导致资源分配不均衡的问题,某些节点可能承担更大的负载,而其他节点则处于空闲状态,进而导致效率低下和资源浪费。

(4)可伸缩性挑战。虽然 P2P 网络具有理论上的可扩展性,但实际上在大规模网络中实现良好的可伸缩性是一项挑战。随着网络规模的增大,节点之间的通信和协调复杂度不断增加。大规模的 P2P 网络可能需要更复杂的路由算法和更强大的资源管理机制。

总之,P2P 网络具有许多优势,特别是在资源共享和分散性方面,但也存在一些劣势,尤其是与安全性和性能稳定性相关的问题。

4.3 区块链节点类型和功能

4.3.1 比特币网络

作为基于区块链技术的第一个应用，比特币在网络层实现上采用了 P2P 网络架构，实现了世界上第一个去中心化的电子货币系统。早期的比特币网络的设计基于全分布式非结构化网络拓扑，网络中的节点彼此对等，不存在特权节点和索引服务器，通过共识机制使所有诚实的节点都保存一致的区块链视图，从而实现去中心化。

通俗来讲，比特币网络是依照比特币 P2P 协议运行的一系列节点的集合，其 P2P 协议建立在传输层的 TCP 协议之上，采用 8333 端口作为主网默认通信端口。除了 P2P 协议以外，比特币还运行其他协议，如应用于矿池挖矿、轻量级或移动端比特币钱包中的 Stratum 协议。这些协议由网关路由服务器提供，通过比特币 P2P 协议接入比特币网络，使得运行着扩展功能的网络节点连接到比特币网络。

4.3.2 节点类型和功能

比特币网络中的节点是彼此对等的，但是它们所包含的数据、提供的功能和在网络中的分工不尽相同，下面从比特币节点类型、节点功能和扩展比特币网络三方面展开阐述。

（1）依照节点保存区块数据内容和是否能独立完成交易验证划分，比特币网络中的节点可以分为全节点（Full Node）和轻节点（Lightweight Node）。

全节点是连接到 P2P 网络的计算机和服务器，它拥有完整的区块链数据，可以独立进行区块和交易验证。举例来说，比特币矿工需要运行全节点，因为它们在验证交易的过程中需要完整的区块链数据。归档节点（Archival Node）是全节点中的一种特例，它虽然也是一个完全的验证节点，但它存储的是经过筛选的数据，在保证区块链安全的前提下，将无意义的区块数据删除，从而减少本地磁盘的使用量。

轻节点只保存区块链数据的部分信息（如区块头），不能独立地进行区块和交易的验证。它通过简易支付验证（Simplified Payment Verification，简称 SPV）方式向其他节点请求数据来完成支付验证。SPV 不需要遍历区块链账本进行交易验证，只需找到交易所在的区块，根据交易得到的确认数来完成验证。

轻节点的优势在于它能更快地启动和运行，并且可以在更多资源受限的设备上运行，比如移动设备上的轻量级比特币钱包应用。

（2）依照节点承载的功能进行划分，在比特币中，节点承载着钱包（Wallet）、矿工（Miner）、完整区块数据存储（Full Blockchain）、网络路由（Network Routing Node）4 种功能。

钱包：具有钱包功能的节点可以支持比特币交易、查询等功能。

矿工：具备矿工功能的节点可以运行 PoW 算法来争夺创建新块的资格，从而赚取系统奖励的比特币以及交易手续费。

完整区块数据存储：具备完整区块存储功能的节点存储着区块链的完整数据，可以独立地验证所有交易，不需要借助其他方式。

网络路由：比特币网络的所有节点均具有网络路由功能。具有网络路由功能的节点连接着一定数量的节点，能帮助转发交易和区块数据，发现和维护节点间的连接。

（3）依据节点功能的不同，基础的比特币网络中的节点可以分为核心客户端节点、全节点、独立矿工节点、轻量级钱包节点 4 种类型，各类型节点包含的功能如下。

核心客户端节点：包含钱包、矿工、完整区块数据存储、网络路由 4 种功能。

全节点（完整区块链节点）：拥有完整的区块链数据，具有网络路由功能。

独立矿工节点：拥有完整的区块链数据，具有网络路由功能和挖矿能力，可以不依赖其他节点的算力单独进行挖矿。

轻量级钱包：包含钱包与路由转发功能。

4.3.3　扩展比特币网络

若依据节点承载的功能对比特币网络的节点进行划分，除了以上 4 种基本节点外，还有运行着特殊协议（如特殊矿池挖矿协议等）的网络节点，比特币网络中矿池的出现催生了这种扩展节点。包含比特币 P2P 协议、矿池挖矿协议、Stratum 协议（矿机与矿池软件之间的通信协议）及其他连接比特币系统组件的相关协议的整体网络结构称为扩展比特币网络。常见的扩展节点如下。

矿池协议服务器（Pool Protocol Server）：常作为比特币网络与其他矿池挖矿节点的网关路由。

挖矿节点（Mining Node）：一种轻量级节点，包含运行 PoW 算法进行挖矿的功能，但不包含区块链数据，必须依赖矿池服务器维护的全节点进行工作，通常运行 Stratum 协议或其他矿池挖矿协议。

轻型 Stratum 协议钱包：运行在 Stratum 协议下包含钱包功能的节点。

4.4　如何发现区块链网络中其他节点

在区块链系统中，要求所有节点共同维护账本数据，即每笔交易都需要发送给网络中的所有节点。如果按照传统的中心化的服务器架构，中心节点要将大量交易信息转发给所有节点，这样效率非常低。

P2P 网络的这些设计思想和区块链的理念完全契合，在区块链中，所有交易及区块的传播不需要发送者将消息发给所有节点。节点只需要将消息发送给一定数量的相邻节点即可，其他节点收到消息后，会按一定的规则发给自己的相邻节点，通过指定的数据通信方式，实现节点间的数据传输，最终将消息发给所有节点。那么，如何发现区块链网络中其他节点呢？下面介绍发现网络中节点的不同方式。

4.4.1　地址数据库

地址数据库是指在节点启动时，地址管理器（Address Manager）会载入地址数据库 peers.dat，这个数据库中存储了网络节点的地址信息。但是需注意，节点第一次启动时不能使用这种方式,这种方式一般在非初次启动时更新节点连接信息时使用。

4.4.2 通过命令行指定

通过命令行指定是指用户在命令行中输入特定的命令,将指定节点的地址传递给新节点,但是用户首先要知道指定节点的地址,该地址作为命令行传递的参数,在输入命令时,参数后面跟的是节点 IP,也就是该指定节点的地址。

4.4.3 DNS 地址

当地址数据库中没有节点地址,且用户也未在命令行指定节点时,新节点可以采用 DNS 地址的方式来发现其他节点。第一次启动的时候,程序并不知任何活动全节点的 IP 地址。为了发现这些 IP 地址,程序会请求一个或者多个 DNS 地址。DNS(域名解析系统)就像是一个地址簿,它将人们容易记忆的域名(如 www.baidu.com)与计算机能够理解的数字 IP 地址进行对应。当我们在浏览器中输入域名时, DNS 服务器会根据这个对应关系,找到相应的 IP 地址,从而让我们能够访问到对应的网站。

比特币客户端会维护一个记录长期稳定运行节点的列表,这些节点也被称为种子节点。这些种子节点在比特币网络中起着重要的引导作用,它们能提供比特币节点的 IP 地址列表。通过与种子节点进行连接,新节点可以快速发现网络中的其他节点。

4.4.4 硬编码地址

硬编码地址是一种获取比特币种子节点的方式,即通过-seednode 命令指定一个比特币节点的 IP 地址作为比特币种子节点,当 DNS 地址方式获取节点地址失败时,可以采用硬编码地址这种方法。简单来说就是将地址放在代码中,比如说放在配置文件中或通过程序参数传入。避免 DNS 地址方式和硬编码种子节点的过载。所以,通过 DNS 地址方式和硬编码地址方式获得其他节点地址后,就需要断开与这些种子节点的连接。

4.4.5 通过其他节点获得

通过其他节点获得是指节点会记住它最近成功连接的网络节点,当重新启动后它可以迅速与先前的对等节点网络重新建立连接。如果节点失去已有连接,会主动尝试发现新节点。当建立一个或多个连接后,节点将一条包含自身 IP 地址的消息发送给其相邻节点。相邻节点再将此消息依次转发给它们各自的相邻节点,从而保证节点信息被多个节点接收、保证连接更稳定。新接入的节点可以向它的相邻节点发送获取地址 getaddr 消息,要求它们返回其已知对等节点的 IP 地址列表。节点通过这种方式可以找到需要连接到的对等节点。在节点启动时,可以给节点指定一个正活跃节点 IP, 如果没有指定正活跃节点 IP,客户端也维持一个列表,列出了那些长期稳定运行的节点。这样的节点也被称为种子节点(其实这和 BT 下载的种子文件道理是一样的),通过种子节点可以快速发现网络中的其他节点。

4.5　数据传播协议

上一小节介绍了区块链网络中如何建立通信,在通信建立之后,节点之间会进行数据的传输,传输数据时需要遵循一定的传播协议。本节以数据传播协议为研究对象,通过学习数据传播的应用场景、Gossip 传播协议、节点间数据传播的步骤、节点间交易传播、检查节点是否存活等知识了解数据传播协议。

4.5.1　应用场景

当节点入网,建立初始连接时,节点需要和网络中已有节点进行通信,从已有节点那里获取现有的区块数据,这时候需要进行数据传播。

新的节点将自己的地址传播给网络中其他节点,让自己被其他节点发现也需要进行数据传播。

矿工、全节点进行区块数据同步时,需要通过数据传播来同步区块链数据。

客户端创建一笔交易时需要将交易信息广播给各节点,也需要进行数据传播,还有很多场景都需要用到数据传播。

4.5.2　Gossip 传播协议

常用的数据传播协议有 Gossip 传播协议,它在 Fabric 和 FISCO_BCOS 中均有应用。Gossip 是绯闻的意思,我们想一想,在生活中绯闻是怎么传播的? 是不是一传十,十传百,这样信息就变得尽人皆知。Gossip 协议与此类似,在一个有界网络中,每个节点随机地与邻居节点通信,每个节点都执行这样的操作,经过一番交错杂乱的通信后,最终所有节点状态达成一致。这就跟在班级里传播信息一样,假如我现在向一位随机的同学传播一个消息,“今天下午不上课,大家可以在宿舍休息”,然后这位同学就会将这个消息传播给他的室友、关系好的同学,这些同学再传播给他们的室友、关系好的同学,就这样一传十,十传百,最后所有同学都知道这个消息了,下午就没有人来上课了。当然这个消息是在有界网络中传播的,也就是在班级(相当于一个有界网络)内进行传播的。这就是 Gossip 数据传播协议。

4.5.3　节点间数据传播的步骤

第一步,建立初始连接,建立初始连接始于“握手”通信。在握手通信中,首先节点 A 向节点 B 发送包含基本认证内容的版本信息,节点 B 收到信息后检查是否与自己兼容,如果兼容则确定连接,返回 verack 信息,同时节点 B 向节点 A 发送自己的 version 内容;如果节点 A 也兼容,则返回 verack,连接成功建立,如图 4-5 所示。

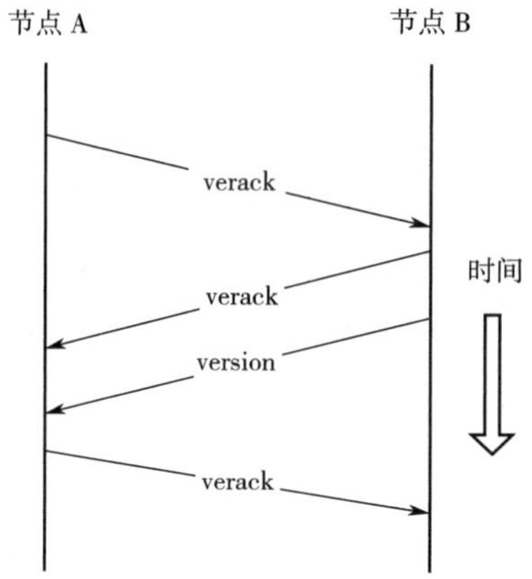

图 4-5 建立初始连接

第二步，新节点向邻近节点发送包含自身 IP 的 addr 消息，也就是地址消息。相邻节点将此 addr 消息再度转发给各自相邻节点，保证新节点被更多节点获知。新接入节点还向其相邻节点发送 getaddr 消息，获取邻居节点可以连接的节点列表。这是一个相互获取信息，进行数据传播的过程。地址广播及发现如图 4-6 所示。

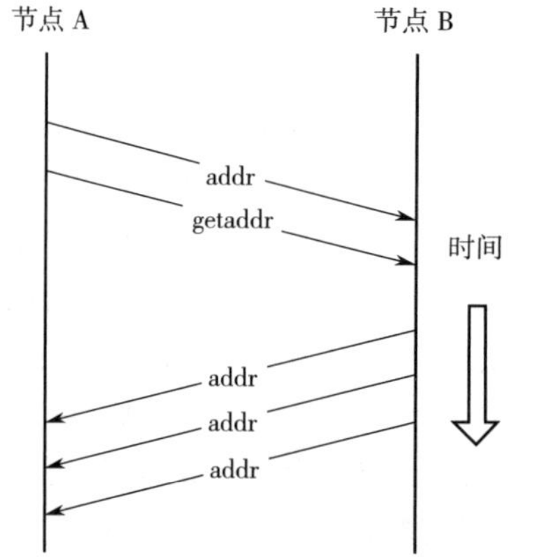

图 4-6 地址广播及发现

第三步，新入网节点只有内置创世区块，需要和其他节点同步最新区块。建立连接后，双方发送同步消息 getblocks，包含各自本地区块链的顶端区块哈希值。比较后，区块较多的一方向区块较少的一方发送 inv 消息。区块较少的一方收到 inv 消息后，开始发送 getdata 消息请求数据，区块较多的一方收到 getdata 消息后，会向区块较少的一方同步最新区块数据，如图 4-7 所示。

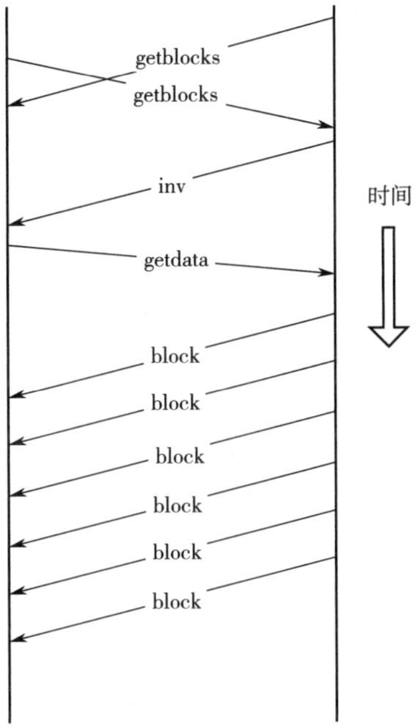

图 4-7　同步区块数据

4.5.4　节点间交易传播

首先比特币交易节点会将新生成的交易数据向全网所有节点进行广播，每个节点都将收集到的交易数据打包存储到一个区块中，并基于自身的算力在区块中寻找满足特定难度要求的 PoW（工作量证明）。当节点找到区块的 PoW 后，也就是获得记账权后，就向全网所有节点广播此区块。如果此区块中的所有交易都有效且之前未被确认过，其他节点会承认该区块的有效性，接受该区块，并在该区块之后制造新的区块，这是比特币系统中的交易数据传播过程。

4.5.5　检查节点是否存活

在数据传播过程中，一般会使用 ping 消息确认接收方是否处于连接状态，也就是通过这种方法来检测节点是否存活。如果发送方给接收方发送了 ping 消息，过一段时间后，接收方回复了发送方，那么节点存活；如果发送方给接收方发送了 ping 消息，过一段时间后，发送方没有收到回复，那么说明节点已断开。

4.6　数据验证协议

4.6.1　应用场景和作用

在区块链网络中，一般有两个场景需要进行数据验证：第一个是新区块在区块链网络传播时；第二个是节点接收到邻近节点发送来的数据时。

数据验证可以尽早杜绝无效或恶意数据在网络间传播，以防小部分节点串通作恶导致无效区块被网络接收，并且最大限度地保证网络中传播区块的正确性。

4.6.2 数据验证过程

在数据验证过程中，首先矿工节点会收集、验证 P2P 网络中已广播的但还没有确认的交易数据，然后矿工节点对照预定义的标准清单校验交易数据的有效性。这个标准清单内容，也就是校验内容，包括数据结构、语法规范性、输入输出、数字签名等。校验完成后，矿工节点会将有效交易数据整合到当前区块中。

4.6.3 数据验证清单

矿工节点在进行数据验证时，验证内容包括区块大小是否在有效范畴、区块数据结构的有效性、区块至少含有一条交易、第一个交易是且只能是一个 coinbase 交易，每个区块必须包含一个 coinbase 交易，这是区块产生的挖矿奖励交易。接着验证区块头部的有效性和区块内交易的有效性。

区块头部的有效性是指对区块头部数据的验证，包括确认区块版本号是本节点可兼容的，区块引用的前一区块是有效的，区块包含的所有交易构建的默克尔树是正确的，时间戳合理，区块难度与本节点计算出的 PoW 相符，区块哈希值满足难度要求。

区块内的交易验证内容比较多，需要检查交易语法的正确性，确保交易的输入与输出列表不为空，检查交易的字节大小是否符合要求，交易中签名数量要小于签名操作数量上限，包括交易的每一个输出值以及总量必须在规定值的范围内；对于每一个输入，如果某一输入引用的输出同时也被内存池中其他交易引用，则该交易将被拒绝；验证孤立交易，对于每一个输入，在主分支和内存池中寻找引用的输出交易，如果输入所引用的输出交易不存在，该交易为孤立交易，如与该输入匹配的交易还没有出现在内存池中，那么将被加入孤立交易池中；如果交易费用太低以至于无法被纳入一个空的区块，那么交易将被拒绝；如果是 coinbase 交易，那么确认金额小于等于交易手续费与新区块奖励之和；此外，则确认交易输入有效，对于每一个输入，验证引用的交易存于主链，验证引用的输出存于交易，验证交易签名有效，确认引用的输出没有被花费，验证引用的输出金额有效，确认输出金额小于等于输入金额（差额为手续费）。

4.6.4 SPV 验证协议

比特币网络中的全节点会构造出一条验证链（由沿着区块链按时间倒叙一直追溯到创世区块的区块和交易组成）和一个完整的 UTXO 池，可以通过查询该 UTXO 是否未被支付来验证交易的有效性。但是并非所有的设备都有完整存储所有区块链数据的能力，实用 SPV 方式验证支付有效性的 SPV 节点通常只存储区块的头部信息。

区块链头部包含的主要字段有默克尔根。如图 4-8 所示，借助默克尔树算法，可以通过以下步骤进行简易交付验证。

（1）进行区块头同步。

（2）寻找包含该交易哈希值的区块，验证区块头是否包含在最长链中。

（3）获取构造默克尔树所需的交易哈希值，计算默克尔树根的哈希值。

（4）若计算出的哈希值与区块中的默克尔树根的哈希值相等，则交易存在于区块中。

（5）根据区块头所处的位置，判断交易得到的确认数。如果交易已经经过 6 次确认，则完成对交易的验证。

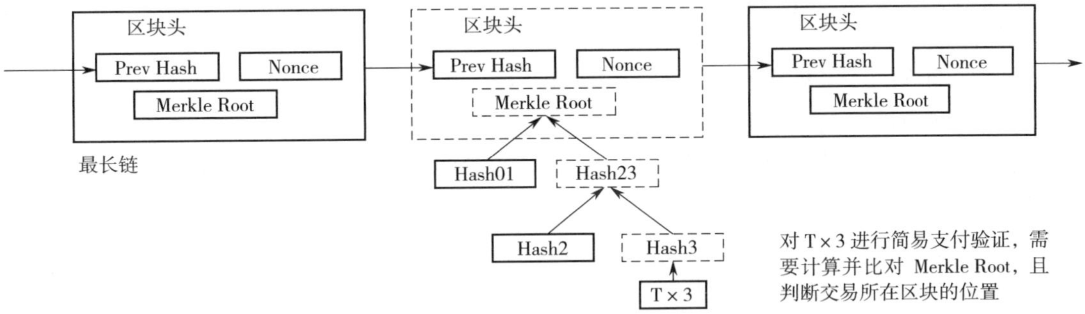

图 4-8　SPV 验证协议

在交易支付验证的过程中，SPV 节点需要使用 getHearders 消息向其他节点请求区块头部，不断重复直到区块头同步。收到请求的节点会使用 headers 消息发送多达 2 000 个区块头给请求节点。

但是由于 SPV 节点需要读取特定交易从而选择性地验证交易，这可能会被第三方监控并将交易信息与比特币钱包的用户关联起来，产生隐私泄露风险。通过使用 Bloom 过滤器从一些交易集合中选择 SPV 节点感兴趣的交易，可以不泄露 SPV 感兴趣的交易信息，保护 SPV 节点的隐私。

4.7　区块链网络分叉

4.7.1　什么是区块链分叉

分叉的字面解释为，在一特定点分成类似叉子或枝条那样的形态。例如头发分叉。

在传统软件开发中也有项目分叉。比如某个小组做了个项目，这个项目越做越大，衍生出了新的项目，但是这个新项目不能在原来的项目上修改，所以就将原来的项目复制一份并修改，形成了项目 2，原来的项目就被分叉成了项目 1（Fork1）和项目 2（Fork2）。简单来说分叉就是复制并修改的过程。

区块链网络分叉是指在一个区块链系统中，由于节点之间的意见分歧或其他原因，导致区块链的数据历史分成了两个或更多不同的分支，即原本单一的区块链历史数据分裂成两个或多个不同的链。这种分叉可能是临时的，也可能是永久性的，取决于分叉的类型和原因。

4.7.2　产生的原因和影响

分叉可以由很多原因产生，比如挖矿的难度越低，矿工出块的速度就越快，进而产生区块的可能性就越大,也就越容易产生分叉;又比如网络的通信时延过长,新区块不能够很好地在比特币网络中传播,那些不知道新区块产生的矿工们可能还会在同一高度下继续挖矿,那么也很容易产生分叉。除此之外,代码错误导致的漏洞,共识协议调整,非技术性因素,例如政治影响等都有可能产生分叉。分叉的产生,代表了区块链系统对于交易的确认出现了一些分歧,会产生一些正面和负面的影响。

正面影响包括:

①增强网络的安全性和去中心化性;

②提高区块链的可信度和可靠性;

③鼓励社区的竞争和创新,促进区块链技术的发展。

负面影响则包括:

①重复工作,浪费社区资源;

②社区分裂,社区信任度降低;

③投资者因对分叉产生疑虑而容易退缩,对区块链应用和发展产生影响。

4.7.3 最佳链选取原则

区块链系统产生分叉后,分叉之后的区块会选择衔接到某一个分叉后面,这一个过程有一定的选取原则,该原则称为最佳链选取原则。

(1)如果不同分支的区块高度不同,那么选择最长区块高度的分支为主链(Main Chain)(在 POW 共识机制下,最长工作量代表着最权威的说服力)。

(2)如果高度一致,则选择难度系数最大的分支为主链(在 POW 共识机制下,难度越大,说明该区块被创造所需要的工作量越大,则权威说服力越大)。

(3)如果区块高度相同,并且难度系数也一样,那么选择接受时间最早的那个分支为主链。

(4)若所有的评判系数均相同,则等待各自分支的区块高度+1 之后,重新重复上述 1~3 步,选择出一个最佳链。

4.8 区块链网络的自然分叉

4.8.1 什么是自然分叉

区块链分叉是指在某一个特定的区块标记点之后区块链网络会出现不同的分支。一种分支可能记载了不同的内容,另一种分支可能基于原来链上的交易记录而以不同的格式延续,形成两个独立的链。根据产生的方式不同分叉分为自然分叉和人为分叉。

自然分叉就是在不停增加新区块的过程中,非人为原因造成的分叉。

人为分叉是指由于区块链的每一次升级,导致分布式网络中的节点根据其是否接受升级而运行不同的规则所产生的分叉情况。

4.8.2　产生原因

比特币网络是一个去中心化的 P2P 网络，由于有的节点地域分布、网络传输延迟，会造成节点接收新区块存在一定的时间差异。当两个不同节点近乎同时挖掘出新区块 A、B 并进行广播的时候，就会造成后继区块链分叉的发生。区块链网络自然分叉如图 4-9 所示。

这时候，有些节点会先接收到区块 A，有些节点会先接收到区块 B，各节点会将先接收到的区块加入自己的主链，晚收到的加入支链，这样就产生了分叉。

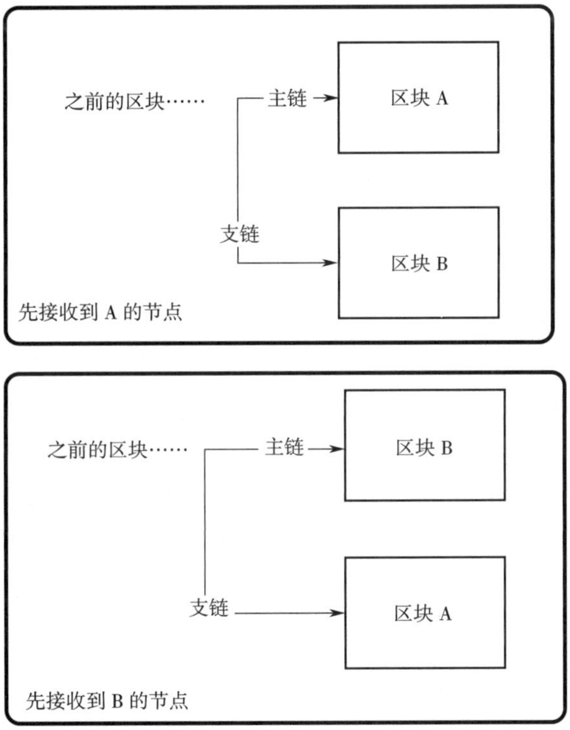

图 4-9　区块链网络自然分叉

4.8.3　自然分叉处理

区块链网络自然分叉的处理如图 4-10 所示。当后续再发现新区块 C，而 C 所指向的父区块是 A 的时候，网络中的节点有两种选择：原本主链最后一个区块是 A 的节点，自然将区块 C 加入主链，而主链最后是区块 B 的节点，则先在支链上将区块 C 加至区块 A 后面，并且将支链切换为主链。随着区块 C 在全网的转播，最终比特币全网节点的区块链又趋于一致，始终保持算力最大的为主链。在比特币网络中发生一次临时分叉很常见，连续 6 次产生分叉的情况，从概率上来说近乎为 0，这也是为什么区块确认一般是 6 块之后。

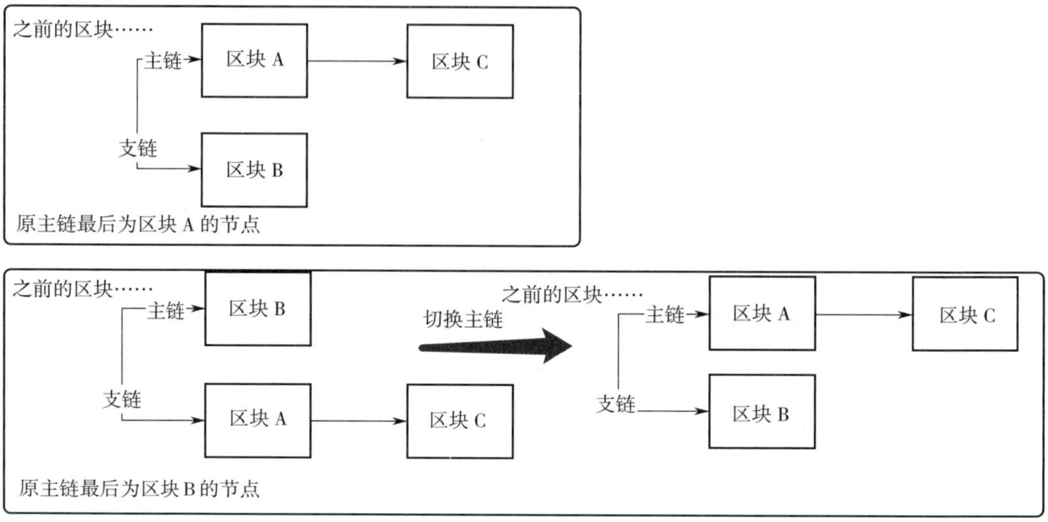

图 4-10　区块链网络自然分叉的处理

4.8.4　产生因素

自然分叉产生的因素大致可以分为技术因素和算力因素。

1. 技术因素

从技术因素考虑，区块链分叉最主要的原因是区块链开发技术不断变化，以及由此带来的软件缺陷（程序错误）。这导致某一段区块链上的系统无法继续工作。

节点可能因为软件调整而升级，但新的节点无法按照新规则验证旧节点基于旧规则生成的相关信息，导致节点在技术层面产生差异，使得新的节点无法正确验证旧的节点生成的交易，从而发生分叉。

此外，也可能是软件缺陷等技术原因使节点间不同步，或者某个节点操作失误导致自身出错，节点可能无法重新同步，从而产生分叉。

2. 算力因素

算力因素也是区块链分叉的主要原因。因为在挖矿网络中会产生新的区块，同时不止一组矿工参与挖矿，他们互相竞争生成“正确”的区块，但是只有一个区块最终被其他节点接受，其他区块被淘汰。

具有强大算力的一方可以更快地挖掘新的区块并延长自己支持的区块链分支，这是区块链分叉的主要原因之一。

4.9　区块链网络的硬分叉

4.9.1　人为分叉

人为分叉是指区块链的每一次升级，都将导致分布式网络中的节点根据其是否接受升级而运行不同规则。比如，比特币区块链的版本原来是版本 1，现在要升级成版本 2，那么网络中的有些节点可能不接受升级，这时候整个网络中接受升级的节点运行的是版本 2 的规则，而不接受升级的那部分节点运行的是版本 1 的规则，这就造成了人为分叉。

以比特币为例，比特币系统的改进都是通过 BIP(比特币改进提案)方式进行的，现在比特币社区已经累计有数百条 BIP，这是“人的共识”达成的过程，具体又可以分为“软分叉”和“硬分叉”。

4.9.2　什么是硬分叉

硬分叉是指在区块链协议更新过程中，由于进行了不兼容协议更改，导致新旧版本的节点在分叉后无法相互通信。这会产生两个不同的区块链，每个区块链都遵循不同的协议规则。硬分叉需要节点升级到新的软件版本，以便与新的区块链保持同步。如果不升级，节点将无法处理新的交易和区块。

4.9.3　硬分叉产生的原因

硬分叉通常是出于特定的目的和需求进行的，通常是新的节点要求比旧的节点要求要宽松得多。以下是一些可能硬分叉的原因。

(1)协议升级。硬分叉可能是为了进行重大的协议升级。这些升级包括提高网络性能、增加新功能、修复安全漏洞或改变共识算法等。为了完成这些升级，网络需要分叉，以便节点能够更新并采用新的协议规则。

(2)规则调整。硬分叉可能是为了调整网络的规则，例如改变区块大小限制、交易费用机制、奖励机制等。这些调整可以解决网络的可扩展性问题、改善经济激励机制或应对其他具体的需求。

(3)社区分歧。硬分叉可能是由于区块链社区内部存在关于网络未来发展方向和规则的分歧。这些分歧涉及技术、经济、治理或理念等方面，它们导致社区无法达成共识。在这种情况下，分裂成两个链是一种解决分歧的方式。

(4)安全漏洞和攻击。在发现区块链协议或实现中的严重安全漏洞或受到攻击时，为了修复漏洞、恢复网络安全性或防止进一步损失，可能需要进行硬分叉。

(5)实验和创新。有时硬分叉是为了推动实验和创新。新的区块链项目或实验性功能可能需要从现有网络中分离出来，以便进行独立的发展和测试。硬分叉可以创建一个全新的链，以实现创新的想法和实验性功能。

4.9.4　硬分叉的过程

在硬分叉发生的时刻，区块链会在某个特定的区块高度分裂成两条不同的链。一条是遵循旧规则的原链，另一条是采用新规则的新链。从这个区块高度开始，矿工们根据自己支持的链进行挖矿。拥有强大算力的矿工群体往往在硬分叉的结果中起着关键作用。如果支持新链的矿工算力占优，那么新链就有可能迅速发展壮大。新链上会开始产生新的区块，记录新的交易。而原链上的矿工如果继续坚持旧规则，原链也会继续运行，但可能会面临算力不足、安全性降低等问题。

对于用户来说，硬分叉后需要根据自己的立场和需求选择支持哪条链。他们可能需要更新自己的钱包软件，以适应不同的链。同时，持有原链上资产的用户，在新链上可能需要进行特定的操作才能确保资产的安全和可用性。

4.9.5 硬分叉的影响

硬分叉对区块链系统来说，可能会产生三种结果。

第一种结果是保留原链，原区块链版本仍被广泛支持，硬分叉产生的同源分叉链因算力不足消亡。

第二种结果是保留新链，这是因为分叉链获得广泛支持，原链因算力不足消亡。

第三种结果是原链和分叉链同时并存，这又分为三种情况：第一种是原链和分叉链都有相当比例的矿工支持，比如以太坊（ETH）和以太坊经典（ETC）；第二种情况是原链被广泛支持，分叉链通过调整代码难度，小部分节点也能存活；第三种情况与第二种情况相反，分叉链获得广泛支持，原链调整代码，小算力也可存活。

4.9.6 硬分叉事件

每一种区块链的背后都有其对应的社区、开发者、矿工等利益和信仰共同体，链的硬分叉也会带来对应社区的分裂，下面介绍关注度最高的几次硬分叉事件。

2016 年因“The DAO 事件”，以太坊出现了硬分叉，产生了以太坊经典。黑客盗走了价值大概六千万美元的合约币，以太坊开发团队修改源码，强行把第 1 920 000 个区块的资金转移到另一个地址，“夺回”黑客控制的合约币。大部分矿工认同这个修改，一部分矿工不认同这个修改，于是形成了两条链，新链是以太坊，原链是以太坊经典。以太坊经典是分叉发生时的原始链，坚持不对攻击进行回滚操作。大家可以在自己认可的链路上继续挖矿。

2017 年催生的比特币现金以及 2018 年比特币现金的进一步分叉。2017 年针对扩容问题的意见分歧导致 8 月 1 日比特币的首次硬分叉，比特币社区的分裂催生了比特币现金；2018 年 11 月 15 日比特币现金社区再现分裂，分叉为 Bitcoin ABC 和 Bitcoin Satoshi’s Vision（BSV）。

从上述事件可以看出，社区分裂是区块链分叉的主要因素。

值得注意的是，2017 年 8 月 1 日，比特币的硬分叉让大量的比特币持有者凭空地增加了一种新的数字货币，即比特币现金（BCH）。这种硬分叉，没有减少资产，反而让人手里多了一种资产，于是区块链分叉就成了一种凭空增加资产的方式。硬分叉这种创造货币的方式和 ICO（Initial Coin Offering，首次代币发行）非常类似，于是一个新的名词诞生了——IFO（Initial Fork Offering，首次分叉发行）。矿工团队在创造分叉的同时，可以在分叉发生的区块中，利用自己的特权，分配一些货币给自己或其他人，然后再向所有人开放，让所有人都可以参与挖矿。

4.10 区块链网络的软分叉

4.10.1 什么是软分叉

软分叉是指在进行了向后兼容协议更改的情况下，旧版本的节点仍然可以与新版本的节点共享交易和区块。在软分叉中，旧版本节点可以继续参与新的区块链，但可能无法使用新的功能或特性。

4.10.2 软分叉产生的原因

软分叉通常是为了引入一些限制更严格的规则或其他类型的改进，以满足特定的需求并实现特定的目标。新的节点要求比旧的节点要求严格得多。以下是一些软分叉产生的原因。

（1）协议升级。区块链网络可能需要进行协议的升级，以提高性能、安全性或可扩展性。软分叉可以通过引入新的规则来实现这些升级，而旧节点仍然可以继续参与网络。这种向后兼容的修改使得网络的升级过程相对平稳。

（2）改变共识规则。软分叉可以用于改变区块链网络的共识规则，例如更改共识算法、调整区块奖励或降低区块产出速度等。改变共识规则可以通过软分叉实现，并且只有采用新规则的节点才能生成有效的新区块，但旧节点仍然可以继续参与网络。

（3）网络安全性增强。软分叉可以用于增强区块链网络的安全性。例如，通过引入更严格的验证规则或改进密码学算法，提高网络对潜在攻击的抵抗能力。增强网络安全性可以通过软分叉来实现，并且旧节点可以继续运行，但可能无法验证新引入的更严格规则。

（4）功能改进和新特性。软分叉可以用于引入新的功能和特性，以满足用户和开发者的需求，包括新的智能合约功能、加快交易速度或增加隐私保护机制等。通过软分叉，可以向网络中添加新的功能，而不会影响旧节点的正常操作。

4.10.3 软分叉过程

软分叉的过程和硬分叉类似，下面通过一个案例来说明。在旧版本中，coinbase 字段随机数可任意定制，但是在新版本中，coinbase 随机数要求必须在开头包含块高度且更新块版本信息。这个时候，初始矿工会将版本号设置为“2”，做好升级准备。当最近 1 000 个区块中超过 75%的版本号都为“2”时，整个系统开始强制要求版本号设置为“2”，且要求 coinbase 包含块高度，此时版本号为“1”的区块仍被接受，当最近 1 000 个区块中超过 95% 的版本号都为“2”时，版本号为“1”的区块将不被接受，迫使最后一小部分节点进行升级。

4.10.4 软分叉影响

与硬分叉不同，软分叉通常是对现有区块链规则的更新或改进，这种变更是向后兼容的，不会导致分叉链的产生。软分叉可以引入新的功能、协议或规则，同时保持与原有区块链的一致性。这种分叉方式能够相对平稳地进行，且不会造成社区分裂，但会要求节点和矿工升级到新规则的软件版本。

4.10.5 软分叉事件

软分叉事件需满足安全性、性能、隐私和功能方面的需求。每个软分叉都需要仔细地规划、测试和协调，以确保网络的平稳升级。

（1）比特币 SegWit（隔离见证）。比特币在 2017 年进行了一次软分叉，引入了隔离见证技术。SegWit 通过将交易签名数据与交易数据分离，增加了每个区块可以容纳的交易数量，从而提高了比特币网络的吞吐量。旧版本的比特币节点仍然可以与新版本的节点共享交易和区块。

（2）以太坊 Metropolis。以太坊进行了多个软分叉，其中一个重要的是 Metropolis 升级。Metropolis 分为两个阶段：Byzantium 和 Constantinople。这些升级引入了各种改进，包括新的操作码、智能合约优化和难度调整。

4.10.6 软分叉和硬分叉对比

在兼容性方面，软分叉是向后兼容的，旧版本的节点仍然可以与新版本的节点通信和验证交易。新的协议规则是在旧规则的基础上进行限制或改进的，以确保旧节点能够理解并验证新的交易和区块。硬分叉是不兼容的，新旧版本的节点在分叉后无法相互通信。新的协议规则可能与旧规则不兼容，导致创建两个或多个独立的区块链分支。

在节点功能方面，软分叉节点升级不是强制性的，旧版本的节点仍然可以继续参与网络。而升级到新版本的节点可以获得新功能或改进。硬分叉为了参与新的区块链分支，所有节点必须升级到新的协议版本，否则它们无法处理新的交易和区块。

无论是软分叉还是硬分叉，都需要经过慎重的规划、测试和协调，以确保区块链网络的稳定性和一致性。选择哪种分叉类型取决于项目的目标、需求和社区的共识。

第 5 章　分布式账本

【本章导学】

分布式账本是一种创新性的技术架构，用于记录和管理数据，特别是在去中心化环境中。传统上，中心化的系统依靠单一实体（例如银行、政府机构）维护和管理数据，但这种方法可能导致数据的不透明、易篡改以及单点故障等问题。分布式账本旨在解决这些问题，通过分散的网络共享和验证数据，从而实现更高的透明度、安全性和可靠性。

由于技术创新性和广泛的应用前景，分布式账本已经应用于许多领域，包括金融服务、供应链管理、医疗保健、物联网等。它的去中心化及高透明度和高安全性等特点，为建立可信任的数字经济体系提供了有力支持，预示着未来会有更多的创新和发展前景。

【学习目标】

✧ 了解比特币的特点和交易模式。

✧ 了解 DAG 账本。

5.1　比特币介绍

5.1.1　传统记账方式

有个古老的村庄，里面住着一群村民。这个村庄没有银行为大家存钱、记账，也没有一个让所有村民都信赖的村长来维护和记录村民之间的账务往来，也就是没有任何中间机构或个人来记账。于是，村民想出由大家一起记账的方法。

比如，张三要转给李四 1 000 块钱。张三在村里大吼一声："大家注意了，我张三给李四转了 1 000 块钱。"附近的村民听到了之后做了两件事。

（1）通过声音判断这是张三喊的，而不是别人冒名顶替的，从而防止别人去花张三的钱。

（2）检查张三是否有足够的钱，每个村民都有 1 个小账本，上面记录了各个村民有多少钱，当确认张三真的有 1 000 块钱后，每个村民都会在自己的小账本记录："× × × × 年 × 月 × 日，张三转给李四 1 000 块钱。"

除此之外，这些村民口口相传，把张三转账的事情告诉了十里八村的村民，当所有人都知道转账的事情后，大家就能够共同证明"张三转给李四 1 000 块钱"。

这样，一个不需要村长（中心节点）却能让所有村民都能达成一致的记账系统就诞生了。那么在这个故事里存在哪些问题呢？第一，村民记的账会不会被篡改？第二，村民为什么要帮别人记账，他们的动力是什么？第三，这么多人记账，以谁记的为准？

5.1.2 比特币简介

比特币系统对这些问题给出了解决方案。

村民们记的账会不会被篡改?

第一,人人都在记账,每个人手上都有1个账本,即使某个人改了自己的账本,他也无权修改其他村民手上的账本,修改自己的账本相当于"掩耳盗铃",别人是不会认可的。第二,比特币采用"区块+链"的特殊账本结构,在这种分布式账本结构中,每一个区块保存着某段时间内所发生的交易,这些区块通过链式结构连接在一起,形成了一个记录全部交易的完整账本。在这种结构下,如果对区块内容进行了修改,就会破坏整个区块链的链式结构,导致链条断裂,从而很容易被检测到。这两个策略保证了整个账本是不可被篡改的。

村民帮别人记账的动力是什么?

在比特币网络中,首个记账被认可的人将获得一笔奖励,也就是获得若干比特币,这也是比特币发行的唯一来源。这种奖励措施使众多矿工积极参与记账,这也叫作挖矿,挖到了就获得奖励。谁的某一块账本被认可,其他人都会分别拷贝这一块账本,从而保证所有人维护的账本都是完全一致的。简单来说就是,谁记账,谁就有奖励。

以谁记的为准?

为了能够确定以谁记的账为准,村民们想到了一个公平的办法:对每一个区块(类比现实账本上的一页),让所有参与记账的矿工都去破解一道难题,谁最先破解了难题,该区块就以他记的账为准。这个破解难题的过程,被称为"挖矿",也即PoW的过程。这里需要说明的是,这个难题的解题过程需要不断地尝试,较为困难,但是找到答案发给别人后,别人却很容易验证。

因此,比特币通过"区块+链"的分布式账本保障了交易不可篡改,通过发放比特币的激励措施激励矿工参与,通过计算难题(矿工挖矿)解决了记账一致性问题。这样,完美地形成了一个不依赖任何中间人即可完成记账的自动运行系统。这其中具有的"区块+链"不可篡改账本、多方参与、结果共识的技术,就是比特币背后的区块链技术。

5.1.3 比特币的特点

比特币系统构建了一个完善的分布式账本。首先它是非中心化的,比特币网络采用分布式结构,交易请求需要大多数参与者达成共识才能被接受,正是这种共识机制,使得没有任何个体可以轻易破坏网络。其次比特币网络注重保护用户隐私,用户在网络中的账户地址是匿名的,一个用户可以持有任意多个账户,用户隐私得到保护。最后比特币可以预防通胀,比特币通过挖矿发行,发行量每四年减半,总上限为2 100万枚。

5.2 比特币交易

比特币系统中矿工通过挖矿得到奖励(比特币),得到的比特币可以在比特币网络上进行货币交换。比特币是一种加密数字货币,由一种称为区块链的分布式账本技术支持。区块链记录了所有比特币交易的历史,确保交易的透明性和安全性。

比特币交易分为两种主要类型。

（1）购买和销售比特币。用户可以使用法定货币（如美元、欧元、人民币等）购买比特币，或者将比特币出售以获取法定货币。这些交易通常在交易所或交易平台上进行，这些平台允许用户在市场上以实时价格交易比特币。

（2）比特币转账。用户可以将比特币从一个钱包地址发送到另一个钱包地址。每笔交易都被广播到比特币网络中的节点上，并通过挖矿过程被验证和确认。这些交易被打包成区块，然后添加到区块链中，保证永久存储且不可篡改。

5.2.1　什么是比特币交易

比特币系统账户（Account）对应的地址，是用于标识区块链系统中数字货币所有者的标识，也称为地址。账户之间货币的转移通过交易（Transaction）来实现，也就是人们通常说的“转账”。比特币交易是从一个比特币地址向另一个或多个比特币地址进行转账的行为，每笔交易可能涉及多笔转账操作。

比特币的交易类似于现实生活中的借据交易。如图 5-1 所示，Alice 分两次借给了别人 4 元钱，那么就有了两个 2 元钱的借据，债权所有人都是 Alice。现在，Alice 希望把这个债权分别转让给 Bob 和 Cathy，那么她可以通过公证的形式，将借据的所有人变更为 Bob 和 Cathy。公证结束后，Alice 原有的两个借据作废失效，而 Bob 和 Cathy 分别获得了一个 1 元钱的借据和一个 3 元钱的借据。

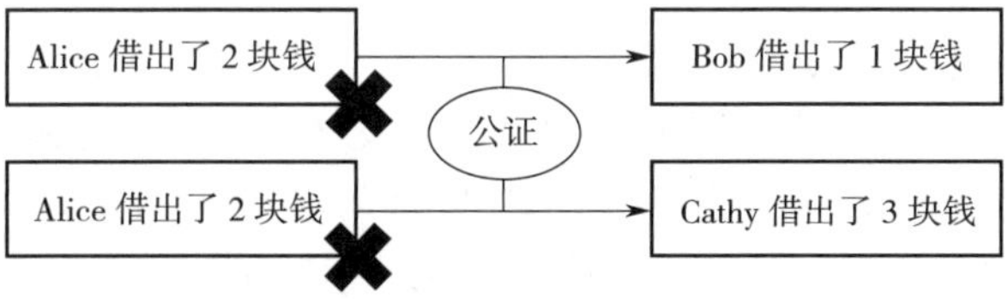

图 5-1　借据转交

在这个过程中，借据上的借款数额虽然可以继续划分，但是借据本身是一个不可划分的整体，而比特币的交易与此类似，交易主要分为输入和输出两部分。交易的输入表示交易的比特币从哪里来，交易的输出则表示交易中的这些比特币在交易结束后往哪儿去。虽然交易中的比特币数值可以继续划分为很小的单位，但是交易的输入和输出本身都是单一的整体，不可划分。

5.2.2　比特币普通交易分析

一笔比特币交易需要记录众多信息，如图 5-2 所示，交易也需要收取一定手续费，奖励给挖出包含这个交易的区块的矿工。

图 5-2 比特币交易信息

5.2.3 UTXO 模型

比特币系统采用 UTXO 模型，不存在传统意义上的余额概念。交易过程中所说的钱包余额，实际上是一个钱包地址的 UTXO 集合。因此，在比特币网络中，比特币余额由交易输出（准确地说是未使用过的交易输出）来体现。

在 UTXO 模型中，每一笔交易都记录了时间、发送人、接收人和金额 5。以图 5 - 3 为例，假设 A、B、C、D 的初始金额都是 20，A、C、D 都与 B 产生了交易。若要计算 B 的余额，需遍历所有与 B 相关的 UTXO 集合所对应的交易，将 B 接收的每一笔金额相加，再减去 B 发送的每一笔金额 5。即 B 的余额等于 B 接收的所有金额之和减去 B 发送的所有金额之和，经计算得出余额为 30。

- A的余额 = 20-10=10
- B的余额 = 20+10+5-5=30
- C的余额 = 20-5=15
- D的余额 = 20+5=25

图 5-3 UTXO 模型

5.2.4 比特币交易流程

Alice 通过挖矿获得了 12.5 个比特币奖励。而 Alice 在一笔交易中，需要转账给 Bob10 个比特币。Bob 最终确认并接收了 Alice 发送的 10 个比特币，而由于同时多出了 2.5 个比特币，其实这笔交易最终是生成了 2 个输出，一个是发送给 Bob 的 10 个比特币，另一个是找零产生的发给 Alice 的 2.5 个比特币（这里不考虑交易费）。比特币交易过程如图 5-4 所示。

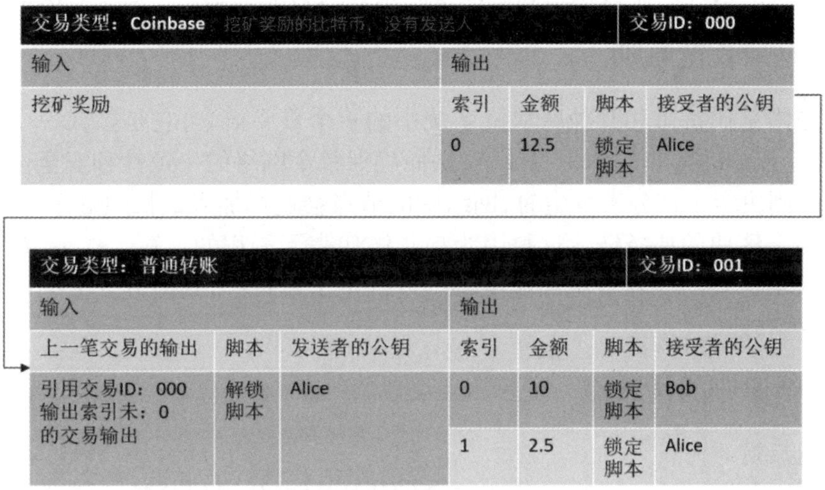

图 5-4　比特币交易过程

在这个交易过程中有几个关键的操作。

第一，Alice 由于挖矿被奖励了 12.5 个比特币，从而产生一笔 Coinbase 交易。这个交易中包含一个输入和一个输出。输出包含当前输出的索引、金额、锁定脚本和接受者的公钥。这里锁定脚本的作用是，设定成只有 Alice 才能使用这笔输出。而要使用这个 UTXO，就必须要通过数字签名证明自己是 Alice。

第二，由于 Alice 要发送给 Bob10 个比特币，那么她首先要做的就是确认自己有没有足够的"余额"去支付这笔交易。要计算用户的余额，就要遍历 Alice 的所有交易记录，这里，假设 Alice 就只有一笔 Coinbase 交易，也就是说 Alice 当前的余额是 12.5 个比特币。由于 12.5 大于所要支出的 10 个比特币，所以交易可以进行。

第三，就是要创建一笔交易。这笔交易包含 1 个输入、2 个输出（一个发送给 Bob，一个找零发给自己）。

第四，需要创建 2 个输出：一个是给 Bob 的 10 个比特币，同时包含一个锁定脚本，该锁定脚本限定只有 Bob 才能使用；另一个是找零产生的输出，发送给 Alice 的 2.5 个比特币，同样也包含一个锁定脚本，并且限定只有 Alice 本人才能使用。

第五，交易创建完成后，向比特币网络广播。当比特币网络确认这笔交易并且在下一次挖矿竞赛中，将该交易打包进区块并得到全网共识确认后，这笔交易就确认有效了。

5.3　最长链原则

5.3.1　最长链原则产生的原因

前面章节已经介绍了分叉，其实分叉在区块链中很常见。比如矿工在挖矿时，由于哈希值的产生是随机的,再加上网络的延迟,存在两个矿工同时挖出区块的可能,这时候区块链就产生了分叉。在分叉发生后,新区块选择链接到哪一个分叉后面成了一个需要特别关注的问题。而区块链系统以什么原则确定以哪一条分叉为准也是一个需要解决的问题。

5.3.2 什么是最长链原则

最长链原则是比特币和其他区块链系统中的一个重要概念,它是指在一个分布式账本中,系统会选择最长的区块链作为有效链,从而确保整个网络的一致性和安全性。

最长链原则决定了在分叉发生时,网络中的节点会选择加入最长的链作为有效链,也就是选择拥有最多区块的那条链。这是因为最长链代表了累积的计算工作量,意味着这条链上的矿工投入了更多的计算资源和能量。一旦确定了最长链,其他分支上的区块就会被抛弃,不再被视为有效。

5.3.3 最长链原则的优缺点

1. 最长链原则的优点

(1)共识的形成。最长链原则是比特币网络中实现共识的基础。通过选择加入最长链,参与者达成一致,确认哪个分支是网络的有效状态。这样,整个网络的参与者都可以达成共识,避免了分叉导致的混乱和不一致。

(2)防止双重支付攻击。双重支付攻击是指恶意用户在不同分支上花费同一笔比特币两次。最长链原则的作用是防止双重支付攻击的发生。因为最长链是参与者选择的有效链,只有在最长链上被确认的交易才被认为是有效和不可逆转的,从而防止了双重支付攻击的风险。

(3)确保网络安全。最长链原则对保障比特币网络的安全性至关重要。选择加入最长链后,参与者必须努力维护和延长最长链,这要求他们投入大量的算力和资源。这种经济激励机制和资源竞争确保了比特币网络的安全性,因为攻击者需要控制超过50%的算力才能篡改链上的交易。

2. 最长链原则的缺点

(1)时间延迟问题。节点需要等待新的区块被挖掘才能确定最长链,这个过程需要一定的时间。因此,交易确认的过程有时可能比较缓慢。

(2)攻击风险。在比特币网络中,拥有足够算力的攻击者可以通过发起攻击来创建一条新的区块链。如果攻击者成功地挖掘了足够数量的区块,那么这条链就可能成为最长链。然而,这类攻击需要消耗大量的成本和资源。

(3)浪费计算资源。在比特币网络中需要完成一定的工作量才能创建一个新的区块,所以矿工可能会浪费大量的计算资源来挖掘一些没有被广泛接受的区块,这可能会降低网络的效率。

5.3.4 共识算法与最长链原则对比

共识算法和最长链原则是区块链系统中两个相关但不同的概念,它们共同确保了区块链网络的安全性、一致性和稳定性。

共识算法是区块链网络中的一种规则或机制，用于解决分布式环境下的信任和一致性问题。它决定了在一个分布式网络中，如何使多个参与者就一个共同的事实达成一致。共识算法的目标是确保交易和数据可信，防止恶意行为，同时维护网络的稳定性。

最长链原则是在区块链网络中用于选择有效区块链的一种规则。它决定了当存在分叉（多个竞争的区块链）时，网络中的节点会选择加入最长的链作为有效链。最长链原则背后的想法是，拥有最多计算工作量的链代表了网络的共识，因此应该被视为有效的链。

（1）范围。共识算法是指定节点如何达成共识的算法，最长链原则是确定哪个分支链是整个网络的有效链的规则。

（2）功能。共识算法解决节点间的共识问题，确保交易和区块的一致性；最长链原则是在出现分叉时，选择加入最长链来维护网络的一致性。

（3）相互关系。最长链原则可以视为基于共识算法的区块链网络中的一种共识规则，以确保参与者的行为与共识算法一致，从而保持整个网络的稳定性和安全性。

5.4　DAG 账本

5.4.1　传统区块链账本缺点

传统的区块链技术采用了链式结构，每个区块都包含了前一个区块的哈希值，这种结构虽然保证了数据的不可篡改性，但是也带来了一些问题。首先，系统可扩展性较差，这是因为生成新区块的权力需要由大量矿工通过共识“挖矿”过程来竞争获得，新区块的生成和上链之间有较长时间间隔。典型区块链系统难以实现较高的交易吞吐量，这是因为新区块包含的交易数量是有限的。其次，在比特币网络中，交易上链和完成确认需要等待若干区块共识周期，这导致系统运作效率低难以满足许多商业应用的需求，特别是小额支付和高频交易场景的需求；并且在每一轮挖矿竞争中，创建新区块的权力仅为单个矿工获得，其余矿工消耗了大量算力，但不会有任何回报，这极大地浪费了计算资源。这些问题促使了分布式账本技术的发展，并形成了 DAG（Directed Acyclic Graph，有向无环图）分布式账本技术。

5.4.2　什么是 DAG 账本

2013 年，在 bitcointalk.org 上，ID 为 avivz78 的以色列希伯来大学学者在区块链中引入 DAG 概念作为共识算法，也就是 GHOST 协议，作为比特币的交易处理能力扩容解决方案。Vitalik 在以太坊紫皮书中描述的 PoS 共识协议 Casper，也是基于 GHOST PoW 协议的 PoS 变种。

后来 NXT 社区有人提出用 DAG 的拓扑结构来存储区块，以提高区块链的效率。区块链只有一条链，打包出块无法并发执行。如果改变区块的链式存储结构，变成 DAG 的网状拓扑可以并发写入。在区块打包时间不变的情况下，网络中可以并行打包 N 个区块，网络中的交易容纳量就可以达到原来的 N 倍。

2015 年 9 月，Sergio Demian Lerner 发表了“DagCoin：a cryptocurrency without blocks”一文，提出了 DAG-Chain 的概念，首次把 DAG 网络从区块打包的粗粒度提升到了基于交易

层面的细粒度，但这只是一篇论文，没有通过代码实现。

2016 年 7 月，基于 Bitcointalk 论坛公布的创世贴——IOTA（一种基于分布式分类账技术的加密货币）横空出世，随后 ByteBall 也闪亮登场，IOTA 和 Byteball 是 DAG 网络首次真正在技术上得以实现，也是此领域最耀眼的领军者；此时，号称无块之链（Block Less）、独树一帜的 DAG 链家族雏形基本形成。

DAG 是由一组顶点和有向边组成的图，其中边的方向指示了顶点之间的关系，并且不存在形成环路的路径。它与传统的区块链技术不同，采用了一种非线性的数据结构，可以更好地解决区块链的可扩展性问题。

以下是有关 DAG 的基本概念。

（1）顶点（Vertex）。顶点是指图中的数据元素或节点。在 DAG 中，每个节点代表一个特定的数据或事件。

（2）边（Edge）。边指连接顶点的有向边。边从一个顶点指向另一个顶点，表示顶点之间的关系。

（3）有向路径（Directed Path）。有向路径是指沿着有向边连接顶点的序列，路径的方向由边的方向确定。

（4）入度（In-degree）。入度是指向某个顶点的边的数量。在 DAG 中，入度表示有多少条边指向该顶点。

（5）出度（Out-degree）。出度是从某个顶点出发的边的数量。在 DAG 中，出度表示有多少条边从该顶点出发。

（6）子节点（Child）。子节点是指从某个顶点出发，通过一条边可以到达的顶点。

（7）父节点（Parent）。父节点是指向某个顶点的边的起始顶点。

（8）根节点（Root）。根节点是指没有任何入边的节点，也就是没有指向它的边。

（9）叶节点（Leaf）。叶节点是指没有任何出边的节点，也就是没有从它出发的边。

（10）有向环（Directed Cycle）。由于 DAG 的定义要求无环，所以 DAG 中不允许存在有向环，即从一个节点出发通过若干条边最终回到该节点的路径。

5.4.3 DAG 账本特点

DAG 是一种新型的分布式账本技术，它与传统的区块链技术不同，采用了一种非线性的数据结构，能更有效地解决区块链的可扩展性问题。在 DAG 中，每个交易都是一个节点，每个节点可以有多个父节点，节点之间通过指向其他节点的边相连，形成了一个有向无环图。这种独特的结构能够更好地解决区块链的可扩展性问题。当一个新的交易被提交时，它既可以选择指向已经存在的交易节点，也可以选择创建一个新的节点。该结构使得交易之间形成网状，每个节点可被多个节点指向，进而实现高效的并发处理。

DAG 技术能够显著提高交易确认速度。在传统的区块链技术中，每个区块都需要等待前一个区块完成共识确认后才能被添加到链上，这一过程往往耗费一定的时间。而在 DAG 技术中，每个交易都能够独立进行确认，无需等待其他交易的确认，从而极大地提高了交易确认速度。

DAG 技术是一种极具发展潜力的分布式账本技术，它能够有效解决区块链的可扩展性问题，显著提升交易确认速度。随着 DAG 技术的不断发展和完善，它将在区块链应用中发挥越来越重要的作用。

5.4.4　DAG 账本工作原理

首先 DAG 账本是一种有向无环图，它的定义是从任意节点出发，无法经过若干条边回到该节点。图 5-5(a)中，从 A 节点出发，无法再回到 A 节点，图 5-5(b)中，从 A 节点出发，通过 B、C、D、E、F 节点还可以回到 A 节点，图 5-5(b)就不是 DAG 账本。

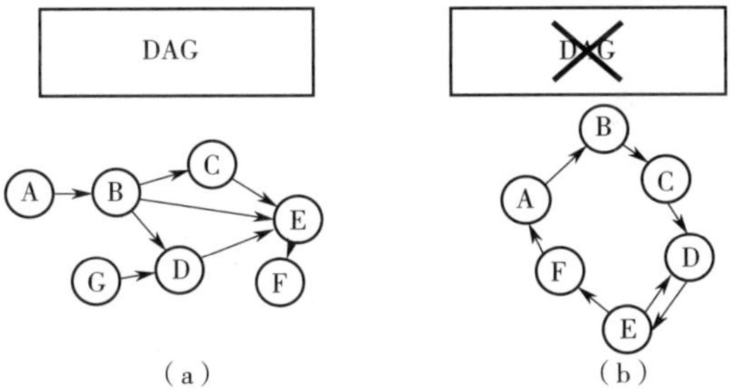

图 5-5　DAG 账本

其基本工作原理如下。

1. 数据结构

DAG 由一组节点和有向边组成，边表示节点之间的关系。

DAG 中的边有一个方向，从一个节点指向另一个节点，形成一个有向图。

DAG 的特点是不存在形成环路的路径，即无循环。

2. 交易提交

在 DAG 中，交易被视为节点。

参与者可以将新的交易提交到 DAG 网络。

3. 选择父节点

当一个节点接收到新的交易时，它需要选择一个或多个合适的父节点。

父节点表示交易的前置依赖关系。

4. 交易验证

节点在选择父节点后，对交易进行验证，确保交易的有效性。

验证的过程包括验证交易的数字签名、交易数据的合法性等。

5. 交易确认

交易通过验证后，节点将其添加到自己的 DAG 中，并广播给其他节点。

其他节点收到该交易后进行验证，并将其添加到自己的 DAG 中。

6. 依赖关系的建立

交易在 DAG 中的位置依赖于其依赖的父节点。

交易通过有向边与父节点连接，建立起依赖关系。

7. 双重支付问题的解决

DAG 账本使用交易确认机制来解决双重支付问题。

交易的确认基于其他交易的相关确认，即交易依赖于先前已确认的交易。

8. 最终性

在 DAG 中，交易的最终性是通过交易的确认数量来判断的。

达到一定的确认数量后，交易被认为是最终性的，不可逆转。

5.5 DAG 结构

5.5.1 DAG 通用结构

在 DAG 中，没有区块的概念，它的组成单元是一笔笔交易，每个单元记录的是单个用户的交易，这样就省去了打包出块的时间。验证手段则依赖于后一笔交易（也就是子单元）对前一笔交易（也就是父母单元）的验证，换句话说，要想进行一笔交易，就必须要验证前面的交易，具体验证多少交易，根据不同的规则进行。这种验证手段，使得 DAG 可以异步并发地写入很多交易，并最终构成一种具有拓扑特征的树状结构，能够极大地提高扩展性。

DAG 结构将节点分为创世单元、普通单元、末梢。DAG 通用结构如图 5-6 所示。在一个 DAG 中，创世单元（Genesis Unit）是指没有任何入边的节点，也就是没有任何依赖关系的节点。创世单元是 DAG 中的起始点，它们不依赖于其他节点，因此它们可以被认为是最早开始执行的节点。

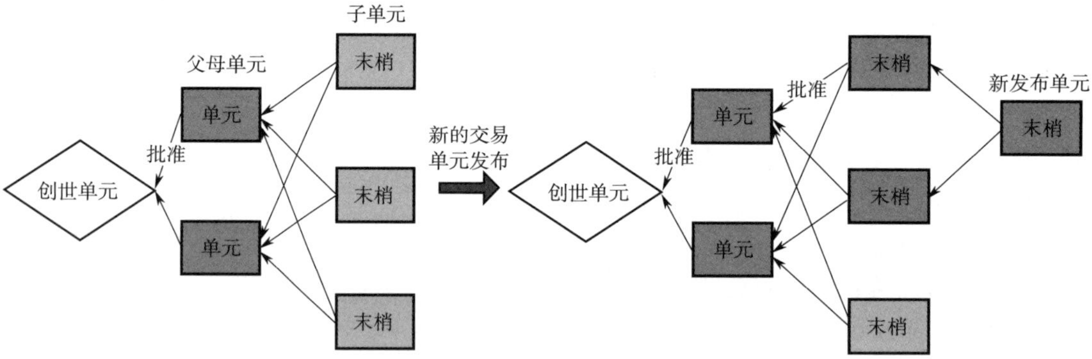

图 5-6 DAG 通用结构

单元（Unit）是指图中的一个节点，也就是一笔交易。

末梢（Leaves）是指没有任何出边的节点，也就是没有依赖其他节点的节点。末梢节点是 DAG 中的终止点，它们不会有任何后续节点。

5.5.2 混合缠结式 DAG

DAG 混合缠结式结构如图 5-7 所示。在这种结构中，各用户将其交易按照发布顺序组成混合缠结式 DAG，使用者每发起一笔交易，需要验证前面两笔交易。IOTA 和 Byteball 网络使用了这种结构。

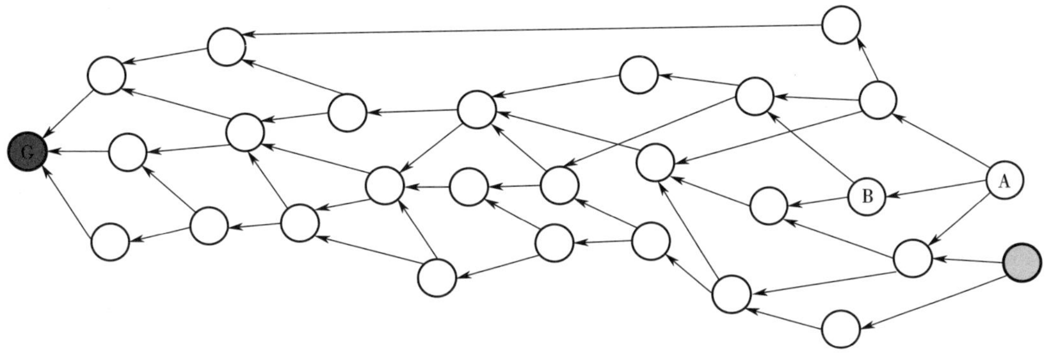

图 5-7　DAG 混合缠结式结构

混合缠结式 DAG 结构是指将 Tangle 和 DAG 两种结构相结合的一种网络结构。

Tangle 是一种特殊类型的 DAG，它主要用于描述 IOTA 中的交易记录。Tangle 通过将每个交易直接连接到之前的两个交易来构建一个图结构，从而形成一种分散的数据结构。这种设计使得 Tangle 在处理高吞吐量和高并发性方面具有优势。

混合缠结式 DAG 结构将 Tangle 和传统的 DAG 结构相结合，以融合两者的优点。它可以继承 Tangle 的高并发性和高扩展性，并且在处理交易之外的其他数据或任务时，可以利用传统 DAG 结构的灵活性和功能。

5.5.3　并列堆叠式 DAG

DAG 并列堆叠式结构如图 5-8 所示，在这种结构中同一用户将其交易按照发布顺序通过哈希指针连接并排为一列，各列的交易通过哈希指针相互连接。

并列堆叠式 DAG 是一种在 DAG 的基础上构建的任务执行模型。它被用于并行计算和任务调度，以实现更高的计算效率和吞吐量。

（1）任务层次结构。任务被组织为多个层次，每个层次包含多个并行的任务。层次之间存在顺序关系，即下一层的任务依赖于上一层已完成的任务。

（2）任务节点。每个任务在 DAG 中表示为一个节点，节点之间通过有向边表示依赖关系。任务节点可以是计算任务、数据处理任务、I/O 操作、网络通信或其他类型的操作。

（3）并行执行。每个层次中的任务都可以并行执行，通过利用多个计算资源或处理器核心。这样可以充分利用计算资源，提高计算效率和吞吐量。

（4）依赖关系。不同层次之间的任务存在依赖关系。在 DAG 中，任务节点之间的边表示任务之间的依赖关系。一个任务节点的输入可能依赖前一层次中一个或多个任务节点的输出。

（5）顺序执行。任务在每个层次中按照依赖关系顺序执行。在执行过程中，要确保所有前置依赖任务已完成，以保证任务的正确执行。

（6）数据流动。任务的输入和输出数据可以在任务节点之间流动。输出数据可能作为下一层次中任务的输入数据，并通过有向边传递。

（7）调度和执行。可以根据任务的依赖关系，适当调整调度和执行策略，以实现任务的并行计算。此外，还能结合可用的计算资源、负载均衡和任务优先级等因素，进一步优化调度决策。

通过并列堆叠式 DAG 结构,可以将复杂的计算问题分解为层次化的任务组织形式,并通过并行执行来提高计算效率。它适用于需要处理大规模数据、分布式系统和并行计算等场景。根据具体的应用需求和系统设计,可以进一步优化和调整并列堆叠式 DAG 的结构和执行策略。

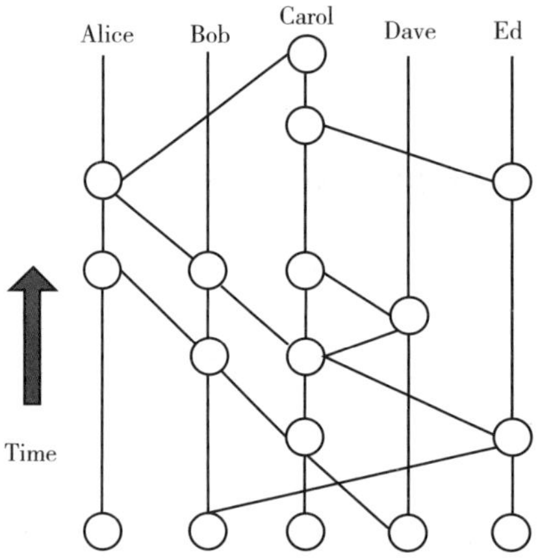

图 5-8　DAG 并列堆叠式结构

5.5.4　DAG 结构对比

混合缠结式 DAG 具有更好的匿名性,并列堆叠式 DAG 在用户交易发布顺序上更为清晰。

1. 结构类型

混合缠结式 DAG:结合了 Tangle 和 DAG 的特点,主要用于处理交易或数据传输的依赖关系,适用于分布式账本或区块链等场景。

并列堆叠式 DAG:基于传统的 DAG 结构,并通过层次化组织任务和并行执行来提高计算效率,适用于大规模数据处理、分布式系统和并行计算等场景。

2. 主要应用

混合缠结式 DAG:适用于处理交易、记录状态和维护分布式账本的应用场景,如区块链和加密货币等。

并列堆叠式 DAG:适用于并行计算、任务调度和大规模数据处理等场景,可以满足各种分布式计算和任务执行需求。

3. 并行性

混合缠结式 DAG:在 Tangle 中,交易节点虽可以并行处理,但因为每个交易需要确认之前的两个交易,整体上可能存在串行性。

并列堆叠式 DAG:通过层次化的任务组织和并行执行,能够更充分地利用并行计算资源,实现更高的并行性和计算效率。

4. 数据处理

混合缠结式 DAG：主要用于处理交易或数据传输的依赖关系，确保交易的一致性和可靠性。

并列堆叠式 DAG：可以用于处理多种类型的数据处理任务，例如大规模数据处理、机器学习和图计算等。

5. 系统复杂性

混合缠结式 DAG：由于涉及分布式账本和交易确认机制，系统设计和安全性可能更加复杂。

并列堆叠式 DAG：相对来说，其系统设计与任务调度更为简便，具有更广泛的适应性。

综上所述，混合缠结式 DAG 适用于区块链和分布式账本场景，注重交易依赖和数据一致性，而并列堆叠式 DAG 适用于并行计算和任务调度，注重并行性和计算效率。选择哪种模型取决于具体应用需求和系统设计的要求。

5.6　DAG 系统运作步骤与流程

DAG 系统的运作流程与传统的区块链系统有所不同，它采用了 DAG 的数据结构，使得交易可以以非线性的方式链接在一起。

5.6.1　DAG 系统运作主要步骤

首先，产生交易单元，节点发布交易，根据末梢选择算法选择若干末梢作为新交易的父单元。然后检验新交易与其直接或间接批准的历史交易单元是否存在冲突，并依据一定的规则和条件，对 DAG 账本末梢单元进行状态确认（即批准操作），进而生成新单元。

其次，发布交易单元。新单元通过分布式账本底层的 P2P 网络进行广播，其他节点收到后进行初步冲突检验，若检验发现该新单元与 DAG 账本单元发生冲突，则该新单元会被其他节点拒绝。

最后，进行交易单元验证。各个节点执行共识算法，实现对包含新单元的分布式账本状态的一致性同步，完成对新单元交易是否为“双重支付”交易的反欺诈检验。

5.6.2　DAG 系统运作流程

DAG 系统的运作流程如图 5-9 所示。首先用户发起交易，该交易随后被构建为交易单元。在构建交易单元的过程中，包括根据特定算法进行末梢选择，对选中的末梢按照一定规则进行批准，当批准通过后，就将该交易单元进行广播。然后其他节点进行共识与验证，验证通过后，该交易单元就会被写入账本，最后确认交易，这是一个交易从产生到确认的步骤。

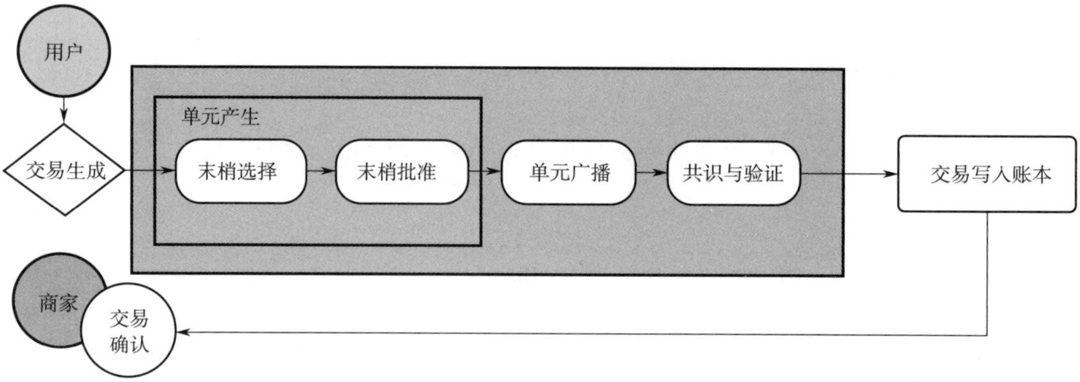

图 5-9 DAG 系统运作流程

详细步骤如下。

1. 交易生成与广播

用户发起交易，并通过网络的 P2P 通信方式将其广播到网络中的各个节点。交易类型可以是加密货币转账、智能合约执行或其他类型的交易操作。

2. 交易验证及添加至 Tangle(生成交易单元)

节点接收到广播的交易后，对其进行验证，包括验证交易的有效性、签名以及账户余额是否充足等。验证通过的交易被添加到 Tangle 中，形成一个新的交易节点。完成交易的验证和添加到 Tangle 后，接下来进入交易确认与共识达成阶段。

3. 交易确认与共识达成

Tangle 中的每个交易节点都可以作为确认其他交易节点的证据。通过共识算法(如 IOTA 的 Tip Selection 算法，该算法基于节点对交易权重和拓扑结构的分析来选择合适的交易进行验证)，节点选择两个未确认的交易进行验证，并将其添加到 Tangle 中。

4. 数据完整性和共识达成

随着越来越多的交易被确认和添加到 Tangle 中，形成了一个 DAG 结构。共识达成通过对 Tangle 中交易的确认数量和选择的规则进行计算，确保交易的数据完整性和一致性。

5. 记账和打包

在某些基于 DAG 的区块链项目中，交易不是按照时间顺序打包到区块中，而是根据系统设定的规则(如交易的优先级、节点的负载情况等)在 Tangle 中按需选择一组交易进行打包。打包的交易组成一个区块，包含交易的哈希值、时间戳和其他元数据。

6. 区块链更新和共享

新的区块被添加到区块链中，成为最长链的一部分。更新后的区块链被广播到网络中的其他节点，以实现区块链的共享和同步。

7. 激励机制和安全性

在部分基于 DAG 的区块链项目中，结合特定的共识机制和激励机制(例如与 DAG 特点相适配的共识算法及相应的激励方式)确保网络节点对共享的区块链达成一致意见。参与节点通过特定的贡献方式(如为交易验证提供算力、参与网络治理等)获得奖励，以维护区块链的安全性和可靠性。

上述是一个简化的 DAG 在区块链中的运作流程,实际的 DAG 区块链项目可能具有不同的细节和机制。DAG 的主要优势在于高吞吐量、可扩展性和低延迟,它能够突破传统区块链的一些性能瓶颈。

5.6.3　DAG 系统共识机制

在区块链中,DAG 系统共识机制指的是一种用于确定区块链状态更新以及对交易任务结果进行确认的算法或规则。不同的 DAG 区块链项目可能采用不同的共识机制。以下是几种常见的 DAG 共识机制。

1. Tangle(IOTA)的 Tip Selection 算法

Tangle 是一种基于 DAG 的区块链项目,其共识机制使用了 Tip Selection 算法。Tip Selection 算法根据一些规则选择两个未确认的交易作为参考,这些交易作为新的交易节点被纳入 Tangle 的 DAG 结构。Tip Selection 算法的目标是选择一个合理的子集,使得网络中的节点可以很容易地对其达成共识。

2. Nano 的 Open Representative Voting(ORV)机制

Nano 是一种基于 DAG 的加密货币项目,其使用的共识机制为 ORV 机制。ORV 机制通过投票选择代表节点,并使用这些节点的投票结果来达成共识。代表节点负责验证和确认交易,并通过投票表决来确定交易的顺序和有效性。

3. Hedera Hashgraph 的 Hashgraph 共识算法

Hedera Hashgraph 是一种基于 DAG 的分布式账本平台,其共识机制使用了 Hashgraph 共识算法。Hashgraph 共识算法基于事件驱动来达成共识,通过广播和交换事件信息,节点可以了解其他节点的观点,最终形成共识。

这些是 DAG 区块链项目中常见的共识机制示例,每种共识机制都有其独特的规则和算法用于区块链的更新和任务结果的确认。这些共识机制旨在实现区块链的去中心化、安全性和可扩展性,并确保节点之间共享数据的一致性和可信度。

5.7　DAG 系统的优缺点及发展趋势

5.7.1　DAG 系统相对于传统分布式系统的优点

DAG 系统相较于传统分布式系统具有以下特点: DAG 系统是异步运作的,所有用户节点都可以在任意时刻根据需要产生交易单元并将其写入账本; DAG 系统的效率更高,每个节点都有验证并发布交易的权利,交易的发布无须在系统达成统一共识的基础上进行,减少节点竞争交易发布权所需要的算力消耗; DAG 系统交易的发布是并行的,某一时刻发布在系统上的交易数量没有上限,也就是说,DAG 系统可实现极高的交易吞吐量与可扩展性。

5.7.2　DAG 系统相对于比特币的优点

1. 扩展性

比特币的区块链结构限制了其吞吐量和可扩展性,每个区块包含有限数量的交易。

DAG 系统采用并行执行和验证的方式，可以处理更多的交易并实现更高的吞吐量。

2. 低延迟

比特币的交易确认通常需要较长时间，尤其是在网络拥堵时。而 DAG 系统借助并行处理和验证交易的方式，能够显著缩短交易确认时间，实现更快的交易处理速度，降低交易延迟。

3. 低交易费用

比特币的交易费用通常与交易的复杂性和链的拥堵程度有关。DAG 系统通过并行执行和验证交易，不仅能缩短交易确认时间，还能有效降低交易费用。

4. 能源效率

比特币采用的 POW 共识机制需要节点具备较强的计算能力来竞争记账权，这一过程会消耗大量的能源。而 DAG 系统采用其他共识机制（如 POS），可以降低能源消耗，提高能源效率。

5. 分布式存储和验证

在比特币网络中，全节点需要存储完整的区块链数据，并且每个全节点都要对交易和区块进行相同的验证操作，这无疑增加了节点的存储和计算负担。而 DAG 系统通过在节点之间实现数据的共享和分布存储，大大减少了每个节点的存储需求，分散了验证负担。

6. 容错性

DAG 系统具备完善的容错机制，即使部分节点出现故障或遭受攻击，系统仍然可以继续执行和验证任务。这提高了系统的鲁棒性和安全性。

5.7.3 DAG 系统面临的挑战

DAG 系统在解决传统区块链系统中的某些问题上具有潜力，但它也面临一些挑战和限制。

（1）任务调度复杂性。DAG 系统的任务调度算法较为复杂，需要考虑任务之间的依赖关系、并行性和资源分配等因素。如何设计高效的任务调度算法是一个挑战，特别是在大规模任务和复杂依赖关系的情况下。

（2）共识机制选择。DAG 系统需要选择适合的共识机制来处理并行执行的任务和验证交易的顺序。选择和实施合适的共识机制是一个复杂的问题，需要考虑安全性、性能和一致性等因素。

（3）安全性和攻击防范。DAG 系统需要应对各种安全威胁和攻击，例如双重支付、拜占庭容错和恶意节点攻击等。设计有效的安全机制和防御策略用于保护系统的安全性和数据的完整性是一个重要的挑战。

（4）数据一致性和同步性。由于 DAG 系统中任务的执行过程和结果可能分布在不同的节点上，确保数据的一致性和同步性成为一个挑战。处理分布式数据的一致性和同步性问题需要设计适当的协议和机制。

（5）性能优化和资源利用率。DAG 系统需要优化任务的执行顺序、资源分配和任务调度策略，以提高计算效率和系统性能。在大规模任务和复杂依赖关系的情况下，如何最大限度地利用计算资源和优化系统性能是一个挑战。

（6）生态系统建设和应用适配。DAG 系统需要与现有的应用和生态系统进行适配和集成。这可能面临与现有系统的兼容性、开发工具的支持和生态系统的建设等方面的挑战。

（7）可扩展性和性能下降。在某些 DAG 系统中，随着系统规模的扩大，性能可能会下降或遇到瓶颈。处理大规模任务和复杂依赖关系问题的关键在于保持系统的可扩展性和性能稳定性。

应对这些挑战需要在 DAG 系统的设计、算法、安全性和性能优化等方面进行深入研究和实践，通过不断地创新和改进，推动 DAG 系统的发展和应用。

5.7.4　DAG 系统未来发展趋势

DAG 作为一种重要的数据结构，在未来的发展中将有更广泛的应用。以下是 DAG 的未来发展趋势。

1. 应用场景的扩大

随着技术的不断发展，DAG 的应用场景将不断扩大。未来 DAG 可以应用于更多的领域，如金融、医疗和能源等。

2. 算法解决方案的统一

随着 DAG 应用范围的不断扩大，算法解决方案的统一将成为一个重要问题。未来有望出现一些通用的 DAG 算法，从而提高 DAG 的应用效率。

3. 性能和安全性的提高

DAG 的性能和安全性将得到进一步提高。例如，DAG 的并行化处理技术和安全性增强技术等，这些技术将极大地拓宽 DAG 的应用领域。

4. 生态系统建设

DAG 生态系统将得到进一步建设和发展。这包括开发者工具、智能合约平台、应用市场和社区支持等方面。更多的开发者将加入 DAG 项目，为其开发应用和提供解决方案，推动整个生态系统的发展。

参考文献

[1] 袁勇，王飞跃. 区块链技术发展现状与展望[J]. 自动化学报，2016，42(4)：481-494.

[2] 蔡维德，郁莲，王荣，等. 基于区块链的应用系统开发方法研究[J]. 软件学报，2017，28(6)：1474-1487.

[3] 谢辉，王健. 区块链技术及其应用研究[J]. 信息网络安全，2016(9)：192-195.

[4] 邵奇峰，金澈清，张召，等. 区块链技术：架构及进展[J]. 计算机学报，2018，41(5)：969-988.

[5] 沈鑫，裴庆祺，刘雪峰. 区块链技术综述[J]. 网络与信息安全学报，2016，2(11)：11-20.

[6] 朱嘉伟，谭国斌，等. 从 0 到 1 全面学透区块链[M]. 北京：电子工业出版社，2019.

[7] 杨保华，陈昌. 区块链原理、设计与应用[M]. 2 版. 北京：机械工业出版社，2020.

[8] 华为区块链技术开发团队. 区块链技术及应用[M]. 北京：清华大学出版社，2019.

[9] ANTONOPOULOS A M，WOOD G. 精通以太坊：开发智能合约和去中心化应用[M]. 俞勇，杨镇，等译. 北京：机械工业出版社，2019.

[10] 袁勇，王飞跃. 区块链理论与方法[M]. 北京：清华大学出版社，2019.

[11] 柴洪峰，马小峰. 区块链导论[M]. 北京：中国科学技术出版社，2020.

[12] 郑子彬，陈伟利，郑沛霖. 区块链原理与技术[M]. 北京：清华大学出版社，2021.